때때로
대한민국

조경자 쓰고 황승희 찍다

상상출판

역마살이 단단히 끼었는지 여행을 떠나지 않으면

정서불안이 오는 30대 여행작가와 사진작가가 있었다.

지방에서 취재를 마치고 돌아오던 차 안에서 나눈 대화는 각자의 여행담.

자기들만 알고 있기는 아깝다거나,

여행을 직업처럼 때로는 병처럼 즐기는 우리이니

그동안의 여행 이야기를 책으로 담아보자며 의기투합하였다.

다녀온 곳인데 이름을 기억하지 못한 치명적인 약점이 있지만

해가 뜨면 일어나고 해가 지면 자는 바른생활우먼으로 참으로 열심히 전국을 누빈,

여행지 숙소에서 마시는 맥주 한 잔이면 피로가 싹 풀린다는 사진작가

(이 책에서는 '황장군'이라는 별명으로 부르기로 함)와

10년 넘게 운전면허증은 지갑에 넣는 신분증쯤으로 여기며

뚜벅이인 주제에 지인들을 김기사 부리듯 대동하고

전국 방방곳곳을 유랑하는 여행작가

(이 책에서는 '나'라 부르기로 함)의 소소한 여행담이다.

황장군은

"여행이라는 건 가지 못하면 상사병, 다녀오면 추억의 후유증이 남습니다.

그래서 매일 또 다른 여행을 꿈꿉니다"

나는

"교토의 작은 숙소에서 우연히

교토의 화가가 그렸다는 그림엽서를 보게 되었어요.

달동네에 둥지를 튼 판잣집들이 듬성듬성 모여 있던 그림이었는데

그곳이 목포라고 숙소 주인이 귀띔해 주었습니다.

그곳은 그동안 제가 알고 있던 목포가 아니었습니다.

포근함과 따뜻함이 스며드는가 싶더니,

갑자기 가슴이 뜨끔하더라고요.

우리나라를 제대로 둘러보고 싶다는 욕망이 일었습니다.

그런데 팔도강산을 누비며 얻은 귀한 것들은

멋진 풍경이나 맛있는 음식, 장인이 만든 명품들이 아니었어요.

보길도에서 만난 멸치 아저씨,

해남에서 차농사 짓는 부부,

강릉의 오지랖 넓은 귀촌 스승님,

제주에 사는 나의 동생 팥쥐와 해녀 엄마,

덤을 더 많이 주신 남해의 마늘밭 노부부…

단단히 홀려도 좋은,

기꺼이 단단히 홀리고픈 빛나는 인연이에요"

Contents

Green
Travel
길과
숲
그리고
꽃

그곳,
밥과 잠,
그리고
사람

그곳에서의 일.주.일.

울릉도

울릉천국. 그곳에서 나고 자라지 않았지만 그 고장에 반한 나머지 나의 천국이라는
노래까지 헌정하고 봄이면 나물을 캐고 여름이면 고기를 잡고 가을이면 별을 헤고
겨울이면 눈을 맞는 이가 사는 섬이 있다. 그러나 천국으로 가는 길은 멀고 험난했
다. 울렁대는 가슴을 안고 지옥과 천국을 넘나들듯 뱃멀미 약에 취해 찾아야 했던 그
봄날. 그곳에서 들은 첫 울릉도 사람의 말은 "뉴스를 보면 화가 나서 미치겠고, 보지
않으면 궁금해 죽겠으니 이를 우짜노"였다. 세월호 침몰 사고가 일어나고 딱 한 달
후에 살아 있는 것조차 죄스러웠던 나는 당신의 천국을 찾았다.

"인적이 뜸한 울릉도의 서북쪽 해안도로를 달리다 보면
만물상전망대라는 간판이 보인다.
전망대가 흔해 빠진 울릉도에서 시선을 잡아끌 정도는 아니라
오가며 지나쳤는데, 그냥 지나칠 인연은 아니었나 보다.
우리는 울릉산 같은 험난한 산비탈 밭에서
나물을 가꾸는 울릉도 농부의 모습을 카메라에 담고 싶었다.
길 위에서 만난 인연들의 주선으로 지나쳤던 만물상으로 돌아갔다.
그리고 산줄기가 곧장 바다로 곤두박질친 자리에서
만 가지 상이 보이는 절경이라 만물상이라 불리는 곳에서
가장 울릉도다운 황홀한 풍경 하나를 건졌다"

[The first day]

독도짬뽕점에서 점심부터 먹고 울릉도 여행 시작하기 → 30분 ▶

대풍감 해안절벽에서 아~아~(1시간) → 15분 ▶

울릉예림원에서 동해를 배경으로 한 꽃그림 감상(40분) → 5분 ▶

울릉천국(40분) → 6분 ▶

추산일가에 여장 풀기

[The second day]

독도에 가거나(왕복 3~4시간) 성인봉 오르기(KBS중계소 출발, 왕복 4시간 30분) ▶

울릉도에서 가장 드넓은 평지가 있는 나리분지로 가기 ▶

은혜분식이나 나리촌백숙에서 점심밥 → 천부항(버스 환승) ▶

관음도에서 꺽새 찾기(1시간) → 선창마을 하차 ▶

석포(안용복기념관)까지 → 걸어서 10분 ▶ 석포 내수전 숲길 걷기(2시간 30분) ▶

내수전 일출전망대에서 김씨 밭 찾기(30분) ▶

저동항 → 여주식당이나 일번지회집에서 저녁 먹기 ▶

바다섬모텔에 여장 풀기

[The third day]

죽도록 보고 싶은 죽도 관광(편도 15분, 2시간) →

행남 해안 산책로에서 거대한 스케일로 동해 바다 산책(도동항~저동항 편도 40분) →

걸어서 5분 ▶

정이품식당에서 마지막 식사 → 걸어서 5분 ▶

울릉역사문화체험센터에서 울릉도와 독도 공부(30분) → 집으로

[I'm here!] 울릉도

[**거기**] 도동항과 저동항, 죽도, 성인봉과 나리분지,
　　　　독도, 대풍감 해안절벽, 울릉천국, 관음도,
　　　　울릉예림원과 울릉자생식물원, 석포 내수전 숲길,
　　　　내수전 일출전망대, 봉래폭포, 성하신당,
　　　　울릉역사문화체험센터

[**밥**] 은혜분식, 독도짬뽕점, 여주식당, 일번지회집, 보배식당,
　　　　나리촌백숙, 정이품식당, 삼정식육식당, 우산제과

[**잠**] 추산일가, 바다섬모텔

[**음악**] Agnes Obel 'Riverside'

[**책**] 니코스 카잔차키스의 『그리스인 조르바』

[Information]

경북 포항 여객선터미널–도동항
(포항 대저하운 1899–8114 www.daezer.com)

경북 울진 후포항 여객선터미널–저동항

강원 묵호 여객선터미널–도동항
(씨스포빌(주) 대표번호 1577–8665 www.seaspovill.co.kr)

강원 강릉항 여객선터미널–저동항
(강릉항터미널 1577–8665) 여객선으로 3~3시간 30분 정도 소요

울릉군 문화관광체육과
054–790–6394 www.ulleung.go.kr/tour

도동관광안내소 054–790–6454

나리분지관리소 054–790–6423

울릉도 극동렌트카 054–791–1747, 010–4114–2211

꼭 한 번

찾고 싶었던

섬이었다

어지간한 여행지라야 수다 배틀을 해도 의기양양이지만

이 섬에 대해서만큼은 수다스런 딸도 입을 꾹 다물고

엄마의 여행담에 귀를 기울이곤 했다.

가보면 정말 좋은 곳이지만 마음을 단단히 먹지 않으면

평생 한 번 찾을 수 없는 그곳이 울릉도였다.

..... 언젠가는 꼭 한 번 찾고 싶었던 섬이었다. 몇 년째 목을 길게 빼고 가고 싶다고 노래를 불렀지만 그 섬에 함께 가줄 여행 동지를 찾지 못했다. 화려한 싱글 또는 골드미스 등 요란한 수식어를 달고 사는 언니들이 캐리어를 끌며 우아하게 해외여행을 즐길 때 이 땅의 어머니들은 뒤에서 보면 브로콜리 같은 빠마 머리를 하고 알록달록 등산복을 빼입고 전국 곳곳을 누비셨다. 입술이 부르터도, 여행 후 링거를 맞을망정 '여행'이라면 자다가도 벌떡 일어나시는 나의 어머니도 이 땅을 누비는 여행자이다. 어지간한 여행지라야 수다 배틀을 해도 의기양양이지만 이 섬에 대해서만큼은 수다스런 딸도 입을 꾹 다물고 엄마의 여행담에 귀를 기울이곤 했다. 울릉도. 가보면 정말 좋은 곳이지만 마음을 단단히 먹지 않으면 평생 한 번 찾을 수 없는 그곳이 울릉도였다.

집에 있는 날보다 집 밖을 떠도는 딸내미가 울릉도 노래를 부르니 브로콜리 빠마 머리를 한 엄마는 한 가지 제안을 하셨다. "15일계에서 울릉도 간다는데. 너도 갈래?" 울릉도 여행이라는 말에 혹하여 "좋아요"라고 대답할 뻔했지만 그럴 수는 없었다. 울릉도까지 가는 관광버스에서 묻지마 관광춤을 출 자신도 없었고, 무엇보다 외로운 섬에서 짙은 고독을 맛보고 싶었기에 그곳이 어디든 트로트와 춤을 즐기거나 이따금씩 깔깔깔 웃음으로 통 크게 사시는 아줌마 군단과의 동행은 감행할 수가 없었다. 그렇게 그곳으로의 여행은 '언젠가는'으로 미루어졌다.

몇 년 후. 지금 사는 서해 끝에서 동해 끝으로 달려가 울릉도로 향하는 배에 오르기를 기다리고 있었다. 그렇지만 호락호락 바닷길을 열어주지 않았다. 거친 파도는 그렇다 쳐도 시커먼 바다 색깔에 겁을 잔뜩 집어먹고 발길을 돌려야 했다. 그리고 다시 몇 달 후. 이번에는 배의 결항률이 가장 적다는 5월로 날을 받아 울릉도에 재도전했다. 울릉도행 배를 타기 일주일 전쯤이었던 것 같은데 갑자기 예약한 배의 운항이 안전부실 문제로 취소되어 하마터면 삼고초려를 할 뻔하였다. 배표를 어렵게 구하고 나서의 일과는 매일 바다 날씨 예보를 확인하며 행여 또 배가 뜨지 않을까 하는 걱정이었다. 어쩐지 이번이 아니면 당분간 울릉도에는 발을 디딜 수 없을 것 같은 불길한 예감에 밤잠을 설치기까지 했다. 드디어 출항일! 납작 엎드려 감사의 절을 무한 반복하고 싶은 마음으로 겨우겨우 찾은 섬이, 떠나 있으면 그립고 그곳에 있으면 벗어나고 싶다는 울릉도였다.

한 점 섬
울릉도로
갈거나

오매불망 울릉도의 첫인상은 매일 수천 명의 관광객과 섬사람들의 생활
용품을 가득 실은 배가 닿는 작은 항구에서 시작된다. 마중 나온 사람들과 배웅 나온 사람
들, 구경 온 사람들과 구경을 끝낸 사람들이 섬과 뭍을 오가는 배 하나에 목을 맨다. 뭍을
오가는 대부분의 배는 도동항과 저동항에 닻을 내리니 울릉도에서 가장 복잡한 번화가다.
특히 도동항은 울릉도 여행의 시작점이자 방점이다. 상업특구처럼 보이는 도동항과 달리
저동항은 조금 더 포구다운 면모를 갖추었다. 그도 그럴 것이 울릉도 하면 오징어인데, 만
선한 배들이 오징어를 토해내며 부지런한 섬 아낙들이 번개처럼 오징어를 손질하는 풍경
이 펼쳐지는 곳이 저동항이다. 우리의 여행은 저동항과 도동항 사이에 놓인 해안 산책로
를 걷는 것으로 시작되었는데 멀미약을 너무 늦게 먹는 바람에 영혼이탈 상태에서 해안
산책로를 걸었다. 의지와 달리 멋대로 움직이는 다리에 당황하며 겨우 완주했던 그날의
기억. 섬에서 나오기 전에 우리는 이 바닷길을 한 번 더 걸었는데 걸을 때마다 그 맛이 달
랐다.

죽도록
가고
싶은 섬

울릉도 여행에 혁혁한 공을 세운 숙소 아주머니는 죽도행을 강력히 추천하셨다. 웅변대회에 나온 학생처럼 오른손을 치켜들고 '죽도록 가고 싶은 섬'이라 하시니…. 대나무가 많아 대섬이라고도 불리는 죽도는 도동항에서 유람선을 타고 10분 정도 가면 된다. 정원이 280명인 유람선에 278번째 관광객으로 올라타고 나선형으로 놓인 365개의 달팽이 계단을 죽도록 올랐더니 드디어 여행이 시작됐다. 예전에는 송아지를 업고 달팽이 계단을 올라 키워서 도축하여 고깃덩어리를 메고 계단을 내려와 섬 밖으로 내다팔아 생계를 이어갔다고도 하니 섬사람들의 밥벌이는 예나 지금이나 녹록치 않은가 보다. 식수가 나지 않는 척박한 섬에서 더덕 농사를 짓는 주민이 살고 있는데, 더덕즙 맛이 아주 좋다. 생즙 맛보다 더 좋은 것은 죽도의 풍경이다. 지나가던 구름이 관음도와 삼선암에 걸쳐 있는 풍경을 볼 수 있었던 전망대는 섬의 자랑거리다. 무릉도원에라도 온 듯 풍경에 취해 전망대 벤치에 벌러덩 누워 눈을 감고 울릉도를 온몸으로 느끼는 만행을 저지르고 말았다.

소곤소곤 TIP

나리분지 2코스

도동항에서 나리분지로 가서
알봉분지, 신령수, 뺌쟁이등
대, 성인정을 거쳐 성인봉에
올라 바람등대, 팔각정, KBS
중계소, 소방파출소, 도동삼거
리로 하산하는 코스로 4시간
30분 정도 걸린다.

소곤소곤 TIP

나리분지 2코스

그곳에서는
모두 다
신비로움뿐

우리는 국가대표급 체력은커녕 동네 뒷동산만 올라도 땀을 비 오듯 쏟으며 숨을 헐떡이는 비국가대표급 체력의 소유자들이다. 그런 주제에 나는 등산을 좋아한다. 한때 등산 동호회 멤버였다고 떠벌리며 울릉도 지도에 빨간 펜으로 동그라미를 그린 곳이 성인봉이다. 울릉도라는 작은 섬에 '산을 오르는 기쁨을 줄 산이 있을까?' 싶었는데 도동항에 내려 알게 되었다. 황장군은 이렇게 말했다. "울릉도는 울릉악산이네요." 986.7미터의 성인봉을 오르는 코스는 여러 개인데 우리는 도동항에서 버스를 타고 천부항까지 간 다음 버스를 갈아타고 나리분지를 거쳐 성인봉을 올라 도동항 쪽으로 하산하는 길을 오랜 고민 끝에 간택했다. 황장군은 울릉도에 머무는 내내 위엄 넘치는 울릉악산에 기가 눌리기라도 한 듯 답답하다 했는데 이 답답함은 나리분지가 누그러뜨렸다. 예나 지금이나 먹고사는 일이 녹록치 않다는데 섬사람들의 끼니 걱정이야 뭍과 비교할 것이 못 된다. 옛날 나리분지에 살던 이들이 섬말나리라는 뿌리를 먹고 연명하였다 하여 나리골이라 불렸다고 한다. 사람 살던 곳이니 너와집과 투막집 등이 남아 있고 울릉국화와 섬백리향 군락지가 남아 있다. 그리고 몰려드는 관광객을 재울 숙소가 부족하자 자연을 원 없이 즐길 수 있는 캠핑장도 열었다.

산의 모양이 성스럽다 하여 성인봉聖人峰이라 불린다는데 시시각각 변하는 섬 날씨가 자주 마법을 부리는 모양이다. 우리는 하루 종일 화창했던 5월의 성인봉을 올라 따사로운 햇살과 초록빛을 보고 왔으나 갑자기 찾아드는 안개나 비바람 등으로 신비로운 산을 헤매고 온 것 같다고들 기억하는 이들이 많다. 다녀온 후에야 알게 되었는데 성인봉은 300일 이상 안개에 싸여 있다고 하니 우리는 억세게 운이 좋았다. 모든 게 신령스러운 산이니 전설의 고향에 등장할 법한 이야기가 전해진다. 옛날에 나물을 캐러 간 소녀가 이튿날 골짜기의 절벽에서 발견되었는데 나물을 뜯다가 잠이 와 잠시 누워 있었더니 수염이 허연 노인이 나타나 "이런 곳에서 자면 안 되니 나를 따라오너라" 하여 따라갔다고 한다. 커다란 기와집의 방 안에 푹신한 이불이 깔려 있고 할아버지가 자장가를 불러주어 자고 있는데 부르는 소리에 깼다는 것이다. 이야기를 들은 사람들은 꿈속의 노인을 성인이라고 여겼고 그가 사는 산이라 하여 성인봉이라 부르게 되었다고 한다.

널 보면
왜 눈물이
나는 걸까

독도

photo by 趙慶子

—
아빠는 어린 자식들이 부르는 노래를 녹음하여 유행가처럼 듣고 또 들으셨다. 이런저런 노래를 그날그날의 기분에 따라 부르는 누나와 달리 남동생은 일편단심 한 곡만 불러댔다. "울릉도 동남쪽 뱃길 따라 이백리~" 한 번쯤 불러보았을 한 맺힌 국민가요.

울릉도에 도착한 다음 날 독도로 향하는 해바라기호에 몸을 실었다. 세월호 사고의 여파인지 평소 같으면 태극기를 든 관광객들로 가득했을 해바라기호는 드문드문 단체 관광객들이 자리를 채우고 있었는데, 두 시간 남짓 짙푸른 동해 바다를 건너 독도가 눈에 들어올 때까지 적막함만 가득했다. 독도 주변의 해상 날씨는 변화무쌍하여 365일 중 독도를 제대로 볼 수 있는 날이라야 고작 60~70일 정도라고 들었다. 두 시간을 넘게 달려 독도 근처에 가도 날씨가 도와주지 않으면 다시 울릉도로 뱃머리를 돌려야 한다. 가다 돌아오더라도

꼭 가야 했던, 가고 싶었던 그곳. 동쪽 끝 외로운 섬 독도다.

망망대해. 저 멀리 새끼손톱만 한 고깃배라도 눈에 띄면 반가워지는 동해 바다에서 독도가 눈에 들어오자 눈물이 왈칵 쏟아졌다. 미안함과 고마움이 교차하면서. 이날 동도선착장에 발을 내딛지는 못하였지만 독도를 눈에 담게 된 것만으로도 고마웠다. 영토 문제로 가슴을 졸이는 국민들에게 '걱정 마, 잘 있으니까'라고 말하는 듯 엄지손가락을 치켜든 엄지바위, 독립문바위, 한반도 지도 모양을 한 모습을 보니 먼 길 달려오길 잘했다는 안도감이 들었다.

경상북도 울릉군 울릉읍 독도리 산 1-96. 대한민국의 영토 독도. 힘없는 백성인 나는 '독도는 우리 땅'만 불러줄 수 있는 게 고작이라 한없이 미안하기만 하다.

미스
울릉도

"절경이다! 절경이로세~"라는 감탄사와 함께 덩실덩실 춤이라도 추어 대단한 풍경에 찬사를 보내고 싶었다. 들리는 이야기로는 사진작가들이 뽑은 절경 베스트 몇 위에 들어간다는데 과연 그럴 만했다. 태곳적 자연을 지닌 뉴질랜드나 아이슬란드를 부러워만 했는데 "우리나라에도 이런 곳이 있어"라며 어깨에 힘을 팍 주고 이야기할 수 있는 때 묻지 않은 곳을 발견했으니 말이다. 바다 앞 절벽 위에 전망대 겸 태하등대가 있는데 향목관광모노레일을 타고 조금 걷는 수고만 하면 향목전망대에서 미스 울릉도감 풍경과 만날 수 있으니 이 또한 감사한 일이다. 여름이 지나 오징어 조업철이 오면 해안에서 펼쳐지는 오징어잡이 어선들의 어화漁火 풍경이 장관이라고 한다.

대풍감으로 가는 길목에 '인간극장'에 출연한 노부부의 집을 가리키는 푯말이 보인다. 한겨울에 눈 쌓인 산길을 걸어가 장을 봐서 아내 앞에 내놓던 고등어와 과일. 열이면 열, 모두 불편하니 살기 편한 곳으로 떠났거나 살더라도 투덜이나 푸념이 늘 따라다닐 텐데…. 마치 소풍이라도 온 것처럼 즐거워 보이던 그 길. 노부부가 전하는 삶의 울림이 컸다.

그곳이
천국인
까닭

　　　　울릉도에는 가수 이장희 씨가 산다. 동쪽의 촛대암 그림자가 바다에 비치면 바닷물이 검게 보인다 하여 현포玄圃라 불리는 작은 항구와 조선시대 왜인들이 울릉도의 나무를 베어 운반했던 곳이라 왜선창이라 불렸던 천부항 사이의 산골짜기에서. 울릉천국은 관광객들이 자주 찾는 코스라는데 나와 황장군은 그곳을 가야 할지 망설이고 있었다. "와 못 가노? 거기가 다 이장희 씨 꺼가!"라던 식물원의 커피 매점 아주머니를 만나지 않았다면 아마도 우리는 울릉도의 천국을 보지 못하고 돌아와 두고두고 후회했을 것이다. 관광지도 아닌데 남의 집을 훔쳐보러 가는 것마냥 가는 내내 마음이 불편했다. 그런데 울릉천국에 도착하자 상상 이상의 절경에 불편한 마음이 사라졌다. "보러 오세요. 누구든지"라고 말하는 듯 울릉천국에는 작은 못과 야외무대, 바람을 맞기 좋은 정자, 야생화로 둘러싸인 나무 의자까지 있었다. 우리 말고는 관광객도 없어서 마치 천국이라도 온 것처럼 평화롭고 고요한 시간을 보내고 어쩐지 포근해진 마음으로 돌아올 수 있었다.

구름다리
끝과 끝
사이에서

　　　　　울릉도 지도를 펼쳐놓고 관광 명소를 훑어보다가 흥미로운 섬을 발견했다. 그 이름은 관음도인데 깍새가 많아 깍새섬이란 이름이 늘 따라다닌다. 북쪽에 위치한 이 섬은 울릉도와 100미터쯤 떨어진 무인도다. 2012년에 보행연도교가 놓이기 전까지 접근이 쉽지 않았기에 다행히도 원시림이 그대로 남아 있다. 40분 남짓이면 섬 전체를 둘러볼 수 있는 탐방로가 놓여 있는데 울릉도 자생식물, 동백나무, 후박나무, 억새풀, 푸른 바다를 눈에 담을 수 있다. 울릉도의 수많은 관광지에 홀린 관광객들의 발길이 뜸한 곳이라 여유롭게 산책을 할 수 있다는 점도 관음도만의 매력이다. 다만 바람이 많이 부는 날에는 보행연도교의 통행이 금지되고 어디선가 갑자기 나타난 바다 물안개에 섬이 사라지면 발이 묶이고 만다. 울릉도를 한 바퀴 도는 유람선을 타면 울릉 3대 비경의 하나로 꼽히는 관음도의 관음쌍굴을 구경할 수 있다. 옛날에는 해적들의 소굴이었다고 하는데 지금은 동굴 천장에서 떨어지는 물을 마시면 장수한다는 이야기를 듣고 물을 탐내는 관광객들이 호시탐탐 노리고 있다.

날
보러
와요

　　　　　섬기린초, 섬바디, 섬백리향, 울릉국화, 섬초롱…. 섬 전체가 자연생태박물관으로 불리는 울릉도에는 750여 종의 식물이 자생하고 있다. 식물들을 보려면 성인봉이나 나리분지, 울릉예림원이나 울릉자생식물원을 찾을 일이다. 울릉예림원은 바다가 바라보이는 언덕에 있다. 멸종 위기 식물인 섬개야광나무를 비롯하여 1200년을 산 주목나무가 명물이다. 야생화, 분재, 수석, 조형물, 코끼리바위 전망대 등 볼거리가 많고 이곳에서 보는 석양도 아름답다. 이곳에서 만난 꽃보다 아름다운 이는 바다에 살면서 아직도 바다가 그립다는 박경원 원장이다. 울릉도에 꽂혀 40대 중반에 해양경찰을 그만두고 이곳을 일구었다. '꽃잎이 떨어져 바람인가 했더니 세월이더라'는 글귀가 마음에 고요한 파문을 일으킨 이유가 있었다.

울릉자생식물원은 돈을 내면 반갑게 맞이하는 이도 없고 잘 가라 손을 흔드는 이도 없이, 언제든 오갈 수 있는 동네 공원 같다. 섬꼬리풀, 선모시대 등 이름도 모습도 낯선 식물들이 호기심을 자극한다. 여려 보이지만 섬을 떠나서는 살 수 없는 강인한 생명체가 전하는 에너지가 매우 싱그럽다.

울릉도
금메달리스트

울릉도에서 만난 사람들이 다른 사람에게는 절대 알려주지 않는데 우리에게만 선심이라도 쓰듯 입을 모아 추천한 곳이 있다. 숙소 아주머니도, 렌터카 사장님도. "도동항과 저동항에 놓인 해안도로 걸으셨어요? 거기가 동메달감이면 여기는 금메달감입니다." 귀가 번쩍! 그래서 걷기 시작한 길. 서쪽 현포에서 시작하여 추산, 천부, 죽암, 선창, 섬목, 석포, 내수전전망대를 거쳐 저동항까지 이어지는 25킬로미터의 숲길이다. 이 중 석포와 내수전 구간이 가장 아름답다고 한다. 이름 모를 풀과 나무가 우거져 화창한 날도 하늘을 가릴 정도로 그늘이 지는 산길을 걷다 보면 관음도와 죽도가 스쳐 지나가고 작은 계곡도 나타난다. 섬과 해안 절경. 평탄한 산길이 만난 종합선물세트 같은 트레킹 코스다. 안용복기념관의 아저씨가 우리를 겁도 없냐는 듯 쳐다보며 하필 이날 나의 복장은 보라색 원피스였다 "여 사람들도 어둑해지면 겁나서 얼씬도 안해예"라며 겁만 주지 않았어도 완주할 수 있었으련만. 겁 많은 나와 황장군은 두어 시간 걷다가 석포마을로 되돌아오고 말았다.

동해의
보물섬에서
맞이하는 아침

울릉도를 찾은 관광객들이 해안 산책로와 함께 가장 가볍게 찾는 곳은 내수전 일출전망대이다. 울릉도의 개척민인 김내수金內水라는 사람이 화전을 일구고 살았다 하여 내수전이라는 이름으로 불리게 됐다고 하며 닥나무가 많이 자생하여 '저전포'라고도 불렸다. 전망대 입구에서부터 석포까지 울릉도 둘레길로 불리는 숲길이 펼쳐진다.

이 전망대는 해맞이 명소로 알려져 있지만 저동어화苧洞漁火의 풍류를 즐길 수 있는 9월부터 11월까지의 밤 풍경이 더 멋지단다. 저동어화란 오징어를 유인하려고 켠 집어등의 불빛 무리가 꽃과 같다는 뜻이다. 한낮에 440미터의 산꼭대기에 서면 하늘과 바다의 경계가 사라진다. 날이 좋으면 수평선 위로 우뚝 솟은 독도까지 눈에 들어온다는데 아무리 눈에 힘을 주고 찾아도 독도의 모습은 보이지 않았다. 고개를 왼쪽으로 돌리면 관음도와 섬목 해안, 죽도가 펼쳐져 있다. 오른쪽으로 고깃배들이 드나드는 저동항과 산비탈 밭이 눈에 들어온다. 관광객들이 절경에 덩실덩실 춤을 추든 말든 섬사람들은 제 살기 바빴다.

놀랍지
아니한가

울릉도는 물맛이 좋기로 유명하다. 특히 성인봉에서 흘러내린 계곡에서 나는 물맛이 기가 막히다. 그런 울릉도에는 폭포도 흐른다. 저동에서 2킬로미터 떨어진 곳에는 섬사람들의 소중한 식수원인 봉래폭포가 있다. 짙푸른 원시림 사이로 3단 폭포가 씩씩하게 물을 쏟아낸다. 청정한 물이 쉼 없이 흐르니 물 맑은 곳에서만 산다는 고추냉이 잎도 군락을 이루고 있다. 관광해설사로 가이드를 자처한 숙소 주인아주머니의 추천으로 봉래폭포의 물맛을 보게 되었다. 물맛은 정말 좋아 뭐라 표현할 길이 없다. 생수업계에서 슈퍼스타로 대접받는 어느 섬과 달리 이곳의 물맛이 뭍에 알려지지 않은 게 신기하고 다행스러울 정도였다.

울릉도
전설의 고향

섬사람들은 배를 사면 종교가 있더라도 이곳에서 제를 올린다. 섬마을의 독특한 풍습이다. 조선 태종 때 울릉도 안무사가 사람들을 육지로 이주시키려고 섬을 찾았다. 그는 해신이 나타나 동남동녀 두 명을 섬에 남겨두고 가라는 꿈을 꾸지만 개의치 않고 출항했다가 풍파를 맞는다. 꿈이 떠오른 그는 동남동녀를 남겨두고 육지로 돌아가 몇 년 후 다시 찾았더니 동남동녀는 꼭 껴안은 모습으로 백골이 되어 있었다고 한다. 그들을 애도하기 위해 세워진 사당이 성하신당이다. 사람들은 음력 3월 1일에 제를 지내며 풍어와 풍년을 기원한다.

일본 가옥을 남겨둔 까닭은

흔치 않은 울릉도의 역사 유산이다. 모텔과 식당들이 얽혀 있는 도동항에 자리한 이곳은 문화유산국민신탁이 일본인이 지은 목조 가옥을 손봐 운영한다. 국민신탁이란 보전 가치가 높은 문화유산과 자연환경 자산을 시민들의 후원으로 보전하고 활용하는 곳이다. 1910년대 일본 산림벌목업자가 지은 가옥은 광복 후에 포항여관 이름으로 운영되다가 2008년까지 가정집으로 사용됐다. 달갑지 않은 적산가옥을 허물지 않고 다다미방과 덧창 등을 그대로 보존하며 남겨둔 까닭은 침탈의 역사를 보여주는 증거이기 때문이다. 우리는 울릉도의 근현대사와 일제강점기에 일본인들의 무단 남획으로 사라진 독도 바다사자 장치를 만났다. 그리고 이곳이 있기까지 백방으로 뛰어다닌 집주인 이영관 씨의 이야기도 듣게 되었다. 도동항의 여객선터미널에서 걸어서 5분 거리인 탓에 자리를 탐내는 이가 많았다고 한다. 또 문화재로 인수해달라는 편지를 문화재청에 여러 번 보냈지만 거절당하다가 문화재로 지정된 전라도의 일본 가옥을 벤치마킹한 끝에 가까스로 문화재로 지정받았다고 한다.

섬마을 엄마밥집
은혜분식

울릉도에는 마을마다 음식 명인들이 산다. 명인들의 음식은 사람들도 쉽게 알아채기에 마음먹고 찾지 않으면 그 맛을 놓칠 수도 있다. 천부항의 명물인 소박한 밥집은 따개비 칼국수로 유명하다. 울릉도 어린이집 원장님(덕분에 울릉도민들이 찾는 맛집 정보를 쉽게 얻었다)이 칼국수 명단에 우리 이름을 올려주신 덕에 명인의 따개비 칼국수를 맛보게 됐다. 맛은 울릉도의 물맛을 보았을 때와 같은 감동이었다. 바닷가 암초에 사는 따개비를 커다란 들통에 가득 담고 곰탕 우리듯 끓여 육수를 내고 밀가루를 손 반죽하여 칼로 뚝뚝 썰어 칼국수를 말아주니 둘이 먹다 하나 죽어도 모를 무서운 음식이다.

주인아주머니 혼자 손님도 맞고 음식도 만들고 계산까지 하는 나홀로식당에 단골손님들이 찾아와 반찬통에서 반찬을 담고 국과 밥을 퍼먹었다. 인근 관공서의 직원식당인 듯했는데 관심은 그 단골들이 맛보는 반찬. 정신을 차리지 않았다면 나도 모르게 젓가락을 쓰윽 갖다 대고 "한입만…"이라고 말할 뻔했다. 그래서 다음 날 또다시 찾았다. 우리는 의기양양하게 백반을 주문했다. 둥그런 쟁반에 담겨 나오는 울릉도산 밑반찬의 향연에 또다시 이성은 사라졌다.

밥을 뚝딱 비우고 앉아 있는데 들리는 나직한 음성. "잠깐 살려고 왔다가 여기서 내 청춘 다 가버렸지." 울릉도가 고향인 남편이 딱 3년만 살면서 돈 벌어 나가자는 제안에 섬에 들어왔다가 지금까지 살고 있노라 하셨다. 섬은 살기 힘든 곳이라 말씀하셨는데 우리는 그 섬에서, 그 섬의 엄마밥집의 밥에서 삶의 위로를 받았다.

울릉도에 얼마나 먹거리가 많은데 짬뽕을…
독도짬뽕점

어린이집 원장님은 저동항의 정든식당에서 맛깔스런 백반을 대접해주시며 울릉도 맛집을 찬찬히 읊어주셨다. "짬뽕은 독도반점이 먹을 만해요." '울릉도에 먹을 게 얼마나 많은데 짬뽕을 먹고 가야 하나?'라는 생각이 들었지만 원장님이 콕콕 집어준 식당들은 모두 맛이 특별하여 일부러 짬뽕을 맛보러 찾아갔다. 독도반점은 짬뽕 하나로 울릉도의 슈퍼스타가 되어 작지만 풍정 넘치는 오픈 당시의 식당을 뒤로하고 근처의 크고 넓은 신축 건물로 이전을 하였다. 이름도 독도짬뽕점으로 바꾼 모양이다. 남쪽 어느 섬에서 바닷가 짬뽕집이라 하여 해산물을 듬뿍 넣어 맛있는 짬뽕만 있을 거라는 환상이 깨진 슬픈 일을 당하고 찾은 터라 짬뽕이 앞에 놓이기까지 의심 반 기대 반이었다. 싱싱한 홍합과 꽃게 등 통 큰 해산물이 쫄깃하지만 수수한 면발과 새빨갛고 걸쭉한 육수와 어우러져 담겨 있었다. 중국집 딸내미였던 황장군이 면발이 기가 막힌 전국 3대 짬뽕집이라며 엄지손가락을 치켜들었다. 이 집 짬뽕 맛보러 울릉도행 배를 탈 의향도 있다 하니 기대하시라.

삼계절에만 만나요
여주식당

저동항 식당 골목의 여주식당은 너도 나도 장아찌로 담가 먹는 명이로 김치를 낸다. 뭍에서 온 주인아주머니는 음식 솜씨가 좋았다. 우리는 오징어불백으로 점심의 허기를 달랬고 친정언니가 농사지은 콩으로 만들어 배편으로 보내준다는 청국장으로 끓인 따끈한 아침밥도 먹었다. 주위 식당에는 단체 관광객들로 넘쳐나는데 이 집은 섬사람들의 발길이 잦았다. 그도 그럴 것이 홀에 놓인 테이블 두 개와 방에 놓인 테이블 몇 개가 전부인 데다 아주머니 혼자 식당을 운영하신다. 겨울이 되면 치료도 할 겸 자식들 얼굴 보러 뭍으로 나가 가게 문을 닫는다.

물회 맛에 눈을 뜨다

일번지회집

울릉도에서의 마지막 만찬은 물회였다. 기꺼이 마중과 배웅을 해주신 어린이집 원장님이 이곳을 안내하지 않았다면 절대 찾을 리 없었던 숨은 맛집이다. 오징어철이 아니라 한산한 어판장 2층에 자리한 횟집인데 사이다 따위 넣지 않은 슴슴한 물회가 맛의 신세계로 이끌었다. 울릉도는 횟감이 다양하지 않아 광어나 우럭 등을 뭍에서 들여온다는 이야기를 들었다. 일번지횟집의 물회는 울릉도 인근에서 잡은 생선으로 회를 쳐 상추와 다진 마늘, 고추장 등을 넣고 얼음을 몇 개 얹어 먹는다. 물론 오징어철에 찾으면 오징어물회도 맛볼 수 있다. 다음 울릉도 여행에서 또다시 찾겠노라 마음에 도장 쾅, 쾅 찍어둔 집이다.

원조 홍합밥집

보배식당

홍합밥, 오징어내장탕, 울릉약소, 오징어물회…. 울릉도에서 꼭 먹어야 할 음식 리스트를 만들어보니 홍합밥 하면 공식처럼 따라오는 집이 있었다. 도동항의 골목길을 헤치고 들어가면 좌식 테이블이 놓인 정감 넘치는 가정집이 나타난다. 홍합밥집 보배식당이다. 홍합밥은 이름 그대로 홍합살과 갖가지 채소를 넣고 지은 밥에 참기름과 간장에 비벼 먹는 울릉도에서만 먹을 수 있는 먹거리다. 청정 해역인 울릉도는 오징어로 유명하지만 '저게 홍합이야?' 하고 놀랄 정도로 큼직하고 속이 꽉 찬 홍합도 많이 난다. 도동항의 식당에서는 대부분 홍합밥을 내지만 많은 관광객들은 원조인 보배식당에서 울릉도의 보배를 맛본다.

'나는 자연인이다' 코스프레
나라촌백숙

이른 아침 나리분지를 보니 마음이 한없이 평화로워졌다. 투막집, 너와집 구경을 하고 나니 울려대는 배꼽시계. 대구 아가씨가 나리분지에서 농사를 짓는 총각을 만나 결혼을 하여 지천에 널린 산나물로 맛깔스런 밥상을 차려낸다는 기사를 읽고 점찍어 두었던 곳이다. 식당 앞 나무 아래 나무 테이블에 자리를 잡고 산채비빔밥을 주문했더니 울릉미역취, 부지깽이, 고비, 명이 등 갖가지 나물과 나물된장국, 집고추장이 정갈하게 차려졌다. 사람을 만나면 반가운 나리분지에서 봄바람을 맞으며 맛보는 별식. 즐겨 보는 '나는 자연인이다'의 자연 밥상을 제대로 즐기고 왔다. 울릉도의 산나물이 주는 에너지 덕인지 성인봉 산행도 거뜬히 다녀왔으니 허기가 지면 찾아 자연의 에너지를 충전하고 싶다.

명이장아찌 맛은 정일품
정이품식당

울릉도 별미인 홍합밥, 따개비밥, 전복죽, 오징어내장탕을 메뉴에 올린 정이품식당은 도동항의 번듯한 맛집이다. 홍합밥과 오징어내장탕 사이에서 고민하다가 결국 주문한 것은 따개비밥이었다. 따개비와 다진 당근을 넣고 갓 지은 밥에 김가루가 뿌려 있고 울릉도 식당에서 흔히 내는 나물된장국에 9첩 반상이 부럽지 않은 반찬들이 딸려 나왔다. 따개비밥은 "정말로 맛있게 잘 먹었습니다"라며 90도로 인사를 하고 싶을 정도였는데, 더 반한 것은 명이장아찌. 어린잎으로 달지 않게 담근 솜씨라니! 주인아저씨가 직접 딴 명이를 주인아주머니가 담가 손님상에도 내고 팔기도 한단다. 그 맛은 틀림없이 정일품이다.

그 유명한 울릉도 약소를 맛보려면

삼정식육식당

울릉약소는 섬바디라는 약초를 먹고 자란 육질 좋은 한우다. 섬사람들은 정육점에서 약소를 구해 먹는다 하는데 우리는 섬사람이 아니니 식당에서 맛볼 수밖에 없었다. 삼정식육식당에서 맛본 약소 모둠은 약소 맛에 대한 궁금증은 해소시켜주었지만 입만 즐겁게 하는 마블링 쇠고기에 빠진 입맛을 황홀하게 사로잡지는 못했다. 원래 울릉약소는 기름기가 많지 않아 등급이 낮다고 한다. 숯불에 약소를 구워 먹고도 밥배가 남아 오징어내장탕을 주문해 먹었는데, 오징어철도 아닌데 내장의 싱싱함이 전해졌다. 주인에게 물으니 오징어철에 내장을 신선하게 손질하여 급속 냉동시켜 손님상에 낸다고 했다.

섬의 오래된 빵집

우산제과

울릉도에도 빵집은 있었다. 그것도 '나는 이렇게 늙어왔소'라고 말하는 듯 빵도, 인테리어도, 이름마저 예스럽다. 저녁을 배불리 먹고 숙소로 돌아가다가 눈에 띄어 삐걱거리는 새시 문을 열고 꽈배기와 도넛을 샀다. 저녁이 되어도 쉬 잠들지 못하는 항구 숙소의 방에 누워 꽈배기를 베어 물었는데, 당장 달려가 빵 장인에게 비법을 묻고 싶을 정도로 쫄깃쫄깃, 폭신폭신 맛있었다. 뭍의 유행이 밀물처럼 들어오는 섬에 요즘 유행하는 천연 발효종 베이커리나 파리의 빵집이 없어도 사람들이 가만히 있는 건 우산제과의 꽈배기 맛 때문일 거라고 소설을 써본다.

풍경을 최고로 치는 당신이라면

추산일가

단체 관광객이 압도적으로 많이 찾는 울릉도에는 리조트도 있고 크고 작은 모텔과 펜션도 많다. 물론 하루에 수천 명씩 몰려드는 관광객을 다 수용하기 어려워 무료 캠핑장을 열고 있는 관광 섬이기도 하다. 울릉도에서 백만불짜리 절경을 품고 있는 숙소는 추산일가다. 우리도 추산일가의 빼어난 풍경에 반해 아슬아슬한 절벽 위에 세워진 이곳에 예약을 넣어두었다. 〈론리 플래닛〉 매거진에서 세계에서 가장 아름다운 10대 해양 휴양지로 울릉도를 선정하였는데 추산일가도 함께 소개되었다고 한다. 울릉도의 북쪽에는 송곳산이라 불리는 추산이 웅장하고 신비롭게 서 있고 근처 절벽에 추산일가가 자리한다. 객실은 콘도형, 일반실, 특실이 있는데 절벽 위 2층 방에서 추산과 동해바다를 조망할 수 있는 특실이 가장 운치 있다. 해가 저물기 전에는 하늘과 바다의 경계가 모호한 몽환적인 바다를 질리도록 볼 수 있고 해가 지고 나면 철썩 철썩 파도 소리가 여행자의 외로움에 쓸쓸함을 더한다. 바다로 난 테라스에서 여행의 흥을 즐기던 황장군은 반딧불이를 보았다며 일찍 자리에 누운 나를 깨웠는데 아무리 찾아도 울릉도의 반딧불이는 꽁꽁 숨어 모습을 드러내지 않았다. 쓸쓸한 마음을 보듬어 준 것은 추산이다. 다음 날 아침 눈을 뜨자마자 맨얼굴을 드러낸 추산, '하룻밤만 머물기에는 아쉬운 곳이구나'라는 소리가 절로 나온다. 끼니는 특실 건물 1층에 자리한 식당에서 해결하면 된다. 울릉도의 해산물과 나물, 호박 막걸리를 내는데 젊은 식당 안주인은 손맛과 인심이 좋다.

여행의 시작과 마무리는 도동항 숙소에서

바다섬모텔

울릉도 숙소 예약을 맡은 황장군이 탐을 낸 숙소는 바다섬모텔이다. 신축 건물이라 깨끗하며 도동항에 있어 교통이 편리하고(모텔 바로 옆이 울릉도의 구석구석을 누비는 버스가 출발하고 도착하는 정류장이다) 무엇보다 주인 아주머니가 관광해설사라는 점에 가산점을 얻었다. 마음먹었다고 계획대로 가서 계획대로 여행을 할 수 있는 섬이 아니라 숙소를 정하는 데 더 소심했다. 그래서 머물게 된 바다섬모텔이다. 바다 날씨가 심술을 부려 울릉도에 들어가지 못했을 때도, 세월호 사고 이후 강화된 여객선 점검으로 우리가 예약한 배가 취소되어 강릉항에서 포항으로 가야 했을 때도 주인 아주머니는 여러 조언을 아끼지 않았다. 내수전 일출전망대와 봉래폭포를 안내하며 울릉도의 재미있는 이야기도 덤으로 들려주었다. 울릉도를 더 빨리, 더 친근하게 품을 수 있었던 고마운 인연이다.

On the Road
울릉도 트위스트

울릉도
운전의 법칙

1

울릉도에서 운전을 한다고 하면 겁을 주는 사람도 제법 있지만 과속하지 않으면 운전을 못할 곳도 아니니 너무 겁먹지 마시길. 예전에는 렌트 비용이 비쌌지만 요즘은 여러 업체가 경쟁을 하다 보니 가격도 저렴해졌다. 또 하루 이틀 정도는 울릉도의 버스를 이용해도 좋다. 운전기사 아저씨들은 대체로 친절한 편이며 관광지답게 각 명소의 특징을 알려주는 안내 멘트가 흐르기도 한다. 꼭 기억해 두어야 할 것은 울릉도에는 LPG 충전소가 없다는 것!

저동항에
바람이 불면

2

저동항에는 바람 구멍이 있다. 해안산책로의 시작점 위에 절반쯤 콘크리트로 막힌 기괴한 모습의 구멍이다. 모습이 이상하여 섬주민에게 물으니 마을 사람들이 일부러 막은 것이라 했다. 해안가 바위의 거대한 구멍으로 바닷물이 넘쳐 들어오는 일이 있는데, 신기하게도 바닷물이 들어온 해에는 울릉도 아낙들이 바람이 나 섬을 떠나는 경우가 많았다는 것이다. 그런데 더 신기한 일은 콘크리트 담을 만든 이후 바닷물이 넘쳐 들어와도 바람나는 아낙들이 줄어들었다고 한다.

3

울릉도에 없는
세 가지

삼다도 제주, 삼무도 울릉도다. 울릉도에는 도둑, 뱀, 공해가 없다. 대신 바람, 물, 돌, 향나무, 미인이 많아 오다라고도 한다. 울릉도에 도둑이 없는 이유를 섬주민은 이렇게 설명한다. 흔히 추측하기 마련인 도둑이 섬을 빠져 나가기 어려워 없는 게 아니라고 했다. 울릉도에는 대를 걸쳐 사는 개척민의 후손들이 많다. 이들은 섬에서 결혼을 통해 얽히고설킨 가문을 형성하여 한 집 건너 친척이라는 말이 있을 정도다. 친척집을 털몹쓸 도둑이 울릉도에는 없다.

정선의
진경산수화
속으로

정선

기숙사에서 처음 만난 선배는 나와 친구들과는 다른 부류였다. 단발머리에 뿔테 안경을 쓴 소녀 같은 외모에 클래식 기타를 치며 장학금을 받던 모범생이었는데 강원도 정선이 고향이라 했다. 내 나이 스무 살에 처음 만난 정선 사람이다. 가본 적 없는 정선이라는 곳은 자연스럽게 선배의 이미지가 됐다. '정선이란 고장이 저런 선배를 키워냈을 거야'라는.

면적도 넓은 데다 첩첩산중이라 빙빙 둘러 낸 국도를 돌아야 하니 느긋하게 여행해야 하는 정선에서 바삐 몰던 차를 멈추고 말았다. '곤드레만드레마을. 꼭! 오실 줄 알았습니다!'라는 문구 아래 마을 사람들이 산나물을 들고 서 있는 사진이 붙어 있었다. 이렇게 정감 넘치며 신선한 마을 광고가 있었던가! 『때때로 대한민국』 시골 광고 어워즈가 있다면 당장 대상을 수여하고 싶은 발견이라며 호들갑을 떨었다. "그게, 그러니까요! 저도 꼭! 올 줄 알았습니다!"라는 대답을 첩첩산중에 외치고 말았다.

"광대곡에 들어서는 층대바위 병풍바위

좌우절벽 용천폭포 계수청정 골뱅이소

비용소에 선녀폭포에 열두용소를 두루 구경하니

신비로운 화암팔경 또다시 오고 싶구나

아리랑 아리랑 아라리요

아리랑 고개고개로 나를 넘겨주게"

—'정선아리랑'에서

[**The first day**]

타임캡슐공원에서 첩첩산중 정선 산풍경 보기(30분) ⟶ 1시간 ▶

정선삼탄아트마인에서 막장 탐구(1시간) ⟶ 20분 ▶

아무 생각 말고 민둥산 오르기(왕복 4시간) ⟶ 30분 ▶

농가맛집 노다지에서 정선 엄마들이 차린 저녁 먹기 ⟶ 1시간 ▶

더 늦기 전에 정선 통나무집으로 달려가기

[**The second day**]

아리힐스에서 강심장 체험하기(30분) ⟶ 10분 ▶

싸리골식당의 곤드레나물밥으로 점심 ⟶ 5분 ▶

정선5일장 구경(1시간) ⟶ 30분 ▶

산골다방 오월에서 커피 한잔

[**I'm here!**] 정선

[**거기**] 정선5일장, 민둥산, 타임캡슐공원, 아리힐스, 화암약수터, 정선삼탄아트마인
[**밥**] 싸리골식당, 산골다방 오월, 동광식당, 농가맛집 노다지
[**잠**] 정선 통나무펜션
[**음악**] 킹스턴 루디스카가 리메이크한 '하늘의 황금마차'
[**영화**] 진모영 감독의 〈님아 그 강을 건너지 마오(*화장실 보초를 서던 할아버지가 할머니를 위해 불러주던 아라리.)〉

[**Information**]

정선군 종합관광안내소
1544-9053 www.ariaritour.com

소곤소곤 TIP

드라이브 미스 정선

만일 당신의 이름이 '정선'이라면 정선 여행이 더 즐거워진다. 이름이 정선인 사람은 정선 시티투어가 공짜다. 또 정선에서는 화암면 화암1리에서 몰운1리까지 이어진 4킬로미터 길이의 쇼금강 드라이브를 빼먹으면 섭섭하다. 도로로 쏟아질 듯한 기암절벽 사이를 달리다 보면 그 아름다움에 여러 번 차를 세우게 된다.

객들이
더 많은 산골 마을의
잔칫날

요즘 시골 5일장은 특유의 정감과 소박함을 잃은 것만 같다. 그래도 몇몇 특색 있는 오일장은 콩나물 한 봉지, 두부 한 모를 사들고 오더라도 다시 찾고 싶어진다. 우리에게 정선장이 그렇다. 강원도로 출장을 오게 되면 이따금 정선장에 들러 콧등치기나 메밀전병을 맛보고 돌아오곤 했다. 볼품없고 투박한 맛이지만 먹고 나면 며칠은 괜히 힘이 났다. 그런데 몇 년 전부터 정선5일장은 화개장터 못지않은 빅스타가 되어 장날에만 들렀다 가는 관광열차도 생겼고 장 근처의 드넓은 공터에 마련한 주차장이 가득 찰 정도로 사람들이 몰려들었다. 그래도 여전히 매달 2, 7, 12, 17, 22, 27일에 열리는 정선5일장을 찾는 발걸음은 경쾌하고 설렌다.

첫 번째 재미는 정감 넘치는 난전 쇼핑이다. 깊은 산골이 키워낸 산나물과 고랭지 배추와 무 같은 푸성귀, 도라지나 더덕, 황기 등의 약초 등이 풍성하다. 산나물을 팔면서 새댁이 요리나 제대로 할까 걱정되는지 나물 손질법부터 조리법까지 맛깔스럽게 알려주시니 그 마음이 참 고맙다. 이옥분 할머니에게서 산 취나물은 지금껏 먹어본 취나물 중 최고의 맛

을 선사했다. 직접 캐셨다는 자연산 둥글레로 끓인 둥글레차는 깊고 그윽한 맛이 났다. 정선대구실회에서 가져온 곤드레나물은 밥으로, 나물로 해 먹느라 금세 동이 났다. 정선의 산골 어머님들과 장이 서는 곳을 따라 물건을 파는 일을 업으로 하는 이들은 한눈에 봐도 표시가 난다. 그래도 못미덥다면 목에 걸고 있는 증표신토불이증를 확인하면 된다.

두 번째 재미는 맛있고 싸고 재미있는 향토 음식에서 찾을 수 있다. 예전에 두어 번 찾았던 장터 식당을 기억을 더듬어 찾아가 식당 밖에 놓인 간이 테이블에 앉았다. 배추전, 수수부꾸미 등의 전과 콧등치기국수를 시켜서 먹고 있는데 옆 테이블에서 슬며시 막걸리병이 건너왔다. 중년 부부가 "여기 막걸리라는데 맛이 참 좋습니다"라며 마시던 생막걸리를 옆 테이블에 베푼 것이었다. 막걸리 기부라니 어지간한 주당들이셨나 보다. 그런데 전과 콧등치기국수에 감자와 곤드레나물로 담근 생막걸리를 곁들이니 이보다 더 좋은 궁합은 없다. 이 기막힌 맛을 놓칠 뻔한 하수들에게 한 수 가르쳐주셨으니 나도 다음에 정선 5일장을 찾으면 막걸리 기부 릴레이에 동참하련다.

가을 억새꽃
사이로
노을이 질 때

'정선에서 바라보는 하늘이란 마치 깊은 우물에 비치는 하늘만큼이나 좁다'라는 글귀가 『동국여지승람』에 나온다. 울릉도에서 바다 자랑이 금물이라면 정선에서는 산 자랑이 금물이다. 가리왕산, 노추산, 각희산 등 1000미터가 넘는 산들이 즐비한 정선에서 그래도 산 하나쯤 오르고 싶다면 당연히 민둥산이다. 마침 민둥산을 찾은 때가 10월 중순이라면 당신은 복 받은 사람이다. 물론 그 복 나눠 가지러 너도 나도 그곳으로 몰려든 사람들에 놀라지 말아야 한다.

민둥산의 높이는 1119미터로 힘들게 정상을 올라도 소나무 한 그루 볼 수 없는 벌거숭이 산이다. 석회암 지대인 데다 옛날에 산나물을 많이 나게 하려고 해마다 불을 질렀기 때문이란다. 정상을 차지한 것은 온통 푸른 하늘과 맞닿아 있는 억새뿐. 8부 능선에서 정상까지 66만m²20만 평에 달하는 광활한 능선에 억새꽃이 은빛 물결로 하늘거린다. 포천 명성산,

창녕 화왕산. 밀양 사자평. 장흥 천관산과 함께 전국 5대 억새풀 군락지 중 하나인데 황홀하기로는 민둥산이 최고다 황장군은 이를 확인하러 등산 하면 눈물을 흘릴 만큼 싫어하지만 포천 명성산도 올랐다. 그녀의 결론은 "어디 감히! 민둥산에!". 비록 정상에 변변한 나무 한 그루 없지만 산행길이 만만한 것은 아니다. 네 개의 등산로가 있는데 증산초등학교 앞 주차장에서 출발하여 쉼터를 거쳐 정상에 오르는 왕복 3시간짜리 코스가 인기다. 급경사 구간은 짧지만 역시 만만치 않은 상급자 코스다.

황장군이 민둥산에서 꼽는 장관은 민둥산의 표지석을 에워싼 사람들이다. 너도 나도 그 앞에서의 기념 촬영을 희망하니 민둥산은 등산은 잊어버리고 '민'만 보인다. 돈과 명예만 최고인 줄 알고 그보다 가치 있는 걸 놓치고 사는 누구의 모습과 닮았다.

정선은
산이다

그곳에 닿기까지가 예술이다. 조수석에 탄 나는 '하늘의 황금마차'란 노래를 흥얼거리며 차가 하늘로 올라가는 것 같아 신이 났는데 황장군은 운전대에 앉아 얼굴이 새파랗게 질려간다. 공원의 중심에는 영화 〈엽기적인 그녀〉에 등장하는 새비재의 소나무를 중심으로 동그랗게 타임캡슐이 묻혀 있다. 공원 뒤편에는 고랭지 배추밭이 홋카이도의 마일드세븐보다 멋지게 펼쳐져 있고 앞쪽으로는 정선의 산과 고랭지밭들이 엮어내는 풍경이 토스카나보다 깊다. 휘영청 밝은 보름달에 소원을 빌듯 아무도 몰래 작은 바람 몇 가지를 슬쩍 내비치고 왔다.

내려가는 길은 좀 편할까 싶었는데 외길에서 마주 오는 차와 마주치고 말았다. 건너편의 모범생으로 보이는 청년도 당황한 기색이 역력했고 우리도 대략 난감이었다. 다행히 모범생 청년이 재빨리 후진 신공을 펼치며 길을 내주어 정선의 고랭지 배추밭에서 밤을 맞이하지 않아도 되었다. 롤러코스터보다 더 스릴 넘치게 길을 내려오면서 우리는 신비로운 그것과 만났다. 서산으로 곧 숨어버릴 즈음 하늘에 해님이 쌍으로 반짝였다. 환일 현상이었다. 우리는 뭔가 신비로운 것과 접선한 듯 신이 나서 고랭지 배추밭에서 레이싱을 즐겼다.

하늘을
걷는다

정선의 빼어난 산세를 꿰찬 관광지는 아리힐스다. 스카이워크와 아시아에서 가장 길다는 집 와이어가 담력 놀이를 즐기는 이들을 유혹한다. 벼랑 위에 11미터의 U자 모양으로 튀어나온 스카이워크는 바닥에 강화유리를 깔아 아찔하다. 신선 걸음을 즐길 수 있다는데 유리 아래의 풍경이 자꾸 눈에 들어오고 마침 수학여행 온 여학생들이 "까르르~" 웃거나 "까악까악!" 소리를 지르면서 우르르 지나가는 통에 덩달아 정신없이 하늘 산책이 끝나버리고 말았다. 찰나였지만, 스카이워크의 한가운데에서 내려다 본 한반도 지도 모양의 밤섬과 뱀처럼 굽이굽이 흐르는 동강의 풍경은 바들바들 떨면서도 카메라 셔터를 누르게 할 만큼 대단했다.

정선의
약수맛

깊은 산골 마을 정선에는 이름난 약수가 샘솟는다. 위장병, 피부병, 빈혈, 위암 등에 효능이 있다는 화암약수다. 화암리의 아름다운 경치 여덟 곳을 화암팔경이라 하는데 화암약수는 그중 하나다. 사정사미라 하여 본약수와 쌍약수에 각각 두 개씩 샘이 있는데 샘마다 물맛이 다르다고 하니 신기할 뿐이다. 정선군에서는 톡 쏘는 신비의 맛이라 표현하는데, 나보다 앞서 맛본 젊은 커플은 '쇳가루를 마시는 기분'이란다. 약수터 근처에는 기암절벽이 금강산을 닮았다는 소금강과 금광이었던 화암동굴 등 화암팔경이 있어 발걸음을 더디게 한다.

예술이
된
막장

　　석탄은 2억 년의 시간이 만들어 낸다고 한다. 2억 년의 시간을 캐던 광부들이 사라지자 폐탄광은 정선삼탄아트마인이란 아트 테마파크로 가파른 신분 상승을 했다. 함백산 자락에 우뚝 솟은 권양기가 시선을 끈다. 38년의 역사를 지닌 삼척 탄좌는 독일의 한 탄광을 벤치마킹하여 정선삼탄아트마인이란 이름으로 새롭게 태어났고 대한민국 공공디자인 대상을 수상했다.

폐광의 화려한 변신이라는 말에 혹해 나들이 온 기분으로 둘러보다 낭패를 당하고 말았다. 석탄 캔 것을 모아 두었던 곳으로 600미터 깊이의 수직 갱도가 그대로 남아 있는 '레일바이 뮤지엄'이나 광부들이 갱도에서 나와 새까매진 장화를 씻던 세화장, 300여 명의 광부들이 동시에 사용할 수 있었다는 으스스한 샤워장. 광부들의 월급명세서며 휴가원 등의 자료가 아직도 남아 있는 삼탄 뮤지엄을 둘러보고 나니 가슴이 먹먹해졌다. 수평갱 850 입구에는 '아빠! 오늘도 무사히'라는 글귀가 적혀 있다. 막장은 예술이란 새 이름을 얻었지만 막장을 떠난 광부와 그의 자식들은 여전히 막장 같은 세상에서 가난을 마주하고 있을 것만 같다. 우리의 하루가 부디 오늘도 무사하기를.

한 대접의 곤드레나물밥

싸리골식당

춘천에 가면 닭갈비와 막국수, 강릉은 초당두부와 커피, 속초는 아바이순대, 삼척은 곰칫국, 동해는 섭칼국수, 횡성은 한우, 인제는 황태, 양양은 송이를 맛봐야 한다. 산나물 왕국 정선 하면 곤드레나물 부터 떠오른다. 국화과의 풀로 강원도에서는 도깨비엉겅퀴라고도 부른다는데 보랏빛 꽃이 황홀하게 예쁘다. 곤드레나물은 다른 나물과 달리 독성이 없어 여러 날을 먹어도 탈이 나거나 질리지 않는다 고 한다. 먹을 것이 귀한 강원도 사람들은 이 나물로 밥도 지어 먹고 죽도 쑤어 먹고 반찬도 만들어 먹으며 보릿고개를 넘겼다 한다. 구황식물이었던 나물은 이제 일부러 찾아가서 먹는 건강식이자 어 디에서나 맛볼 수 있는 전국구 음식이 됐다.

정선 읍내에는 곤드레나물밥집이 여럿 있는데 우리가 찾은 곳은 싸리골식당이었다. 고슬고슬하게 지은 곤드레나물밥에 자박장, 양념간장, 고추장이 딸려 나왔다. 자박장은 곤드레나물 향을 그윽하고 고소하게 맛볼 수 있고, 양념간장은 감칠맛이 난다. 시래기 된장국을 곁들여 나물밥 한 대접을 뚝딱 비우고 나서는데, "귀한 건 아니지만 여행길에 간식으로 먹어요"라며 주인 아주머니가 누룽지를 쥐 어주셨다. 정선 엄마의 마음은 곤드레나물밥처럼 구수하다.

레일바이크에 뺨 맞고 오히려 감사

산골다방 오월

황장군과 나는 레일바이크에 혹하지 않는 무정한 사람들이다. 그래도 정선에 갔으니 레일바이크를 타야 할 것만 같아 찾았으나 인기가 여전하여 평일인데 도 이미 만석이었다. 레일바이크에 뺨 맞고 분풀이하듯 찾은 곳은 산골다방 오월이다. 3초 성시경이라는 소문이 무성한 산골다방의 주인장이 팬에 볶은 원두를 핸드드립으로 내려준 커피를 맛보며 이야기꽃을 피웠다. 다방 이야기 며, 책, 천연염색, 맥주, 정치까지 수다의 주제가 다방면이었다. 주인장의 풍 모가 어쩐지 예사롭지 않다 했더니 정선이 좋아 시골집을 구해 다방을 연 사 연이 있었다. 주인장과 오월이라는 별명을 지닌 아내가 국적 불문하고 흠모 하는 마을에서 살고 싶다는 꿈을 실천하고 있는 그는 진정한 노마드족이었 다. 그러니 그곳까지 갔는데 문이 닫혀 있다거나 혹 문을 닫았다 하여도 낙심 하지 말아야 한다. 휴일은 주인 마음대로인, 응원해주고픈 곳이니까.

황기족발집
동광식당

산야초가 많이 나는 정선이라 족발에도 황기를 넣어 삶는단다. 그래서 정선에서는 황기족발이란 간판을 내건 식당이 흔하다. 동광식당은 가마솥에 황기와 족발을 넣고 푹 삶아 껍질은 쫄깃하고 살은 야들야들하다. 칼로 썰지 않고 손으로 찢어 상에 내는 것도 이 집만의 특징. 직접 담근다는 집된장과 새우젓, 부추겉절이, 새콤하게 익은 무김치 등이 족발 맛을 돋운다. 도시에서 맛보는 족발집의 세련된 맛은 없지만 자꾸 젓가락이 간다. 정선 안팎으로 소문난 집이라 늘 손님들로 북적인다.

산골 아낙들의 음식솜씨
농가맛집 노다지

산골 아낙들이 힘을 합쳐 운영하는 자연 밥집이다. 화암약수로 지은 밥 정식이나 비빔밥, 산채오리 전골정식, 감자옹심이나 감자채전 같은 감자 요리와 된장찌개 등 참으로 다양한 음식을 낸다. 낮에 단체손님이 한 차례 다녀간 후라 재료가 떨어졌으니 된장찌개를 맛보라는 아주머니의 청에 된장찌개를 먹었다. 까만 된장에 두부를 숭덩숭덩 썰어 넣고 묵은 산나물을 넣어 끓인 된장찌개는 구수하고 깊은 맛이 났다. 못 먹고 살던 옛날이야기를 들려주며 눈물을 훔치던 아주머니가 맛이나 보라고 건넨 곤드레나물 김치의 맛을 잊을 수가 없다. 척박한 산골은 아낙들의 음식 솜씨를 정직하게 만들었다.

스무골 귀촌산장

정선통나무펜션

이리저리 쏘다니던 우리는 밤이 일찍 드는 산골 펜션을 야밤에 찾아갔다. 읍내에서 10 여 분 거리에 있다는 설명을 들었지만 칠흑같이 깜깜하고 외진 산골길은 그렇지 않아 도 겁이 많은 우리를 귀신의 집 체험과 맞먹는 공포를 안고 시골길을 과속하게 만들었 다. 주인 부부는 그런 우리를 따뜻하게 맞아주었다. 따뜻한 안채에서 차와 과일을 얻어 먹으며 우리가 꿈꾸는 귀촌 이야기를 들을 수 있었다. 정선에 땅을 얻어 꼬박 1년 동안 통나무와 황토만으로 직접 집을 지었는데, 둘만 지내기에는 적적하여 펜션을 운영하게 되었다고 한다. 구들방, 가족방, 건강방, 행복방이란 이름을 단 네 개의 원룸 스타일의 방이 있는데 우리는 행복방에서 묵었다. 산골의 맑은 공기는 아침 늦잠을 방해했다. 집 둘레를 살뜰하게 꾸민 주인의 마음 씀씀이에 감탄하며 산책을 하고 있었는데 '2012 정 선군경관주택인증'이란 나무 푯말이 눈에 들어왔다. 산골에 숨어든 통나무집은 정선군 의 자랑거리인 모양이다. 고개를 드니 쭉쭉 뻗은 키 큰 나무숲 사이로 새벽안개가 지나 가고 자연에 녹아든 듯 겸손한 통나무 펜션의 전경이 눈에 들어왔다. 맑은 공기의 산골 아침이 간 작은 언니들의 간밤의 무용담을 비웃고 있었다.

정선 옆 동네
횡성

요 몇 년 마음이 가는 곳 중 한 곳이 횡성이다.
요란스럽지 않게 여행해야 더 곁으로 다가오는 곳이며,
횡성한우가 횡성의 전부가 절대 아닌 곳이다.

자꾸
당신이
떠올라

　　　　　매끈하게 뻗은 하얀 몸통과 너무 무성하지 않게 적당히 나풀거리는 초록
잎. 숲의 귀족으로 불린다는 자작나무는 대단히 매력적인 나무다. 백두산을 오르다 자작
나무에 빠지게 되었다는 원종호 사진가는 1991년에 횡성 둑실마을의 약 3만㎡(1만여 평)의
대지에 자작나무 묘목을 심고 가꾸기 시작했다. 원래는 한우를 키우던 목장이었다고 한
다. 자작나무는 1만 그루 넘게 심었지만 4000여 그루만 살아남았다. 무리지어 있을 때 더
황홀한 자작나무숲 속에는 원종호 관장의 사진 작품을 감상할 수 있는 상설전시장과 작가
들의 초대전이 열리는 기획전시장. 북유럽의 어디쯤에 있는 듯 멋스러운 숲속의집. 정원.
카페. 산책로 등이 시원한 간격으로 들어서 있다.
자작나무숲의 숲속의집에서 숙면을 취한 다음 날 아침. 기념사진만 찍고 부리나케 떠나는
관광객들이 찾기 전 정원은 우리 차지였다. 농약을 치지 않고 관장이 직접 관리한다는 인
정미 넘치는 정원의 의자에 앉아 새소리와 클래식 선율을 들으며 힘을 많이 잃었지만 여
전히 따뜻한 늦가을의 햇살을 받으니 자연이 주는 호사에 감동하지 않을 수 없었다. 만약
숲속의집에서 하룻밤을 청하지 않았다면 만나지 못했을 행운이었다.

진짜
명품숲을
걸으면

야생화가 흐드러지게 핀 곰배령도 아닌 주제에 홈페이지에서 회원 가입을 하고 방문 예약을 해야 입장이 허락되는 숲이 있다. 그것도 하루에 딱 70명에게만 숲 통행증이 발부된다. 도대체 어떤 숲이기에 예약까지 하며 읍소를 해야 하는지 호기심이 생겼다. 숲체원은 자작나무 숲으로 유명한 청태산 850미터 고지에 위치한다. 편안한 등산로, 숲 탐방로, 포레스트어드벤처 등 7가지 숲 체험 코스를 입맛대로 고를 수 있다. 편안한 등산로는 해발 920미터의 산 정상까지 목제 데크로 완만하게 이어져 있어 숲 산책이 여의치 않았던 장애인이나 노약자, 임산부도 가볍게 떠날 수 있다. 편안한 등산로와 숲 탐방로만 걸어도 한 시간이 훌쩍 지나버리니, 숲체원을 온전히 둘러보고 싶다면 시간을 넉넉히 두고 방문하는 것이 좋다. 명품 숲의 정기를 받을 수 있는 숙박 시설도 인기다. 그런데 자연휴양림에서도 있는 취사 시설이 이곳의 숙소에는 보이지 않았다. 숲을 보호하기 위한 까다롭지만 바람직한 고집이란다.

안흥찐빵의
신화

전국구 명성으로 치면 횡성 한우만큼이나 이름난 것이 안흥찐빵이다. 안흥에 왔으니 찐빵을 먹어보자며 찐빵집을 고르다가 인상을 따지는 황장군의 촉으로 우여곡절 끝에 원즈집을 찾을 수 있었다. 찐빵을 빚던 밀가루 묻은 손으로 이야기보따리를 슬며시 풀어놓은 심순녀 할머니. 너 나 할 것 없이 가난하던 시절, 할머니는 어려운 살림을 도우려고 양말 장사, 생선 장사를 전전하다 호떡 장수에게 호떡 만드는 법을 배워 그 기술로 찐빵을 만들어 팔면서 1남4녀를 키워냈다고 하셨다. 집을 옮겨다니며 장사를 하다가 지금의 자리로 정착하게 되었는데 그사이 안흥 마을은 서로 원조, 시조 등을 운운하는 간판이 요란한 찐빵 마을이 됐다.

할머니의 찐빵은 겉피는 쫄깃하고 솥에서 익은 통팥은 살아있다. 밀가루에 설탕과 막걸리 등을 섞어 반죽하고 국산 팥을 달지 않게 만들어 손으로 직접 빚어 숙성시켰다가 쪄내는 것, 찐빵 신화의 주인공이 밝힌 맛의 비결이다. 그러니 진짜 맛을 아는 단골들은 찐빵집에서 "두 개요!" "세 개요!"라며 통 크게 사간다. 단골만 아는 주문 공식은 한 개란 그 하나가 아니고 스무 개가 담긴 상자 하나를 뜻한다.

숨어서
지킨
신앙

— 　　각지에 유서 깊은 성당이 많다. 충남 아산의 공세리성당, 전북 익산의 나바위성당. 전주의 전동성당에 이르기까지. 횡성에는 건축한 지 100년이 넘은 오래된 성당. 강원도에서 처음 지어진 성당. 한국인 신부가 처음 지은 성당이라는 타이틀을 가진 풍수원성당이 유명하다. 40여 명의 신자들이 종교박해를 피할 피난처를 찾아 헤매다가 정착한 곳이 횡성의 유현리다. 붉은 벽돌을 쌓아 만든 고딕 양식의 아담한 외관과 나무 바닥을 깐 소박한 내부가 아름답다. 이런저런 드라마에 등장하면서 데이트를 즐기러 오는 젊은이들의 발걸음이 잦다.

줄을
서시오

— 　　횡성 맛집으로 유명한 이 집은 정말 횡성종합운동장이 보이는 곳에 있다. 보디빌딩과 육상으로 메달 좀 땄다는, 자타공인 생활체육인이라는 사장이 횡성 한우로 만든 해장국을 판다. 한우해장국을 주문하면 돌솥에 지은 밥과 시뻘건 해장국에 간이 잘 밴 깍두기와 겉절이가 나온다. 칼칼하고 맛이 진한 해장국은 전날 술을 마시지 않은 게 후회될 정도로 해장국으로 그만이다.

정선 윗 동네 강릉

어느 늦가을,
울릉도에 가려던 우리는
갑자기 거칠어진 동해 바다의
어깃장에 강릉에서 발이 묶여
며칠을 보냈다.
그냥 멍하니 있었던 것은 아니고
Yolanda Be Cool&DCup의
'We no speak americano'를
들으며 강릉 커피 투어에
정신이 빠져 있었다.

coffee

커피커퍼
미니박물관
안목점 033-653-0100

대한민국 커피 1세기 지키는 곳
www.cupper.kr

웃어라
동해야

대개 해변가나 포구 근처의 풍경은 비슷하기 마련인데 강릉은 좀 독특하다. 경포해변 앞에는 횟집촌 대신 커피숍들이 방풍림처럼 서 있고 날이 갈수록 세를 늘려가고 있다. 낯선 경포해변의 풍경에 겁을 먹고 강릉에서 더 야생적인 동해를 보기 위해 줄행랑을 친다. 경포해변에서 주문진항까지 달려가는데 주문진항이 좋아서라기보다는 차창 옆을 스치는 바다 풍경이 탄산수를 벌컥벌컥 마신 듯한 청량감을 주기 때문이다. 이제는 블루로드에 명성을 내준 7번국도 드라이브를 즐길 수 있다는 하찮은 로망도 흥을 돋운다. 고요히 사색에 잠긴 갈매기떼에 심술을 부려도 나무라는 이 없는 곳이다. 바다에 취하면 싱싱한 횟감에 소주 딱 한 잔을 걸쳐도 좋다. 바다로 파랗고, 하늘도 파랗고, 마음도 파래진다. 서해도 아닌, 남해도 아닌, 동해가 지닌 특별함이다.

해야
떠라

여자들끼리 여행을 다니면 하지 않는 것 중 하나가 일출 보기다. 물론 작정하고 일출 여행을 떠난다면 모를까. 강원도 양양 하조대 일출은 황장군의 제안으로 전격적으로 이루어졌다. 하조대는 조선의 개국 공신인 하륜과 조준이 잠시 은거하였다 하여 그들의 성을 따 하조대라고 부른다. 애국가의 한 장면으로 등장하는 추암 일출과 함께 손꼽히는 동해의 일출 명소다. 캄캄하고 추운 새벽 하조대를 찾았다가 시커먼 새벽 바다를 보니 떠나온 숙소의 따뜻한 이불 속으로 돌아가고 싶어졌다. 군사통제 구역이라 입장하려면 해가 뜨기 직전에 걸어오는 군인 아저씨가 철문을 열어줄 때까지 잠자코 기다려야 한다. 새벽잠이 없는지 이리저리 정신없이 왔다 갔다 하더니 철문이 열리자마자 가장 먼저 하조대의 정자로 직행하던 떠돌이 개와 함께 동해 바다에서 이글거리는 일출을 보았다. 하조대 일출에 진사님들을 불러 모으는 일등 공신은 기암괴석과 잘생긴 소나무다. 200살 먹은 소나무는 아슬아슬하게 하루를 살아가고 있다. 우리처럼. 그러나 매일 동해로 떠오르는 해를 보며 살고 있으니 그 기운으로 천년만년 장수할 것만 같다.

우리나라
명승 1호

울릉도의 가을 단풍을 보러 나섰다가 강릉에서 머물게 된 우리는 강원도 단풍으로 마음을 달래기로 했다. 마침 설악산의 단풍이 한창이라는 매스컴의 호들갑에 설악산으로 가려 했으나 가는 날이 장날이라 설악산 정상에 매우 드물게 첫눈이 내렸다는 소식을 듣고 단념해야 했다. 대안으로 찾은 곳이 소금강. 강원도의 여러 마을에 펼쳐 앉은 오대산의 동쪽 자락을 차지하고 있다. 그 모습이 마치 작은 금강산과 같이 아름답다 하여 소금강이라는 이름이 붙은 곳. 우리나라 명승 1호다. 무릉계, 구룡폭포, 만물상. 선녀탕 등 시원한 계곡물 소리를 따라 걸으면 "직접 보면 왜 설악산의 단풍을 오색 단풍이라 하는지 알게 될 거야"라는 절친의 자랑이 하나도 부럽지 않았다. 단풍이 어느 정도 들었는지 확인 전화까지 했기에 운이 좋으면 곱게 물든 단풍을 볼 수 있으려니 기대했지만 소금강 단풍은 풋내만 가득했다. 그래도 단풍보다 훨씬 화려한 등산복을 차려입고 몰려다니며 깔깔깔 웃는 아줌마 군단이 뿜어내는 에너지에 우리의 마음 날씨는 청명한 가을 하늘이었다.

커피명장이
내리는
핸드드립 커피

언제부터인가 강릉이 커피 도시로 대접을 받기 시작했다. 많은 이들은 그 공을 박이추 선생에게 돌린다. 1988년 서울 대학로에서 커피숍을 연 박 선생은 우리나라 커피 1세대로 불린다. 지금은 바다가 보이는 강릉의 언덕 위 3층집에서 하우스 블렌드, 스트롱 믹스 등 믹스 커피와 사이공 아라비카, 가요마운틴 등 다양한 스페셜 커피를 내놓는다. 오픈 시간에 맞춰 오매불망 찾은 우리는 토스트와 카페오레, 메뉴판에 '쓴맛, 스모크 향, 커피 마니아'라고 적힌 도쿄 블렌드를 주문했다. 재일교포였던 박 선생은 일본에서 드립 커피를 정통으로 배웠다. 바다의 포용력에 이끌려 강릉에 정착해서는 제자 양성에도 열정을 쏟았던 그다. 낡았지만 애장품 목록 1위에 올라 있음이 분명한 로스팅 기계와 원두, 커피와 관련한 여러 책이 놓여 있는 비밀 공간에서 시간을 보내다가 주문이 들어오면 혼자서 커피를 내린다. 하루 12시간의 중노동이 아닐 수 없다. 〈한국일보〉의 유상호 기자는 '드립 포트를 든 그의 모습은 구도자 같았다'라고 평했다. 손목에 아대를 차고 커피를 내리는 박 선생을 보면 어쩐지 송구한 마음이 든다. 커피가 식기 전에 한 방울까지 맛있게 비우기. 보헤미안 커피에 대한 예의다.

커피
리퍼블릭
강릉

인구 22만 명에 300여 개의 커피숍. 테라로사도 커피 도시 강릉을 일군 공신이다. 테라로사에서 일하는 친구를 둔 덕에 테라로사의 승승장구를 목도했다. 테라로사 커피공장은 평일에도 관광버스를 타고 온 외지 커피 순례자들로 북적이더니 어느새 웨이팅석이 마련되고 웨이팅 시간은 더 길어졌다. 테라로사는 은행원 출신인 김용덕 대표가 커피에 매료되어 문을 열었다. 에티오피아나 과테말라 등 커피 농장을 돌며 좋은 원두를 구해오고 제주도에 문을 연 테라로사에는 커피나무가 자라는 농장도 마련했다. 세계 바리스타들의 에스프레소 바이블로 통하는 데이비드 쇼머의 번역서를 출간하기도 했고 '테라로사도서관닷컴www.terarosalibrary.com'이란 웹사이트를 통해 커피 정보도 제공한다.

2002년 문을 연 테라로사 커피공장은 커피를 로스팅하여 카페나 레스토랑 등에 판매하는 커피공장으로 시작하여 이제는 커피와 브런치, 천연 발효빵을 즐길 수 있는 공간이 되었다. 테라로사 커피 코엑스점과 광화문점, 서종점, 임당점, 사천점, 제주 서귀포점, 해운대 마린시티점에서 테라로사의 커피 역사를 써나가고 있다.

귀촌
부부의
힐링농장

　　　　　　귀촌에 관심이 많은 나는 동네 농업기술센터에서 농부 수업을 듣다가 우연히 본 잡지에서 강릉 예서원이란 곳을 알게 됐다. 그곳에는 도시 생활에 지쳐 귀촌하여 텃밭을 일구며 카페와 펜션을 운영하는 부부가 산다. 테라로사 커피공장에서 다리 하나만 건너면 나타나는 초록 찻집이다. 푸른 잔디와 개똥쑥차, 와송, 국화 등이 자라는 큼직한 정원 겸 텃밭을 사이에 두고 카페 겸 펜션인 2층집과 주인이 거주하는 황톳집이 자리한다. 예서원은 부부가 직접 재배하고 발효시킨 발효차 전문 카페이니 다른 음료에 한눈을 팔면 손님의 도리가 아니다. 와송, 솔순, 차조기, 맨드라미, 매실, 칡순 중 한참을 고민하다가 요즘 너도 나도 관심을 주는 와송차를 주문했다. 직접 구우셨다는 쿠키를 얻어먹으며 주인 아주머니와 이런저런 이야기를 나누다 깜짝 놀라고 말았다. 염색과 다도 전문가에 발효 효소도 만들고 된장에 간장까지 직접 담그신단다. 강원도 사투리 억양이 무척 인상적인 정씨 아주머니는 아주 가끔 문자로 안부를 물으신다. 귀촌 선배로 깍듯이 모셔야겠다.

나그네와
종갓집
음식

　　"생긴 지 얼마 되지 않았지만 정말 괜찮은 곳이에요. 가객이라고…." 오지
랖으로 치면 나와 큰 차이가 없는 예서원 아주머니의 소개로 찾게 된 집이다. 문제는 사오
정 귀! 500년 넘은 종가에서 예약제로 한정식을 낸다는데 아무리 검색해도 가객이라는 곳
은 없는 듯했고, 나그네들은 결국 어둠이 깔릴 즈음 밥집 앞에 당도했다. 이름이 과객過客
이었다. 정감 넘치면서도 기품 있는 돌담 사이를 지나 한눈에 봐도 시간의 숨결이 느껴지
는 한옥문화재로 지정되었다으로 들어가니 부엌에서 일하다 나온 듯한 종부가 우리를 방으로
안내했다. 덧붙인 창호지가 멋스러운 문. 은은한 조명. 벽에 걸린 어르신들의 흑백사진.
광목천에 소담스럽게 핀 꽃방석이 주는 편안함은 나그네의 긴장감을 풀어주었다. 메뉴는
하나뿐이었다. 과객 진짓상. 종가의 씨간장과 외갓집에서 농사지은 고춧가루와 직접 손질
한 감자가루 등의 식재료로 며느리가 시아버지께 올렸던 정성스런 진짓상이라고 했다. 음
식의 양은 딱 적당했으며 채반에 담겨 나오는 전과 집된장으로 끓인 된장찌개에 종가의
맛에 대한 자존심이 담겨 있었다.

월정사
가는 길

신라 선덕여왕 때 당나라에서 돌아온 자장율사는 오대산이 문수보살이 머무는 성지라고 생각하여 지금의 월정사 터에 초암을 짓는다. 『삼국유사』에 창건 유래가 등장할 정도로 월정사는 오래된 사찰이다. 마음이 편안해지는 절이라 치켜세우는 이들이 많은데 그도 그럴 것이 절까지 이르는 숲길이 마술을 부리기 때문이다. 일주문을 지나면 펼쳐지는 1킬로미터 남짓한 전나무 숲길은 천년의 숲길이라는 폼 나는 이름도 얻었다. 그러하다 보니 월정사는 어마어마하게 큰 대형 주차장이 가득 찰 정도로 인기 관광지가 된 지 오래다. 숲길도 사람들이 숱하게 지나다니니 예전의 고즈넉함은 사라졌지만 나무들이 내뿜는 향기로움은 여전하다. 1700여 그루, 족히 4미터가 넘는 나무의 키를 가늠해보려 고개를 들면 하늘만 보인다. 월정사로 가는 길은 그래서 매혹적이다. 그런데 천년의 숲길을 위협하는 존재가 등장했다는 소문이 무성하다. 선방 스님들이 걷던 '오대산 선재길'로 천년의 길로도 불린다. 상원사까지 9킬로미터 남짓의 계곡을 따라 오르는 옛 숲길은 『화엄경』에 등장하는 지혜로운 구도자 선재동자善財童子에서 따왔다고 한다. 천년의 숲길이든, 천년의 길이든 깨우쳐주는 것은 하나다. 깨어 있는 마음이다.

너는 나의 봄이다

하동

몰랐다. 그렇게 사랑스러울 줄. 김용택 시인이 어찌하여 그곳에 머물며 자꾸 읊조리게 되는 시를 쓰는지 봄날의 섬진강을 찾아서야 비로소 알게 됐다. 그곳에 그렇게 늘 있었는데 그 아름다움을 이제야 알아차리다니…. 어찌 보면 나이란 것을 먹어가면서 무심했던 것들이 달리 보이기 시작했기 때문일 수도 있다. 하동은 이름 그대로 섬진강 하류, 강의 동쪽에 자리하는데 강을 사이에 두고 전라도 광양 사람들과 이웃사촌으로 지내왔다. 넉넉한 품으로 남쪽 사람들을 먹여 살리는 어머니의 강, 그 끝자락에서 마중 나온 봄날과 만났다.

"모든 생명을 거둬들이는

모신과도 같은 지리산의 포용력을

가진 땅, 여기 하동입니다"

―작가 박경리

[The first day]

점심은 평산각 재첩국으로 → 25분 ▶ 하동송림에서 강바람 맞기 ▶

섬진강 100리 테마로드 걷기(하동송림~화개장터 20.9킬로미터) ▶

슬로시티 악양 마을에 들어서기 → 45분 ▶

슬로시티 구경의 피날레는 숨은 비경 회남재에서 → 20분 ▶

해가 지기 전에 지리산방 흙집풍경으로

[The second day]

화개 십리벚꽃길 요란하게 걷기(걸어서 편도 1시간 30분) ▶

쌍계사 우랑(40분) ▶ 점심은 절집 앞 단야식당 국수로 → 40분 ▶

연우제다에서 차 한잔 → 20분 ▶ 포구에서의 이별이 제맛이니 하동포구

[I'm here!] 하동

[거기] 섬진강 100리 테마로드, 화개 십리벚꽃길, 슬로시티 악양, 쌍계사, 하동송림, 하동포구공원, 하동 차, 연우제다
[밥] ㅁ·마's카페, 무명 노점 석굴, 단야식당, 평산각
[잠] ㅈ리산방 흙집풍경
[음악] Robbie Robertson and the Red Road Ensemble의 'Mahk Jchi'
[책] ㄱ용택의 『섬진강 이야기』

[Information]

하동군청 문화관광실 055-880-2375
악양종합관광안내소 055-880-2950
화개장터관광안내소 055-883-5722

소곤소곤 TIP
쌍계사 꽃맞이 템플스테이
벚꽃이 필 때면 1박 2일 동안 특별한 템플스테이가 열린다. 벚꽃길 걷기, 매화차 명상, 참선 요가,
불일암 등산 등의 프로그램으로 구성된다.

느리게 걸을수록
아름다워지는 길

꽃 전선을 따라 남녘에서 시작하여 강원도까지 이어지는 봄꽃 산행에 미쳐 있던 어느 해 섬진강과 처음 만났다. 이제는 너무 유명하여 고유명사가 되어버린 것 같은 매실농원에서 팝콘처럼 탐스럽게 핀 매화꽃을 보았고 대학나무로 불렸다는 산수유마을에서도 봄을 맞았다. 그때 섬진강은 그저 강변을 따라 사람 물결에 떠밀려 꽃구경을 할 수 있는 곳 정도였다. 그때 만약 섬진강을 제대로 둘러볼 여유가 있었다면 어쩌면 그곳으로의 귀촌을 꿈꾸었을지도 모를 일이다.

강은 남도 오백리길을 굽이굽이 돌아 흘러 들어간다. 장장 240킬로미터에 이른다. 광양의 매화밭과 산동마을의 산수유, 지리산을 품은 강은 남해 바다에 이른다. 이제는 토속성을 잃은 채 상징성만 남았다는 평을 듣는 화개장터도 품었다. 고운 모래가 빛나는 모습에 섬진강 사람들은 모래가람, 다사강, 두치강이라 부르기도 했다는데 섬진강이란 이름은 고려시대에 얻었다. 고려 말기 섬진나루터에 침입한 왜구들을 두꺼비 떼가 막아주었다 하여 두꺼비 '섬蟾'과 나루 '진津'을 써서 섬진강이라 부른다.

우리는 영남과 호남을 아우르는 섬진강 백리길이 열렸다는 뉴스를 보고 한달음에 달려갔다. 올레길, 둘레길, 해파랑길 등 걷기에 빠진 대한민국이니 섬진 강변을 따라 내었다는 백리길은 또 얼마나 나그네들의 가슴을 쳐댈지 기대에 차서 찾았다. 그런데 아무래도 이상했다. 제대로 된 이정표조차 없었고 도저히 걸을 수 없는 찻길도 있었다. 하동군민 두어 분께 여쭤도 갈증을 없앨 수 없어 급기야 군청 관광과에 전화를 걸었고 담당자가 두 번 전화를 바꿔 받은 후에야 알게 되었다. 요란하게 여행병을 부추기며 호들갑을 떨던 뉴스와 달리 우리가 찾았을 때에는 다 연결되지 않은 미완성의 길이었다_{길은 2014년에 완성됐다}. 화개장터에서 하동송림 간 20.9킬로미터를 하동 보행 테마로드라 하고 광양 쪽은 자전거로 둘러볼 수 있다는 답이 돌아왔다. 임실 생활체육공원에서 광양 배알도 해수욕장까지 148킬로미터를 섬진강을 따라 자전거로 달릴 수 있는데, 섬진강 자전거길이라 부른다. 차로, 자전거로 혹은 두 다리로 걸으며 섬진 강변의 봄을 즐기는 상춘객들의 무리를 보고 있자니 나와 황장군의 마음에도 봄꽃이 물들었다.

소곤소곤 TIP

아름다운 길을 많이 품은 섬진강

곡성과 구례, 하동에 이르는 섬진강 뚝방길. 섬진강 상류 마을인 순창 적성면의 산천을 따라 걷는 예향천리 마실길도 참 좋다. 김용택 시인의 생가가 있는 전북 임실의 진뫼마을은 섬진강 상류에 자리하는데, 천담마을에 이르는 4킬로미터 정도의 임실 섬진강 옛길은 봄에 특히 아름답다.

우리,
이 길을
함께 걸어요

봄. 고요하던 쌍계사 주변 도로는 몸살을 앓는다. 하늘을 하얗게 가린 벚꽃 구경에 사람들이 벌떼처럼 몰려들어 그들이 끌고 온 차로 앵앵거린다. 시골길에 언제 풀릴지 모를 러시아워마저 생긴다. 한겨울 추위에 마음도 꽁꽁 얼어 있던 상춘객들은 밀리는 차에 타고 있어도 마냥 좋단다. 화개장터에서 쌍계사 입구까지 십리에 이르는 이 길은 십리벚꽃길이라 부른다. 1931년에 신작로가 생기면서 주민들이 복숭아 200그루와 벚나무 1200그루를 심은 것이 지금에 이르렀다고 한다.

소싯적에 배우 임성민을 닮았고 멋들어진 하모니카 솜씨로 엄마를 홀렸다는 풍문이 전해지는 해병대 출신 아빠는 봄꽃과는 어쩐지 어울리지 않는 풍모의 소유자다. 그런데 나이를 드시니 봄이 되면 봄꽃을 찾아 여행을 떠나신다. 아내와 막내딸에게 동학사의 벚꽃을 보여주시면서도 "뭐니 뭐니 해도 벚꽃은 쌍계사 십리벚꽃이 최고지!" 봄꽃 이야기만 나오면 꺼내시는 말씀에 한 달 전부터 기상청의 벚꽃 개화 정보를 확인하고 최근 몇 년간 벚꽃

개화 스케줄까지 대조하며 대단한 기대를 하고 찾았으나…. 꽃샘바람이 벚꽃들을 죄다 흔들어댄 탓에 풍성한 벚꽃은 눈에 담지 못하였다. 그러나 십리벚꽃을 보기 전 이미 섬진강의 봄기운에 마음의 온기를 쪼였으니 아쉬울 게 없었다. 게다가 벚꽃보다 더 사랑스러운 사과꽃이 벚꽃이 할퀴어놓은 상처를 다독이니 서러울 것도 없었다.

봄에만 반짝 문을 연다는 간이식당에서 벚굴을 맛보고 십리벚꽃을 벗어나는 길에 황장군은 엄마에게 들었던 십리벚꽃길의 또 다른 이름을 귀띔해줬다. 꿈길 같은 이 길을 사랑하는 청춘 남녀가 두 손을 꼭 잡고 꽃비를 맞으며 걸으면 백년해로한다는 이야기가 있어 혼례길이라고도 부른다. 그런데 황장군과 나는 '차들의 매연을 들이마시며 빵빵거리는 소리를 들으며 10리약 4킬로미터를 걸어야 하니 그만큼 백년해로는 어려운 것인가 보다'라고 결론 내렸다. 십리벚꽃의 장관을 얄궂은 봄바람에 빼앗긴 종지만 한 속을 가진 나그네들의 소심한 복수다.

그곳에서
머뭇거리는
봄

슬로시티 악양을 아시나요? '거긴 또 어디?' 머릿속에 대한민국 지도가 뱅글뱅글 돌고 있다면…. 부부송, 평사리 황금 들판, 최참판 댁이 있다. 또 임금께 진상하던 대봉감이 주렁주렁 열리고 야생 차밭은 흔해 빠졌다. 지리산 줄기가 뻗어 있는 마을의 명물은 『토지』의 무대가 된 평사리 들판이다. 사월의 청보리밭과 시월의 황금 들녘은 마음을 풍요롭게 하는 힘이 있다. 사람들은 들판에 서 있는 사이좋아 보이는 소나무 두 그루를 부부송이라 부른다. 둘레에는 '토지길'이 나 있는데 하염없이 걷는 이들의 모습이 종종 눈에 띈다. 최참판 댁의 모델이었다는 최부잣집을 둘러보며 미로처럼 놓인 상신마을의 돌담길을 걷는 맛도 좋다.

아름다운 마을 숲으로 뽑힌 취간림과 항일독립투사 기념비도 있다지만 마을의 백미는 회남回南재다. 청학동이 있는 청암면을 잇는 고갯길로 조선시대 조식 선생은 악양이 길지라는 소리를 듣고 찾아와 고개를 넘다가 길지가 아니라며 미련 없이 돌아섰다고 한다. 지금은 트레커들 사이에서 지리산의 숨은 가을 명소로 알려져 있다. 다들 지리산 단풍과 평사리의 황금물결이 일렁이는 가을이 최고라 하건만 우리는 봄의 회남재를 최고라 떠들고 다닌다.

지리산의
오래된 절

　　　　　　　벚꽃 보자며 밟은 하동 여행은 십리벚꽃을 따라 쌍계사
까지 물 흐르듯 이어진다. 마치 여행사의 패키지여행처럼 십리벚꽃 보러
온 김에 쌍계사라는 봄만의 공식이 생긴다. 천년 고찰 쌍계사는 봄에 내
준 자존심을 회복할 가을을 기다릴지 모를 일이다. 지리산 자락에 터를
잡은 쌍계사는 840년에는 진감 국사가 옥천사라는 이름으로 대가람을 중
창하였고 후에 나라에서 절의 왼쪽과 오른쪽 계곡에서 흘러 내려온 물이
절 근처에서 합쳐지는 지형이라 '쌍계사'라는 이름을 받았다고 한다. 요즘
사람들에게는 법정 스님이 수행한 절로 알려져 있다. 팔상전 왼편의 가
파른 계단을 오르면 육조 혜능 대사의 정상머리을 모신 금당이 눈에 들어
오는데, '세계일화 조종육엽世界一花祖宗六葉'이라는 현판이 걸려 있다. 추사
김정희가 만허 스님께 써준 것이라 한다. 금당은 수행의 공간이라 동안거
와 하안거가 끝난 3개월씩만 개방한다. 금당을 둘러보고 계단을 내려가
려니 우렁찬 법고 소리가 경내에 울려 퍼졌다. 시계를 보니 오후 2시. 법
고 시연은 벚꽃이 필 때만 볼 수 있는 특별한 행사라고 했다. 오후 2시와
6시, 하루에 두 번 오래된 절에서 봄바람을 가르는 스님들의 회향 소리를
들을 수 있다.

백사청송

강은 바다와 가까워지면서 넓은 모래톱을 흔적으로 남기며 흐른다. 강변에는 우거진 소나무숲이 있다. 1935년에 놓였다는 영남과 호남을 연결하는 최초의 다리 섬진교, 그 옆에 하동송림이 펼쳐진다. 조선시대 한 관리가 강바람과 모래바람을 막기 위해 조성한 방조림이다. 300년 묵은 노송 수백 그루가 6만6000㎡2만여 평의 강변에 줄기를 뻗고 있는 모습은 그야말로 장관인데 육송이 많아 더 대견하다. 귀한 소나무숲은 2005년 천연기념물로 지정되면서 3년마다 개방 지역과 폐쇄 지역이 바뀐다. 그런데 갑자기 몰려와 기도를 올리는 종교단체의 방해로 묵객처럼 시 한 수 지으려던 마음은 순식간에 물거품처럼 사라지고 말았다.

위험한
바람이 부는
강가에서

하동 사람들에게 하동포구는 각별한 존재인가 보다. 하동 출신의 정두수 시인은 『하동포구 이야기』라는 시집에서, 정득복 시인 역시 『하동포구』라는 시집에서 고향땅 하동과 포구에 대한 연가를 담아냈다. 옛 하동포구를 기념하기 위해 하동포구공원이 조성됐다. 찾는 이가 그리 많지 않은 공원에는 소나무가 숲을 이루고 있다. 하동송림의 소나무와 비할 바 없는, 아직은 초라한 모습이지만 그것들이 이룬 산책로는 포근하고 강가에서 부는 바람은 상쾌하다. 그 상쾌함에 이끌려 동네 공원처럼 찾고 싶어지니 위험한 바람이 아닐는지.

나는
하동의
야생 차다

제주도의 감귤나무처럼 하동은 차나무가 흔하다. 선산이 있으면 차밭도 하나쯤은 갖고 있다는 고장이라고 하니까. 신라시대 당나라 사신으로 간 대렴공이 차 씨를 가져와 처음 심은 곳이 하동이다. '차 시배지'는 쌍계사 근처에 있다. 하동 차는 야생 차로 유명하다. 오랜 세월 저절로 교배하고 번식하면서 야생화했다고 한다. 수확량도 적고 찻잎의 색도 균일하지 못하며 맛과 향은 강하지만 하동 차만의 독특함이 있다고들 한다. 제일 먼저 차나무가 뿌리를 내린 곳이니 다인들의 세계에서는 꼭 찾아야 할 차의 성지로 여긴다고 들었다. 해마다 봄이 되면 야생차문화축제도 떠들썩하게 열린다. 차 시배지, 명원다원, 고려다원, 삼우다원, 도심다원, 쌍계야생다원, 차공간, 매암다원의 여덟 곳은 경치가 빼어나다며 하동군에서 지정한 '다원팔경'이다. 도심다원은 우리 땅에서 가장 오래된 천년 차나무가 있는데 이 나무에서 수확한 차가 경매에서 어마어마한 금액으로 낙찰됐다는 뉴스를 본 적이 있다. 초의 선사가 맛을 보았다면 "신령한 뿌리를 신성한 산에 의탁했으니 신선의 풍모와 옥 같은 기골은 종자가 다르다. 녹아와 자순이 구름을 뚫었으니 모두가 호화와 봉억과 추수문이라네"라는 말을 되뇌지 않았을까.

하동의
차 농부

― 　　손수 흙집을 지은 숙소 주인이 내놓은 발효차 맛이 각별
하여 소개를 받은 곳이 연우제다이다. 차 맛에 이끌려 찾은 다원은 산길
을 돌고 돌아 찾아야 하는 두메산골에 있었다. 도시의 소음은 사라지고
시냇물 흐르는 소리와 새들의 노래가 들리며, 섬진강이 선물하는 바람 덕
에 자연을 닮은 차를 만들 수 있는가 보다. 3대째 가마솥 덖음 방식을 고
집하는 주인장은 차밭 집 아들로 태어나 젊어서는 도시에 나가 커피 일
도 했지만 지금은 고향에서 가족과 함께 차 농사를 짓는다. 햇차와 우전
을 비롯하여 매화꽃차, 민들레차, 쑥차, 보리순차, 목련꽃차와 같은 대용
차도 선보인다. 욕심 부리지 않고 있는 그대로 자연에 감사하며 정직하게
차 농사를 짓는 하동 차 농부의 손에서 해마다 어떤 맛을 품은 차가 만들
어질지 늘 기대에 부풀게 된다.

보물꽃 찾기

마마's카페

봄, 십리벚꽃길이며 쌍계사에는 상춘객들로 복작인다. 봄기운을 조금 덜 복잡한 곳에서 느끼고 싶다면 마마's카페로 가면 된다. 관광버스를 타고 온 손님을 상대로 한 숙소가 많은 동네에서 요즘 젊은이들의 취향에 딱 맞는 세련되고 모던한 곳으로 입소문이 난 펜션에서 운영하는 곳이다. 섬진 강변에서 딴 청매화, 홍매화, 토종 매화로 만든 섬진강 매화차나 하동 녹차, 지리산 국화차와 같은 하동의 자연을 담은 갖가지 차가 눈에 띈다. 찾아온 이들만 아는 카페의 보물은 창이다. 벚꽃이 흐드러지게 핀 봄날, 네모난 창은 살아 있는 액자가 된다.

벚꽃나무 아래에서

무명 노점 석굴

벚꽃이 피는 계절이면 어김없이 찾아오는 굴이 있다. 그것도 섬진강에서 수확되는 민물굴이다. 벚꽃 필 때만 먹을 수 있어 그런가 했더니 그게 아니었다. 강 속에서 먹이를 먹으려고 입을 벌린 모습이 벚꽃이 핀 것 같아서라고. 섬진강 물줄기가 남해와 만나는 하구 3〜4미터의 깊은 물에서 서식하는 석굴은 크기가 어른 손바닥만 하니 몇 개만 먹어도 배가 부를 정도다. 12월부터 4월까지 채취되는데 산란을 앞둔 3월과 4월에 가장 맛이 좋다고 한다. 벚굴을 전문으로 파는 식당도 여럿 있다고 들었지만 우리는 십리벚꽃길에 취해 좀 더 낭만적인 방법으로 맛보기로 하였다. 마침 십리벚꽃길의 도로변에 이름도 없이 벚굴을 파는 노점이 있어 값을 흥정하고 간이 테이블을 풀밭 위에 펼쳐 놓고 벚굴을 맛보았다. 강과 바다가 만나는 곳에서 자란 굴은 바다의 굴보다 짠맛이 적고 보드라웠다. 벚굴 위에 벚꽃 잎이 초속 5센티미터로 떨어져 살포시 앉는다. 아〜 술 없이도 취할 수 있구나. 봄은 그렇다. 하동의 봄은 취하지 않고서는 제대로 보이지 않는다.

쌍계사 앞 달팽이밥집
단야식당

법정 스님이 쌍계사를 찾을 때마다 들렀다는 국수집이라는 첩보, 공지영 작가의 단골집이기도 하다는 풍문, 문을 닫는 날은 주인장 마음이라는 귀띔. 쌍계사 앞에는 느리지만 정석대로 음식을 만들어 파는 달팽이밥집이 있다. 단야식당이다. '오늘은 쉽니다'라고 적힌 팻말이라도 걸려 있으면 한 시간쯤은 울 것 같아 겨우 두 명이 가는데 전화를 넣었다. "오늘 문 여셨어요?", "네? 네. 쉬지 않고 열심히 일하고 있습니다"라는 대답이 돌아왔다. '음식 장사로 돈 좀 벌겠습니다'라는 인상을 식당 건물로 풍기지 않는 단아한 모습부터 흡족했다. 정원과 정원 앞에 마련된 테이블석, 신발을 벗고 들어가야 하는 방도 있으니 천천히, 감사히 밥 한 끼를 얻어먹을 분위기는 잘 갖추었다.

메뉴판에는 '아주 오래전 절집에서 유래된 음식인데 곡물이 부족한 시절에 면 대신 다양한 나물에 들깨 국물로 탕을 만들어 1년에 한두 번씩 영양식으로 드셨다 합니다'라는 사찰 국수에 대한 설명이 적혀 있었다. 음식을 먹기 전 내오는 물도 차라서 좋고, 본디 그래야 마땅한 심플한 맛의 사찰 국수도 박수를 쳐주고 싶었다. 다만 주문하자마자 밥 안 나오느냐는 말이 저절로 튀어나오는 사람은 입장 불가다 빨리빨리가 놓치게 되는 그것, 느림의 축복이 맛깔스럽게 버무려진 달팽이밥집이므로.

섬진강 재첩국

평산각

하동을 찾아 허기가 져서 여기저기 매스컴에 이름을 올린 하동 읍내의 재첩
국집을 찾았었다. 밀려오는 손님이 더 이상 반갑지 않은 듯한 주인의 마음이
그대로 담겨 있던 온기 없는 재첩국 백반. 그리고 옆 테이블에 앉아 고성을
질러대며 밥을 먹던 생면부지의 아주머니가 미처 재첩국 사진을 찍지 못했다
며 핸드폰으로 사진을 좀 보내달라는 황당하고 무례한 부탁이 곁들여지며 재
첩국 대첩은 쓰라린 패배를 보는 듯했다. 구원투수로 나선 것은 흙집 숙소의
주인장. 최참판 댁 앞에 재첩국을 진하게, 제대로 내는 집이 있다는 정보를
얻었다.

평산각의 재첩국은 맛집으로 이름난 그 집의 그것보다 한 수쯤 위였다. 뽀얀
우유 빛깔 재첩국을 훌훌 마시고 나니 하동 재첩이 왜 이름이 났는지 납득하
게 되고 어찌하여 이 고장에서 재첩국 한 그릇은 꼭 먹어야 하는지 알게 된
다. 하동에서는 재첩을 갱조개, 강조개라고 부른다. 1~2센티미터 크기의 작
은 강에서 나는 조개는 빛깔이 선명하고 육질이 연하며 담백한 맛이 특징이
다. 해독 작용이 뛰어나며 피로회복과 숙취에 좋은 보양식이다. 재첩도 철이
있다. 5월과 6월이 그때로 깊은 강에서는 배에 갈고리를 매단 대나무 장대로
잡고, 얕은 강에서는 호미 등의 도구로 강바닥을 긁어 거둬들인다. 꼬맹이 강
조개 재첩은 맑은 섬진강이 하동 사람들에게 준 고마운 선물이다.

잘 묵었습니다

지리산방 흙집풍경

하동의 숙소는 참으로 오랜 시간 공을 들여 찾아냈다. 주인장이 황토와 나무로 2년 동안 손수 지은 황톳집이라는 점도 좋았고, 작은 계곡을 끼고 있는 고즈넉한 위치도 흡족했다. 그러나 이곳에 단박에 끌린 이유가 있었다. 홈페이지에 들어가 소개 페이지를 클릭했더니, '안녕하세요. 지리산방 흙집풍경입니다'라는 글귀 옆에 연필로 그린 듯한 가족 그림이 등장했다. 사춘기의 어디쯤을 달리고 있는지 알쏭달쏭한 표정의 두 아이와 환하게 미소를 짓고 있는 부부를 보고 있으려니 '아~ 이런 곳에 묵을 수 있다면…'이라는 생각이 들었다.

거짓 없이 순황토로만 지은 방. 우리가 머문 2층 방은 아쉽게도 참나무 장작으로만 불을 지피는 황토 구들방은 아니었지만 황톳벽과 방을 둘러싼 슬로시티의 맑은 공기와 기운에 만성피로가 잠깐 도망간 듯 몸이 편했다. 깨끗한 방도 마음에 쏙 들었고 정갈한 황토 이불도 감사했다. 그리고 웰컴 티로 내놓은 연우제다의 발효차 한잔으로 마음과 몸이 맑아졌다. 지리산 참숯에 구운 돼지고기 바비큐와 손맛 좋은 주인장의 어머니와 아내가 만든 산나물 장아찌며 묵은지, 시골 된장찌개 등의 자연 밥상도 오래 기억에 남는다.

남해 바다와
예술가들

통영

어딜 가든! 어딜 보든! 뭘 먹든! 그곳을 에워싼 바다를 빼놓고는 아무것도 이야기할 수 없다. 그 바다와 바람 맛도 물맛도 짭짤한 바다에 기대어 사는 사람들에 여러 예술가들이 홀렸다. 작곡가 윤이상은 돌담 아래 바다에서 들려오는 밤 파도 소리를 자장가처럼 들었고 아침이면 멸치 떼가 모래사장까지 밀려와 은빛으로 퍼덕이는 광경을 가슴에 담고 아름다운 선율을 풀어냈다. 김춘수 시인은 "한려수도로 트인 그 바다는 내 시의 뉘앙스가 되고 있다"고 고백했다. 그리고 "자다가도 일어나 바다로 가고 싶은 곳이다"라고 읊조린 백석 시인도 통영에 단단히 홀렸었다. 조선의 나폴리라 불리던 포구 마을은 다 사라졌다는 푸념도 들리지만 오늘도 내일도 무심한 듯 푸르기만 한 바다는 여전히 여행자를 설레게 한다. 그래서 통영으로 간다.

"홍상수 감독의 〈하하하〉를 보았는가.

드러내고 싶지 않은 인간의 치부를 드러내 불편하게 하는 데

재주가 있는 감독이 통영을 배경으로 만든 영화다.

제목처럼, 홍 감독답지 않게 산뜻하다.

어쩐지 통영은 그런 곳인 것 같다.

통영 사람들은 그런 사람들인 것 같다.

하늘의 거울인 바다의 푸르름이 우울한 영혼까지 산뜻하게,

에너지 넘치게 만드는.

카메라 셔터를 누르는 사진가를 향해

자전거를 타면서 손을 흔들어주는 여유.

통영이다. 통영 사람이다."

[**The first day**]

통영에서의 첫 끼는 **명촌식당**의 생선구이 백반 ▶

강구안과 **중앙시장** 탐방(1시간) → 15분 ▶

통영한려수도케이블카에서 한려수도 눈에 담기(1시간) → 20분 ▶

갈 때마다 달라지는 **동피랑 벽화마을**(1시간) → 차로 7분, 걸어서 20분 ▶

분소식당에서 이른 저녁 맛보기 → 12분 ▶ **이순신공원**에서 산책하기(1시간) ▶

통영의 **다찌집** 순례 → 20분 ▶ 밤이 깊어지면 **타셋펜션**으로

[**The second day**]

미래사 아침 고요 산책(30분) → 30분 ▶

아침은 시장 사람들의 단골 식당 **원조시락국** ▶

밥 먹고 **서호시장**에서 장보기 → 4분 ▶

뚱보할매김밥집 김밥으로 간식 → 12분 ▶

여행의 마무리는 **통영옻칠미술관** 관람으로(40분)

[I'm here] 통영

[**거기**] 강구안, 이순신공원, 미래사, 통영옻칠미술관, 서호시장, 중앙시장, 동피랑 벽화마을,
통영한려수도케이블카, 클럽 E · S 통영리조트
[**밥**] 분소식당, 원조시락국, 통영의 다찌집, 뚱보할매김밥, 명촌식당, 오미사꿀빵
[**잠**] 타넷펜션, 동피랑 게스트하우스
[**음악**] Yael Naim의 'Go to the River', D'Angelo&The Vanguard의 'The Door'
[**시집**] 백석 『나와 나타샤와 흰 당나귀』, 『사슴(* 1936년 1월 100부 한정판으로 발간한 시집. 윤동주가 손에 넣으려고
애를 썼지만 구하지 못하여 육필로 필사본을 만들어 애독했다는 이야기는 유명하다. 국립중앙도서관과 고려대학교 도
서관에서 초판을 만날 수 있다.)』
[**책**] 박경리의 『김약국의 딸들』, 김훈의 『칼의 노래』
[**영화**] 홍상수 감독의 〈하하하〉

[Information]

통영시청 문화예술과 055-650-4510
한려해상국립공원 동부사무소 055-640-2400

소곤소곤 TIP

한려해상 바다백리길

미륵도의 달아길, 한산도의 역사길, 비진도의 산호길, 연대도의 지겟길, 매물도의 해품길, 소매물도의 등대길은 한려해상
바다백리길이다. 미래사에서 시작하여 미륵산, 야소마을, 희망봉, 달아전망대로 이어지는 달아길은 총 14.7킬로미터에 5시간 정도
소요되는데 쪽빛 바다와 편백나무숲, 대나무숲길, 돌담길을 만날 수 있다.

요즘
나의
애인은

—　　　　　　사량도. 소매물도. 욕지도. 연화도…. 통영에서 가고 싶은 곳 목록에는 섬만 한가득이었다. 사량도는 등산모임에 빠져 있을 때 '남해 바다를 내내 바라보며 걸을 수 있는 산'이라는 소리에 꼭 한번 가고 싶었지만 연이 닿지 않았고 인생의 터닝포인트 시기에 찾아 까마득한 바다가 힌트를 던져주었다는 친구가 다녀왔다는 소매물도는 이런저런 소문에 단념하고 말았다. 자연경관이야 빼어나기로 치면 이를 데 없다지만 꽃보다 아름답지 못한 사람들이 흐드러지게 피어 있으니 여전히 그 섬의 근사한 사진과 만나게 되면 "흥! 흥!" 거리기만 한다. 가만 보면 나는 섬들이 그득한 통영에서 섬이 아닌 사람에 반한 것 같다. 일찍이 통영은 조선의 나폴리라는 찬사를 받았다. 통영 소반의 마지막 명맥을 잇는 추용호 장인의 인터뷰를 위해 처음 통영 땅을 밟은 나는 조선의 나폴리라는 설에 대한 충격적인 이야기를 들을 수 있었다. 통영에서 나고 자란 장인은 이른 저녁을 먹기 위해 식당으로 향하면서 마을을 힐끔 쳐다보더니 부끄러운 듯 말했다. "어렸을 때는요, 집 앞이 바로 바다였어예. 돛단배도 떠다니고. 그 배 쫓아가며 수영도 하고 했다 아닙니까. 지금 사람들은 통영 좋다고 많이들 찾아오는데예, 옛날보다 훨씬 몬 합니다. 그때는 지금처럼 매립지도 없었고 자연 기대로에 바다였다고. 잘 살면 모합니까. 통영 바다부터 이렇게 몬 생기게 해놓고마…." 굳이 묻고 따지자면 통영은 나폴리와 다르다. 그것도 아주 많이. 그럼에도 불구하고 나폴리에는 없는 통영만의 무엇이 있다. 그 무엇에 홀려 나는 한동안 통영을 무던히도 오갔다.

　나에게는 통영 하면 떠오르는 인연들이 있다. 1970년대 장안을 뒤흔든 헤어 디자이너계의 대모 그레이스 리 선생은 인생의 클라이맥스를 통영에서 보냈다. 암 선고를 받고 우연히 통영을 찾았다가 시장에서 팔딱거리는 생선을 본 후부터 통영 사람으로 살았다. 경북 문경에서 파프리카 농사를 짓는 농부 아저씨를 취재하고 일손을 몇 시간 거들어 얻은 파프리카 한 박스를 들고 통영으로 가 선생께 건넨 적도 있었다. 파프리카가 뭐 별거라고 선생은 맛난 음식과 요즘 나의 애인이라며 의자 속에서 꺼낸 프랑스산 칼바도스를 꺼내 주셨다. "낮술도 마시며 살아야지, 인생 뭐 별거 없어"라며 인생의 참맛을 보여주셨다. 선생은 통영에서 좋아하는 것이 딱 두 가지라 하셨던 것 같다. 남해 바다에서 즐기는 바다낚시와 미륵사에서 보는 남해 바다. "나 죽거든 빈소에 흰 꽃 말고 빨간 장미꽃을 꽂아라" 하셨다는데 무심한 사람은 빨간 장미꽃 한 송이도 건네지 못했다. 선생 덕분인지 통영 바다를 보면 엄마 품처럼 포근하면서도 가슴 절절한 슬픔을 품고 흐르는 것 같다.
　통영의 글목에는 백석 시인의 시비가 곳곳에 숨어 있다. 시인에게 애틋한 연시를 쓰게 한 통영은 어떤 곳이었을는지. 자다가도 일어나 가고 싶었을까? 아니면 통영이란 말만 들어도 가슴이 아려오는 아픔의 파편이었을까? 서울에서 지내던 시인을 통영으로 달려오게 했던 러브 스토리는 통영에서 전모를 파악해야 제맛이다. 짜고 쓰고 맵고 단 여러 인생의 맛이 버무려진 통영이 좋다.

다도해의
조촐한 어항

통영의 관광지 하면 동피랑을 가장 먼저 떠올리는 이들이 많을 것이다. 달동네 벽화마을은 어느 순간 통영 여행의 중심지이자 시작점이 되었다. 그러나 나는 통영 하면 강구안통영항이라고도 한다이 첫 번째다. '개울이 바다로 흘러 들어가는 입구'라는 뜻을 지닌 강구안. 세상에서 가장 바다와 가까운 주차장도 반갑고, 영어로 간판을 바꾸고 커피숍도 품었지만 언제 찾아도 그곳을 지키는 나폴리모텔이 있어 든든하다. 이뿐이랴. 고무 옷을 입고 빨간 다라이에 생선이나 어구들을 채워 머리에 이고 가는 항구의 아낙들의 위풍당당함을 보고 있노라면 나도 모르게 생기가 돈다. 동피랑에 벌떼처럼 몰려든 관광객은 딴 세상 사람이라는 자세로 통통배 위에 앉아 어망을 고치는 남해 어부 아저씨들의 시크함도 흐뭇하다. 충무김밥이란 베스트셀러를 만들어낸 원조집에서 김밥을 포장해 와 강구안을 바라보며 허기를 달래는 촌스러운 놀이도 해보고, 바다 향 진동하는 강구안에 앉아 술잔을 기울이는 허세도 부리고 싶어진다. 내가 통영을 찾자마자 가장 먼저 강구안의 안부부터 묻는 이유다.

아무
일도 없는
바다

　　　　　　남해안을 돌다 보면 이순신이라는 이름이 지긋지긋해진다. 이른바 이순신 마케팅에 열을 올린 후유증이다. 김연아 선수처럼 안티가 적은 위인이다 보니 각 지자체에서는 어떻게든 이순신이란 이름을 붙여 관광 흥행에 덕을 보자는 심산이겠지. 통영의 이순신공원이 정말 좋다는 황장군의 제보를 들고도 시큰둥했다. 그런데 이순신공원에서 칭찬에 춤을 추는 고래와 같은 사람을 보았다. 동행인은 나르시시즘이라고는 눈곱만큼도 없는 사람인데 봄날의 이순신공원에 반해 생애 기록적인 기념사진을 찍어댔으니. 뭐가 그리 좋은가 하면 보물섬이라고 부르면 좋을 한려수도의 섬들을 바라보며 푸른 바다를 눈에 담으며 산책과 사색을 즐길 수 있어서다. 게다가 이순신 장군 하면 떠오르는 한산도대첩. 그 역사의 섬 한산도도 눈에 들어온다. 이방인에게는 그런 공원인데, 통영 사람들에게는 동네 뒷동산처럼 친근한 공간인 듯했다. 푸른 바다 앞 푸른 초원에서 아이들과 부모들이 공놀이를 즐기던 어느 해 봄날의 풍경. 세상에 이리 아름답고 포근하며 부러운 공원이 또 있을까! 이순신 장군을 닮았는지 정말 궁금해지는 동상이 그곳을 든든하게 지키고 있다.

편백나무숲
산책의 끝은
또 바다

통영 시내를 벗어나 통영대교를 건너면 산양 해안일주
도로가 펼쳐진다. 미륵도를 한 바퀴 도는 22킬로미터의 일주도로를 통영
사람들은 '꿈길 드라이브 60리'라는 낭만적인 이름으로 부른다. 길을 쭉
따라가서 통영 제일의 해넘이 명소라는 달아공원까지 가도 좋지만 우선
은 가야 할 곳이 있다. 이제는 케이블카에 산의 일부를 내준 미륵산의 남
쪽 기슭에 자리한 미래사다. 1954년에 구산 스님이 석두, 효봉 스님의 안
거를 위해 세운 암자였다고 하는데 법정 스님이 스물두 살 되던 해에 효
봉 스님을 은사로 모시고 출가하여 행자승으로 살았던 절로 아는 이가 더
많다. 절 주위에는 편백나무숲이 울창하다. 70여 년 전 일본인이 심은 것
을 해방 후 미래사에서 사서 가꾼 것이라 한다. 이른 아침 고요한 편백나
무숲을 이리저리 걷다가 숲 끝에 다다르면 또 남해 바다가 나타난다. 바
라만 보고 있어도 맺히고 응어리진 상처를 보듬어주는 것 같은 착각이 든
다. 어디로 눈을 돌려도 바다가 보이는 통영에서는 마음껏 울어도 좋다.
모두가 봄인 것 같은 통영에서 우리가 찾아낸 울기 좋은 장소는 여기다.

통영
12공방을
아시나요

박경리문학관, 청마문학관, 전혁림미술관, 통영국제음악당 등 통영에는 유난히 문화 시설이 많다. 아니 통영 출신 또는 통영을 거쳐 간 예술가들이 많다. 시대를 더 거슬러 가면 통영 12공방이 있다. 통영산 소반과 가구는 전국적으로 이름을 떨쳤는데, 조선시대 통제사였던 이경준이 각지의 장인들을 불러 공방을 일으킨 것이 그 시작이다. 여기서 12는 숫자를 의미하는 것이 아니라 아주 많다는 의미다. 옻칠, 부채, 그림, 가죽, 목 가구, 금과 은 제품, 갓, 자개 등을 만들었다고 한다. 12공방이 시작되면서 자개 장식에 옻칠을 더하여 나전칠기를 만들었는데 역사로 따지면 400년을 훌쩍 넘는다. 1970년대 이전에는 통영의 인구가 4만 명도 되지 않았는데 옻칠 기능인은 2000명, 공방도 수백 개였다고 한다. 그런 통영이니 옻칠 미술관 하나쯤 있어도 어색하지 않다. 이중섭 화가가 특강을 나서기도 한 경남도립나전칠기기술원양성소 출신으로 미국에서 활동하던 옻칠 전문가는 2006년에 통영으로 돌아와 미술관을 열었다. 한려수도에는 무수한 섬 보석이 반짝이고 하나뿐인 옻칠미술관에는 보석 같은 옻칠 작품들이 신비로움을 뿜어낸다. 있어도 보이지 않았고, 잊고 있었던 우리의 멋이 가냘프게 숨을 쉰다.

통영의
새벽을
여는

통영에는 이름난 시장이 여럿 있다. 관광객들이 자주 찾는 곳은 서호시장과 중앙시장. 기억했다가도 금세 잊어버려 애를 먹곤 하는데 이렇게 기억하면 된다. 강구안 맞은편, 거북선이 둥둥 떠 있는 쪽의 시장은 주로 관광객이 찾는 중앙시장이고, 통영항과 여객선터미널 근처에는 통영 아낙들이 장을 보는 서호시장이 자리한다. 서호시장은 원래 일제강점기에 바다를 매립한 터로 통영사람의 설명을 그대로 옮기면 일본에서 돌아온 동포들이 하꼬방판잣집을 짓고 살던 거주지였다고 한다. 노점 행상을 했던 동포들은 이른 새벽부터 아침까지 이곳에서 좌판을 열었는데, 뱃사람과 항구 노동자를 위한 밥집과 새참거리를 파는 집들이 자연스럽게 생기고 고깃배의 물건이 모이면서 통영의 명물이 됐다.

시장을 장악하고 있는 것은 해산물로 멸치와 장어, 인근 바다에서 양식하는 굴과 멍게가 유명하다. 오래된 시장이니 허름하지만 수십 년을 이어온 맛집도 제법 많다. 도다리쑥국에 반한 분소식당, 통영을 찾을 때마다 밥 한술 뜨고 오는 원조시락국 등 시장에 밥 먹으러 간다는 소리 들을 정도로 통영을 대표할 만한 밥집이 즐비하다. 서호시장의 시락국은 안도현 시인에 의해 '통영서호시장 시락국'이란 시로 탄생되기도 했다.

통영이
경상도의 전주라
불리는 비밀

통영은 '경상도의 전주'라 불리기도 하는데 그만큼 먹거리가 사시사철 풍부하다는 뜻이다. 통영에서 시장을 구경하려면 '아침 서호, 오후 중앙'을 기억해야 한다. 서호는 아침 일찍 시작되고 중앙은 정오쯤 되어야 활기를 띤다. 서호시장에서 10분 정도 걸어가면 중앙시장에 닿는다. 팔딱팔딱 뛰는 생선 좌판이 관광객들의 입맛 잡기에 앞장서고 회에 곁들이는 채소며 초장을 파는 가게가 슬며시 뒤를 따른다. 재미있는 것은 좌판에도 상도라는 것이 있어 생선을 파는 좌판과 멍게나 해삼 등 해산물을 파는 좌판으로 나뉘어 있다. 하나 더 통영에서 발견한 시장의 법칙이 있다. 통영 어머니들은 디스플레이의 여왕이라는 사실. 배추나 상추 잎 한 장도 미스코리아 대회에 내보내는 딸처럼 정성스럽게 장식해 판다. 결정판은 마른 생선이다. 마치 탑을 쌓은 듯한 자태에 혀를 내두르게 한다. 다보탑이나 석가탑이 울고 갈 것만 같다. 시장의 숨은 명물은 빼대기다. 고구마를 말린 것으로 통영 사람들이 즐겨 먹는 간식거리라 한다.뚱보할매김밥집 근처에는 얼굴이 하얘서 두부띠라는 별명을 가진 아주머니가 끓어내는 빼대기죽집도 있다. 집에서 농사 지어 말린 빼대기를 봉지 봉지 싸들고 와 수줍게 파는 통영 어머니들도 만날 수 있다.

피었네,
피었네,
벽화 꽃

동피랑이란 '동쪽에 있는 비탈'이라는 통영말로, 전국에 벽화마을 신드롬을 일으킨 원조다. 달동네의 역사는 일제강점기 통영항과 시장에서 일하던 외지 사람들이 기거하면서 시작됐다. 삼도수군통제영의 동쪽 성곽 문루였던 동포루가 자리 잡았던 곳으로 지금도 그 흔적이 남아 있다. 통영시에서 동포루 복원을 위해 집을 모두 허물려고 한 것을 푸른통영21이라는 단체가 지켜냈다는 일화는 유명하다. 2007년 동피랑 색칠하기 전국벽화공모전이 열려 너와 나 사이의 줄긋기 역할만 담당하던 담벼락에 벽화 꽃이 피기 시작했다. 동피랑의 담벼락을 꿋꿋이 지키는 터줏대감도 있지만 대개는 새로 등장하는 벽화가 많으니 언제 찾느냐에 따라 마을 풍경이 다르다.

동피랑에서 내려오는 길, 손님이 원하는 욕을 라테에 그려준다는 카페가 있다기에 물어물어 찾았는데…. 한 번은 사장님 마음인 오픈 시간 전이라, 한 번은 부정기 휴무일이라, 또 한 번은 내 돈 주고 욕까지 먹고 싶지 않다는 여행 동지의 완강한 반대에 발걸음조차 못하였다. '생긴 게 무한도전이네', '친구가 없어 혼자 놀러온 왕따?' 따위의 걸쭉한 쌍욕라테에 삶의 에너지를 얻고 싶다면 욕먹으려고 긴 줄을 서야 하는 카페 울라봉으로.

다도해
숨은그림찾기

통영 사람들은 미래의 부처인 미륵불이 미륵산으로
내려온다고 믿었다. 그곳에는 우리나라에서 가장 길다는 1975미터의
케이블카가 오르락내리락한다. 8인승 곤돌라를 타고 상부역사로 올
라가면 신선대 전망대, 한산대첩 전망대, 한려수도 전망대 등에서 점
점이 박힌 통영시 소속 526개의 섬들을 볼 수 있다. 날이 좋으면 머나
먼 대마도까지 눈에 담을 수 있다고 들었다. 정지용 시인조차 "통영과
한산도 일대 풍경 자연미를 문필로 묘사할 능력이 없다"고 말했을 정
도라고 하니, 남은 이야기는 하나다. 미륵불이 내려온다는 미륵산에
올라 신기루처럼 어른거리는 보물섬들을 보시라.

수영장 물빛과
맞닿은
통영 바다

미륵도 남쪽 바다가 보이는 언덕에는 얄미울 정도로
기가 막힌 자리를 꿰찬 숙소가 있다. 유럽의 휴양지를 닮은 건물에 숨
어든 모든 객실에서 다도해의 일출과 일몰을 감상할 수 있다. 언덕 위
가장 높은 곳에 야외 수영장을 열었는데 하늘빛과 바다 빛깔이 블루
컬러의 그러데이션처럼 오묘하다. 클럽 E·S 통영리조트는 회원제로
운영되나 비회원은 잔여 객실이 있으면 묵을 수 있고, 토요일 저녁이
면 수영장 근처에 비어가든이 열린다니 잠은 청하지 못하더라도 맥주
한 잔쯤 마시러 가도 좋을 곳이다.

도다리쑥국이 주는 행복
분소식당

통영에서 손꼽히는 졸복집은 서호시장에 있다. 분소식당과 호동식당이 졸복집 양대 산맥이란다. 우리는 웃음을 나눈다는 뜻을 지닌 분소식당으로 향했다. 이유 같은 건 없다. 서호시장에 도착하니 바로 앞에 분소시장이란 소담한 간판이 눈에 띄었던 까닭이다. 기차의 좁은 통로처럼 양쪽에 테이블이 놓인 넓지 않은 식당의 구석 테이블에 앉아 복국을 먹느냐, 다른 것을 먹느냐를 두고 중대한 운명의 기로에라도 선 듯 고민하다가 주문한 것은 '도다리쑥국'. 봄이 한창일 때였으니 한 계절에만 반짝 메뉴판에 오르는 음식이란 설명에 혹해 복국 사심은 사라지고 도다리쑥국에 꽂힌 것이다.

해풍 맞고 자란 씩씩한 통영 쑥과 토실토실 살이 오른 도다리가 맑은 탕으로 등장했다. 담백한 바다 맛이 쑥 향과 어우러져 입안 가득 퍼졌다. 전날 밤 실비집에서 맛본 쑥국은 쑥국도 아니었다는 결론이 내려졌다. 안주 퍼레이드 보는 재미에 과음을 하게 되는 통영의 밤놀이 후에는 시장 밥집으로 달려가야 한다. 속을 따끈하게 풀어줄 술국이 분소식당에서 항시 대기 중이다. 도다리쑥국 먹을 욕심에 밤마다 술을 부어라, 마셔라 하고 싶어질지도 모르겠다. 통영에서라면.

시장 사람들과 어깨를 맞대고 맛보는

원조시락국

관광객들은 충무김밥, 꿀빵, 성게 비빔밥에 혹하지만 나는 그런 곳은 한 번이면 족하다며 어시장의
작은 식당들이나 좌판을 전전한다. 통영의 팔딱팔딱 살아 숨 쉬는 맛은 그곳에 있다. 요 몇 년 내가
빠진 식당은 원조시락국집이다. 2대째 운영하는 오래된 시락국집이라 시장에서 "6시 내고향 방송된
시락국집이 어딘가요?"라고 물으면 누구나 일러준다. 이 집을 시작으로 시락국골목이 형성되었을
정도이니 통영에서는 시락국의 인기가 여전하다.

메뉴판도 없고 의자에 앉아 십여 가지 남짓한 냉장 반찬통에서 원하는 만큼씩 셀프로 반찬을 담는
다. 겉절이, 무생채, 콩나물무침에 깻잎장아찌, 멸치볶음, 각종 젓갈까지 통영 식당은 반찬 인심이 푸
짐하다는데 이집 역시 그러하다. 반찬도 식객이 알아서 덜어 먹는 시스템이니 물은 당연히 셀프다.
반찬을 덜고 물을 가져오니 곧 펄펄 끓는 뚝배기와 스뎅 밥그릇에 담긴 공기밥이 식객 앞에 놓여진
다. 하루에도 수백 번은 되풀이하는지 녹음기처럼 이어지는 재빠른 설명(단골들은 제외다). "제피 좀
넣고 정구지도 듬뿍 넣으이소". 시락국은 장어를 10시간 이상 우려 된장을 풀고 무청을 넣어 끓인 국
이다. 경상도에서는 시래기국을 시락국이라 부른다 한다. 나는 처음에는 부추만 넣어 슴슴한 맛을
즐기다가 반쯤 먹은 후에는 제피(초피가루)를 넣고 먹는다. 입맛에 따라 청양고추를 넣어도 좋다. 구
수한 시락국과 갖은 양념으로 만든 밑반찬에 한 그릇 뚝딱 비우게 된다. 주린 배를 채우고 나면 다시
드르륵 문을 열어젖히고 시장 구경에 나선다.

통영, 술의 법칙

통영의 다찌집

마산의 통술집, 삼천포의 실비집, 전주의 막걸리집 그리고 통영의 다찌집은
닮은 구석이 있다. 다찌집에서 술을 시키면 산해진미가 부럽지 않은 해산물
안주가 딸려 나온다. 술을 더 주문하면 안주가 달라진다. 다찌 문화가 외지에
알려지면서 규모는 커지고 가격은 높아졌으니 관광객들이 다찌를 버려놓았
다는 한탄도 들린다. 대추나무, 물보라다찌, 강변실비, 벅수실비…. 우리는 통
영의 무수한 다찌집 중에서 한 집을 찾았는데, 술보다는 안주를 탐내러 온 것
이 티가 났는지 눈치 술을 마셔야 했다. 그러나 싱싱한 생선회와 굴, 전복, 문
어, 소라 따위가 안주로 나오는 술집이 어디 흔하단 말인가!

'선술집'에서 왔다는 둥, '서서 먹는 것'을 의미한다거나 '친구와 함께 먹는다'는
일본말에서 왔다는 등 다찌집의 진짜 의미에 대한 결론은 아직이다. 한 가지
분명한 것은 통영에는 술을 부르는 특별함이 있는 모양이다. 이중섭 화백은 2
년 동안 통영에 머물면서 '복자네집'에서 유치환 등의 벗들과 자주 술잔을 기
울였다고 하며, '샘이집'에서는 방바닥에 잉크를 부어 손으로 그림을 그리다
주인 할머니의 타박을 들었다는 이야기도 전해진다.

언제나 대박 행진

뚱보할매김밥

통영이 충구로 불리던 시절, 충무의 홍보대사는 충무김밥이었다. 광장시장의 마약김밥이 등장하기 전까지 김밥계의 큰 어른은 충무김밥이었다. 숭덩숭덩 썬 무와 오징어를 고춧가루로 버무리고 엄지손가락 크기로 만 김밥을 곁들여 먹는다. 밥 따로, 소 따로, 따로 김밥이다. 요긴하게 허기를 채울 수 있지만 빨리 상하는 김밥의 단점을 통영 사람들의 지혜로 보완한 솔 푸드다. 요즘은 오징어가 주인공 행세를 하지만 예전에는 주꾸미로 만들었다고 한다.

강구안 문화마당 일대에는 충무김밥집이 즐비한데 집에 따라 맛이 많이 다르다. 오래전부터 뚱보할매김밥집을 먹어왔는데 내 입맛에는 이집 맛이 아직은 최고다. 통영에서 맛본 첫 번째 충무김밥이라 맛이 각인되었기 때문일지도 모르겠다. 향남우짜를 먹고 누군가 추천한 김밥집에 들러 배부르다 노래를 부르면서도 이쑤시개를 놓지 못하는 맛의 중독성이 있는 걸 어쩌란 말인가. 갈매기 소리가 배경음악으로 깔리는 강구안에서 쪼그려 앉아 맛보는 맛이 일품이다.

> **소곤소곤 TIP 통영김밥? 충무김밥!**
> 동피랑 전망대 아주머니는 "통영은 역사가 짧아예. 400여 년 전에 왜구를 막을라꼬 세병관 같은 통제영 건물이 생기면서 통영이 시작됐어예"라고 했다. 삼도수군통제영 사령부가 있던 군사 도시 통영은 삼도수군통제영의 줄임말이다. 1995년 충무시와 통영군이 통합되면서 통영시가 되었는데, 충무김밥만큼은 충무란 이름을 버리지 못했다.

생선만으로 5첩 밥상

명촌식당

통영에 와서 생선구이를 원 없이 먹고 싶다면 서호시장 인근의 명촌식당으로 향할 일이다. 주인 부부가 음식을 만들고 서빙도 하고 계산도 하는 작은 식당이다. 백반을 주문하니 조기, 고등어 등 다섯 종류의 생선구이와 대여섯 가지의 밑반찬이 나왔다. 여기에 공깃밥과 한 그릇 더 먹은 시래기국. 주인은 물이 좋은 생선을 그날그날 들여와 구이로 내놓는데 그 맛이 각별하다. 평일 점심에는 두 시간(정오~2시), 저녁에는 딱 세 시간(오후 5~8시)만, 휴일에는 점심에만 문을 여는 문턱이 높은 집이다.

통영 엄마의 간식

오미사꿀빵

충무김밥과 함께 관광객들이 꼭 먹는 것은 꿀빵인 듯하다. 가장 유명한 것은 오미사꿀빵이다. 1960년대 한 부부는 배급 받은 밀가루를 아껴 꿀빵을 만들어 좌판에서 팔았다. 도넛 같은 빵에 팥고물을 얇게 감싸 튀긴 다음 시럽과 깨를 묻혀 만든다. 금세 입소문이 났다. 좌판을 하였으니 간판도 없었을 터. 사람들은 꿀빵 앞에 근처 세탁소 이름인 '오미사'를 붙여 부르기 시작했다. 통영의 엄마들이 군대에 간 아들을 면회 갈 때 들고 갔다는 꿀빵은 이제 전국적으로 유명세를 떨치고 있다. 꿀빵이 다 팔리면 문을 닫는데, 점심 무렵이면 품절된다.

천천히, 충분히 쉬어라

타셋펜션

통영과 거제 사이. 거제대교와 한려수도를 모두 담을 수 있는 장평리의 은밀한 곳에 타셋(TACET)펜션이 있다. 리조트형 펜션은 인테리어, 조경 등 전문가들이 재능을 발휘하여 곳곳에 깊이와 재치, 풍류가 배어 있다. 우리가 머문 곳은 2층에 위치한 빌라. 침대에 누워 고개를 오른쪽으로 돌리니 바다만 보였고 침대 머리 위쪽에 난 길쭉한 창에서도, 호텔 욕실이 부럽지 않은 욕조의 창에서도 남해가 들어왔다. 항구의 활기와 부산스러움은 느낄 수 없지만 '천천히, 충분히 쉬기'에는 이곳만 한 곳도 드물다.

항구 마을에서의 잠

동피랑 게스트하우스

앞으로는 강구안을, 뒤로는 벽화마을을 두었다. 가격도 저렴할뿐더러 뭔가 사연을 품고 있는 듯한 외관에 이끌려 하룻밤을 청했다. 좁은 2층 방에서 스프링이 울어대는 침대에 누워 잠이 들었는데, 뿡뿡 울어대는 뱃고동 소리에 눈을 떴다. 여명이 채 사라지지 않은 새벽녘의 항구는 벌써 분주한 하루를 시작하고 있었다. '새벽녘의 거리엔 쾅쾅 북이 울고 밤새껏 바다에선 뿡뿡 배가 울고'라는 백석 시인의 '통영'이란 시구가 떠올랐다. 좀 불편했지만 항구 근처의 게스트하우스에서 통영의 첫새벽과 만났다.

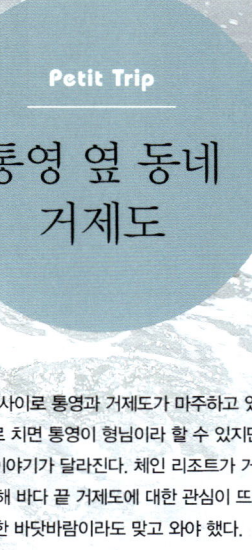

Petit Trip

통영 옆 동네
거제도

다리 하나 사이로 통영과 거제도가 마주하고 있다.
유명세로 치면 통영이 형님이라 할 수 있지만
넓이로 보면 이야기가 달라진다. 체인 리조트가 거제도에
문을 열며 남해 바다 끝 거제도에 대한 관심이 뜨거우니
시원한 바닷바람이라도 맞고 와야 했다.

그 바람의
언덕으로
갔다

내가 거제도란 곳에 관심을 갖게 된 이유는 대학교 방송국 활동을 함께 했던 동기의 고향이기 때문이며 어느 영화감독이 거제의 해금강에 반해 그곳으로 신혼여행을 다녀왔다는 풍문을 들었기 때문이다. 고향에서 살고 있는 친구웬디 권와 메신저로 손수다를 떨며 채 한 시간도 안 되어 얻은 정보는 대단했다. 그녀가 바람의 언덕을 설명하기를, '아~ 바람의 언덕, 풍차도 만들어 놨더라. 날씨 좋은 날 가야 풍경 대박. 근데 여름에 가면 길에서 못 나옴. 몇 시간 길에서 보내다가 거제도 욕하고 나갈 수 있는 곳.' 그 바람의 언덕으로 갔다.

해금강으로 향하다가 도장포마을로 좌회전하면 마을의 북쪽에 자리 잡은 언덕이 있다. 오랫동안 '띠밭늘'이라 불리다가 10여 년 전부터 '바람의 언덕'이 됐다. 푸른 남해 바다를 가슴 한가득 담아 올 수 있는 곳인데, 생뚱맞은 풍차가 바다로 가는 시선을 빼앗는다. 사람들이 많이 찾을 때는 줄을 서서 걸어야 할 상황이 연출되지만 바람에 풀들이 서걱거리는 바람의 언덕의 벤치에 앉아 바다를 보고 있노라면 누구나의 마음에 작은 섬들이 동동 떠다닌다.

황장군이
찾은
비밀 정원

가을에 늦은 여름휴가를 다녀온 황장군의 거제 여행 이야기는 흥미로웠다. 길치인 데다 깜빡깜빡하여 여행지에 물건을 잘 두고 오는 그녀의 거제 여행기 중 귀에 꽂힌 곳이 산방산 비원이다. 그녀는 코스모스, 벌개미취꽃, 울긋불긋 단풍놀이, 아기자기 새소리에 시간 가는 줄 모르고 식물원을 즐기고 왔다고 했다. 개인이 일군 식물원 중에는 간혹 국적을 알 수 없는 풍경들이 뒤엉켜 있는 곳들이 있는데 산방산 비원을 걷다 보면 '자연과 인간의 일체화'를 두는 한국 정원의 특징처럼 주변의 산과 숲, 나무와 꽃이 사람과 어우러지는 소박한 맛이 있다고도 했다. 산방산 비원은 거제 둔덕에서 태어나 객지로 떠나 있었던 김덕훈 원장이 고향을 사랑하는 마음 하나로 일궈낸 식물원이다. 옛날 둔덕골 사람들의 허기를 메워주던 9만9000㎡(3만여 평)의 계단식 논은 지금은 계절마다 1000여 종의 야생화가 피고 지는 천상 화원이 됐다. 비원의 아름다움의 절정은 산방산에 진달래가 흐드러지게 필 무렵이다. 4월 초순이나 중순에 산방산이 진달래로 뒤덮이면 비원에는 개나리, 동백, 수선화, 할미꽃 등이 찾아든다.

소년과
바다

은빛 모래사장 대신 흑진주처럼 까만 돌이 '자글자글' 재미있는 소리를 내는 해변이 있다. 해변가를 점령한 까만 몽돌은 하루 종일 남해의 맑고 깨끗한 파도에 샤워하느라 바쁘다. 먼 바다에는 고깃배들이 둥둥 떠 있고 아이들은 몽돌해변에서 반짝이는 생의 한때를 보내느라 바쁘다. 건강에 목숨을 거는 어른들은 맨발로 몽돌해변을 걸으며 천연기념물인 동백림과 팔색조 훔쳐보기에 바쁘다.

막 썰어,
막 썰어

장승포에 갔다가 도회적인 빌딩숲 바닷가 마을의 풍경에 놀라 쓰린 속을 달래러 횟집을 찾았다. 어느 가게가 원조인지는 도무지 알 수 없었지만 어쨌든! 장승포에는 막썰이횟집 천국이었다. 하필이면 불타는 금요일. 조선소 사람들이 몰려들어 빈자리를 찾기가 어려웠고 몇 군데 식당을 유랑한 끝에 마침 막 손님이 떠난 자리가 보여 냉큼 앉았다. 그런데 정말 회를 막 썰어 내왔다. 고급 횟집이나 수산시장에서도 나오는 무채 데코와 메인 회보다 화려한 쓰키다시는 온데간데없지만 자연산과 양식이 섞인 거친 파도 같은 회 한 접시는 본질에 충실했다.

불국사의 봄, 대릉원의 밤

경주

요즘에야 수학여행도 해외로 가는 시절이지만 나 어릴 적 반 친구들과 처음 떠난 수
학여행지는 경주였다. 신라 천 년의 유물들이 잠들어 있는 옛 도읍지 경주가 그동안
머릿속에 잠겨 있는 경주의 전부였다. 특별할 것도 부러울 것도 없는, 그런데 어른
이 되고 나서도 한참이 지나서 다시 찾은 경주는 10대에 보았던, 20대에 느꼈던 그
경주가 아니었다. 하동에서 경주로 넘어가면서 본 경주의 모습은 수직의 기라성이
사라진 수평의 마을이었다. 땅 가까이, 나직하게 일렁이는 불빛들. 어린 왕자의 보
아뱀에 갇힌 코끼리처럼 옛 시간에 갇혔지만 따뜻한 온기를 뿜어내고 있었다. 분칠
만 하고 있는 경주인 줄 알았는데, 아름다운 민낯이 숨 쉬고 있었다. 늘 보던 산이,
하늘이, 달빛의 빛깔마저 참 고왔던 밤이었다.

"흑백 인물 사진으로 유명한

패션 사진의 대가 피터 린드버그는

흑백사진을 고집하는 이유에 대해

'현실은 컬러다.

현실을 벗어난 흑백사진을 사랑한다'고 말했다.

나는 이렇게 바꾸어 말한다.

현실을 벗어난 고도를 사랑한다.

현실을 벗어났기에 환상을 주는 고도.

경주가 주는 환상은 내게 영감의 원천이고

흑백 같은 유적지들은 본질을 돌아보게 한다"

―강석경의 『이 고도를 사랑한다』에서

1박 2일

[**The first day**]

놋전분식에서 든든하게 요기하고 → 12분 ▶

산행을 가장한 문화유산 답사는 경주 남산에서(3~6시간) → 20분(삼릉 기준) ▶

슈만과클라라에서 커피 한잔 → 13분 ▶

반월성과 경주계림에서 신라를 추억하기(1시간 20분) → 걸어서 30분 또는 차로 5분 ▶

최가밥상에서 최부잣집 밥맛 보기 → 6분 ▶

대릉원 밤 산책(1시간) ▶

오늘의 우리 집 달모루 게스트하우스

[**The second day**]

영양식당에서 고봉 반찬으로 아침 먹기 → 30분 ▶

지나칠 수 없는 불국사(1시간) → 1시간 ▶

양남주상절리(파도소리길 왕복 3시간)에서 자연유산 구경 → 1시간 20분 ▶

세계문화유산 양동마을 입장

[**I'm here!**] 경주

[**거기**] 경주 남산, 대릉원, 불국사, 반월성과 경주계림, 경주 오릉, 보문정, 양동마을, 양남주상절리
[**밥**] 슈만과클라라, 놋전분식, 최가밥상, 영양식당
[**잠**] 달모루 게스트하우스, 경주룸237, 신라게스트하우스
[**음악**] Rene Aubry의 앨범 「Plaisirs D'Amour」
[**책**] 강석경의 「이 고도를 사랑한다」, 히라노 교코의 「신라인과의 대화」

[**Information**]

경주 관광안내전화 1330
경주시 문화관광과 064-779-8585
사단법인 경주남산연구소 054-777-7142 www.kjnamsan.org

소곤소곤 TIP

친절한 경주시

문화 관광 특별시를 꿈꾸는 경주시의 문화 인프라는 대단히 바람직하다. 봄꽃 명소를 찾아 헤매다 전화를 걸으니 문자로 주차할 곳의 주소까지 전송해주었다. 또 홈페이지(http://guide.gyeongju.go.kr)에서 경주 관광지의 실시간 영상도 볼 수 있다.

산에는
꽃이
피네

그들의 집 앞에는 능이 하나쯤 있기 마련이고 그들의 산에는 문화재들이 뿌리 깊은 나무처럼 산과 한 몸을 이루고 있다. 소나무 사진이 유명세를 타면서 경주 남산을 잘생긴 소나무산쯤으로 아는 이도 적지 않다. 우리는 요즘 경주의 재발견에 신이 났다. 그곳은 서라벌의 남쪽에 솟아 있다는 '남산'이다. '남산을 아니 보고 어찌 경주를 보았다 할 것이며, 몇 번 오르고 어찌 남산을 안다고 할 것인가?'라는 말이 있다. 석탑 하나 놓을 자리만 있으면 모두 절터가 됐고 바위는 모두 불상이라 할 정도니까. 남산은 동서 4킬로미터, 남북 8킬로미터의 크기에 494미터의 고위산과 468미터의 금오산이란 두 개의 봉우리가 솟아나 있는 산이다. 그런데 절터는 100여 곳에 이르며 왕릉 13기, 산성 4개소, 80여 체의 석불, 60여 기의 석탑, 20여 기의 석등 등이 발굴되었다 하니 신라시대의 불교문화를 그대로 보여주는 보물 산이라 불러야겠다. 다만 키는 낮지만 산책하듯 찾을 수 있는 산은 아니니 각오는 하는 게 좋다.

등산을 힘들어 하는 황장군을 꾀어 삼릉에서부터 산행을 시작했다. 평일이라 사람들도 적었고, 등산 지도는커녕 수년 전 겨울 남산을 한번 올라보았다는 자만심에 등산 코스도 살펴보지 않았던 터라 때때로 등장하는 친절하지 않은 푯말 앞에서 어디로 가야 할지 정해야 하는 번뇌에 들어야 했다. 그러나 묘하게도 산행이 고통스러워질 즈음 곳곳에 숨어 있던 보물이 나타나 헐떡이는 숨을 잠재웠다. 남산에는 우리를 전율케 한 용장사곡 삼층석탑을 비롯해 용장사곡 석조여래좌상, 삼릉계 석조여래좌상, 삼릉계 마애관음불, 마애석가여래좌상 등 숱한 불교 유적이 잠들어 있다. 만일 더 자세히 남산을 살펴보고 싶다면 경주남산연구소의 답사 프로그램에 참여하길 권한다. 매주 토요일과 일요일, 공휴일에 전문 해설사가 동행하며 다양한 코스로 남산을 둘러볼 수 있다. 그리고 기억해두면 좋을 마지막 팁은 유홍준 교수가 『나의 문화유산답사기』에서 밝힌 대로 부처가 앉은 곳에서 앞을 바라볼 것.

달빛 산책

"집 앞에 능이 있으니까 이상하지 않아요?" 영화 〈경주〉에서 가장 기억에 남는 대사다. 여주인공 윤희가 최현에게 묻자 그는 이렇게 대답한다. "좋은데요" 그러자 윤희는 "경주에서는 능을 보지 않고 살기 힘들어요"라고 혼잣말처럼 중얼거린다. 그렇다. 경주는 능이 아주 많다. 신라 고분들이 모여 있는 대릉원은 시내 한가운데 넓은 땅을 차지하고 있다. 신라의 무덤은 능, 총, 묘로 구분한다. 어느 왕의 무덤인지 확실하면 '능'이라 하고, 출토된 유물의 보존 가치가 높지만 무덤 주인이 누구인지 모를 때는 '총', 귀족 이하 일반인의 무덤에는 '묘'라 부른다. 대릉원은 『삼국사기』에 '미추왕을 대릉에서 장사지냈다'는 기록에서 유래한다. 능 앞에 대나무숲이 있는데 대나무가 병사로 변하여 적군을 물리쳤다는 전설이 전해진다. 그래서 죽현릉, 죽능으로도 불렸단다.

철부지 아이들은 능에서 미끄럼타기에 정신없이 빠져들었다. 경주 사람들에게 능은 고이고이 간직해야 할 문화재만은 아닌 것 같다. 어렸을 때부터 봐온 풍경과도 같은 자연의 일부가 된 듯하고, 때때로 '곁에 있는 죽음을 두려워하지 마라'는 깨달음의 상징인 것 같기도 하다. 능에 달빛이 비추는 밤이면 긴 산책을 떠나고 싶어진다.

세상의
끝까지
21일

중학교 수학여행으로 찾았던 경주에 대한 기억은 아쉽게도 거의 남아 있지 않다. 어른이 되어 다시 찾은 불국사도 중학생 때 찾은 그 모습과 그리 크게 달라진 것은 없었다. 다보탑과 석가탑 앞에서 열심히 메모하는 아이들, 기념사진을 찍는 사람들. 석굴암과 세트로 둘러보기 마련인 불국사는 신라인이 그린 이상적인 피안의 세계를 지상에 옮겨놓은 것으로 1995년에 세계문화유산으로 등재됐다. 다보탑과 석가탑, 청운교와 백운교, 연화교와 칠보교, 금동아미타여래좌상, 비로자나불 등이 국보로 지정된 사찰이니 사람들로 복작거려도 못 마땅해할 이유가 없다. 한 번은 불국사를 찾았더니 마침 석가탑이 수리 중이어서 진귀한 광경을 만날 수 있었다. 장엄하게 서 있던 탑이 해체되어 수술대 위에 놓여 있는 듯한 기분이 들었다. 한꺼번에 몰려왔다 썰물처럼 빠져나가는 사람들 무리에 질려 서둘러 밖으로 나왔더니 벚꽃 동산이 꽃 대궐을 이루고 있었다. 벚꽃나무 아래를 걷고 있으니 '21일'이란 단어가 머릿속을 붕붕거리며 떠다녔다. 다큐멘터리 영화 〈목숨〉에서 호스피스 병동에 환자들이 평균 머무는 기간은 21일이라 했다. 화무십일홍이라는 벚꽃이나 100세 시대를 꿈꾸는 사람이나 1200여 년의 세월을 살아온 불국사에 서면 삶이란 게 참 덧없다. 그나저나 신라인이 그린 불국은 어디에 있을까? 여전히 안녕하시려나.

빈 궁터와
성스러운 숲

경주 전역에는 30만 그루의 벚나무가 꽃을 피운다고 한다. 1971년 시행된 경주관광개발계획의 하나로 가로수로 벚나무를 심었고 이제 아름드리나무가 되었으니 봄 경주의 풍경은 황홀해 마땅하다. 경주 시내에서 가장 멋진 벚꽃 놀이터는 반월성이 아닐까? 국립경주박물관 건너편에는 신라가 멸망할 때까지 800여 년간 궁궐이었던 반월성이 자리한다. 반달 모양으로 구릉을 깎아 군데군데 반월꼴로 토석을 섞어가며 성을 쌓아 궁의 주위를 감싸안은 성이었다고 한다. 지금은 우거진 숲과 빈 터만 남았는데, 경주 사람들에게는 마치 공원처럼 자연과 만날 수 있는 소중한 공간으로 여겨진다.

반월성에서 서남쪽으로 걸어가면 느티나무가 우거진 작은 숲이 나온다. 닭 울음소리로 찾아간 숲에서 발견한 금궤에서 태어났다는 아이가 경주 김씨의 시조가 되었고 그의 후손이 신라 13대 미추왕이 되었다는 김알지의 탄생 설화가 담겨 있는 계림이다. 설화 때문인지 늙은 나무들의 숲은 뭔가 신비로운 기운이 감도는 듯했다.

오순도순
마주 누워

경주 오릉

옛 도읍지에는 무덤도 많고 기이한 전설도 많다. 남산의 서북쪽에는 오순도순 마주 누운 신라 박씨 왕들의 무덤이 있다. 『삼국유사』에 따르면 박혁거세가 승천한 후 유체가 다섯으로 나뉘어 땅에 떨어지자 시신을 수습하여 한곳에 묻으려 하니 갑자기 큰 뱀이 나타나 방해하였다고 한다. 그래서 다섯 군데로 나눠 묻었다고 하여 '오릉', 뱀이 나타났다 하여 '사릉'이라고 부른다. 크기도 간격도 일정하지 않은 오릉은 박혁거세와 왕비 알영부인, 남해왕, 유리왕, 파사왕의 무덤이라고 전해진다.

CNN을
홀리다

보문정

보문관광단지에는 CNN이 극찬한 보문정이 있다. 아담한 정자와 연못이 있고 이를 든든한 호위 병사처럼 지키는 것 같은 왕벚꽃과 수양벚꽃이 빚어내는 봄 풍경이 은은하다. 그러나 대한민국의 유명 절경지가 그렇듯 보문정이 가장 아름다운 시기에는 아침부터 출사객들이 진을 치고 있었다. 여유자적 보문정을 한 바퀴 둘러보고 싶지만 따가운 눈살에 쫓겨 금세 발길을 돌려야 했다.

경주
선비들의
마을

안동에 하회마을이 있다면 경주에는 양동마을이 있다. 500여 년의 전통을 지닌 양동마을은 경주 손씨와 여강 이씨의 집성촌으로, 150여 채의 조선시대 고가와 초가집들이 늘어서 있다. 언덕 위 산기슭에는 손씨 문중의 서당인 안락정이 자리하고 대원군이 썼다는 '영남의 풍류와 학문'이라는 뜻의 편액이 걸려 있는 무첨당. 임진왜란 때 태조의 초상화를 이안하여 난을 피했다는 수운정 등 유서 깊은 볼거리가 많다. 1992년에는 영국 찰스 황태자가 방문하기도 했다.

양동마을은 경주 시내에서 22킬로미터 정도 떨어져 있는데, 차로는 30분 정도 걸린다. 지도로 보면 경주시보다는 포항시와 더 가까운 곳이다. 내가 양동마을을 처음 찾은 것은 세계문화유산으로 등재되기 훨씬 전의 일이었다. 석굴암에 가려다 갑자기 내린 눈에 토함

산에서 날이 묶여 고생을 하다가 석굴암을 포기하고 찾은 마을이었는데 당시만 해도 그리 유명하지 않은 곳이라 고요히 마을 산책을 즐길 수 있었다. 그런데 세계문화유산이란 타이틀이 뭔지, 마을 입구에는 대형 주차장과 매표소가 생기고 고즈넉한 마을은 관광객들에게 하루의 대부분을 나눠줘야 하는 처지가 됐다. 마을은 옛날에도 위기에 처한 적이 여러 번 있었다. 임진왜란 때에는 왜군들이 쳐들어와 마을을 불태우기도 했고 일제강점기에는 마을을 관통하여 철로가 놓인다는 소식이 전해졌다. 마을 사람들은 서울로 상경하여 투쟁을 벌인 끝에 담당자로부터 노선을 수정하겠다는 답을 받았고, 마을을 지켜낼 수 있었다고 한다.

동해 바다에
곱게 핀
해국

경주 시내에서 한 시간 정도 달리면 문무대왕릉이 나오고 10여 분을 더 가면 경주의 숨은 절경인 주상절리가 나타난다. 주상절리는 용암과 바다, 파도가 빚은 위대한 탄생이다. 기울어진 놈, 누워 있는 놈, 위로 솟은 놈 등 여러 모양이 있지만, 10미터가 넘는 육각형의 주상절리 수백 개가 부채꼴 모양으로 바다에 펼쳐져 있는 부채꼴 주상절리야말로 최고다. 그 모습이 한 송이 해국을 닮았다 하여 '동해의 꽃'이라고도 불린다. 경주 여행 하면 아침부터 밤까지 문화재 투어가 전부라고 알고 있던 사람들에게 주상절리는 색다른 힐링 투어로 다가온다. 읍천항에서 하서항에 이르는 1.7킬로미터 구간을 걸으며 동해 바다를 원 없이 볼 수 있는 주상절리 파도 소리길이라는 길도 생겼다.

시내로 돌아오는 길에는 비경이 하나 더 숨어 있다. 양남면 효동2리의 다랑이논의 풍성한 풍경이다. 이 아름다운 다랑이논이 펼쳐지는 곳이 머든마을이다. 부락에 사람이 살지 않을 때 원院이라는 집을 지어 날이 저물어 자고 가야 할 행인을 재워주었다 하여 내원柰院이라 불렀다고 하는데, '머든'은 '머물다'라는 뜻이라고.

옛 도읍지와 쓰디쓴 커피

슈만과클라라

슈만과클라라는 예전 동국대 네거리에 있던 음반 가게였고 지금은 커피 좀 마신다는 사람들은 모두 아는 유명한 커피 전문점이다. 이곳의 주인은 커피를 너무 사랑한 나머지 또는 커피에 미쳐 커피 전문점을 운영하는 것이 아니라고 했다. 음반 가게를 운영하다 보니 자연스럽게 커피를 내야 했고 우여곡절 끝에 커피 공부를 하다 보니 커피 전문점까지 하게 되었다나. 이렇게 솔직할 수가! 주인의 성정이 풍겨나오는 대목이다.

대학 선배의 소개로 슈만과클라라의 주인 내외와 인사를 나누게 됐고 원두가 보관 중인 창고 구경은 물론 운 좋게도 세계에서 몇 대 남지 않은 문화재급 로스팅기에서 원두를 로스팅하는 과정도 지켜볼 수 있었다 그 과정은 '커피콩을 볶으며 스스로를 10년째 들볶고 있다'는 성우제 커피 칼럼니스트의 표현이 가장 적당하다. 로스팅 기계를 해체하여 자신만의 도면을 그려 낡은 골동품을 어르고 달래며 커피를 로스팅하고 있으니 슈만과클라라의 주인은 극구 사양하시겠지만 커피 장인이란 빛나는 수식어를 달아드리고 싶다. 이 집의 핸드드립 커피는 곁에 두고 몇 시간이고 커피와 하찮은 인생에 대한 이야기로 수다를 떨고 싶어지는 맛이다.

모름지기 맛집이란

놋전분식

경주를 몇 번 찾았지만 맛집을 찾아냈다며 쾌재를 부른 기억이 없다. 적어도
이 집을 찾기 전까지는. 경주 사람이 데려간 이곳은 허름했고 번듯한 메뉴판도
없었다. 노부부가 운영하는데, 단골이 아니면 친절은 기대하기 어려운 집인
듯했다. 국수를 말거나 비벼 내고 해산물 모둠과 파전 등을 낸다. 양푼에 담
겨 나온 잔치국수와 파전에는 안주인의 오랜 시간 갈고닦은 손맛과 내공이
집약되어 있었고, 입에서 살살 녹는 문어와 소라, 해초 따위의 싱싱한 해산물
은 생물만 취급하는 고집의 승리였다.

배불리 먹고 나오는 길에 놋전분식의 동네 분위기가 어쩐지 황량하여 물어보
니, 이 마을은 예전에 놋그릇을 만들던 곳으로 재개발이 진행되면서 하나둘
사라졌다고 한다. 단골들도 놋전분식이 영영 문을 닫지 않을까 노심초사하고
있었다. 이 집이 언제 사라질지 모르지만 그곳에서 맛본 음식과 시간은 혀에
그대로 남을 것 같다. 사라져 빈 터만 남은 반월성을 떠올리며 그곳이 사라지
기 전에 더 찾아야겠다는 다짐을 하게 되니, 아무렴! 식신이 어디 가겠는가.

경주 최부잣집의 밥

최가밥상

원효 대사와 요석 공주와의 러브스토리로 유명한 월정교. 그 근처에는 300년 부의 비밀을 품은 경주 최부잣집이 자리한 교촌마을이 있고 최부잣집과 최부 잣집에서 운영하는 예약제 한정식집 요석궁과 최가밥상이 자리한다. 최가밥 상은 최부잣집에서 내던 손님 상차림을 현대적으로 해석하여 1인 1상 차림을 낸다. 메뉴는 쇠고깃국에 쌀밥정식, 뚝배기 불고기정식, 경상도식 비빔밥정 식, 제육덮밥정식과 전 등으로 단출하다. 집안에 잔치나 행사가 있을 때 집안 대대로 전해오는 고유의 레시피로 만든 손님용 음식인 쇠고깃국에 쌀밥정식 은 늦게 찾으면 맛을 보기 어렵다.

고봉밥과 고봉 반찬

영양식당

성동시장에는 맛집이 많은데 우엉김밥집과 한식 뷔페집이 날마다 음식 대 첩을 치른다. 한식 뷔페집들은 고봉밥과 고봉 반찬을 쌓아두고 손님을 맞이 하는데 언뜻 보기엔 비슷하지만 집집마다 찬도, 맛도 다르다. 주인의 인상을 보고 밥집을 선택하는 황장군은 영양식당으로 낙점했다. 1인당 5000원이라 는 정식을 주문하면 흰색의 동그란 플라스틱 그릇을 건넨다. 주인이 밥과 국 을 담으면 20여 가지의 반찬은 손님이 입맛대로 담는다. 친정엄마도 잘 차려 주지 않는 고봉 반찬으로 허기를 채웠더니 누룽지와 요구르트가 달려들었다. 경주 엄마들의 푸짐한 손맛에 과식을 피할 도리가 없다.

달빛이 머무는 모퉁이

달모루 게스트하우스

객들은 경주에서 잘 곳을 찾을 때 보문단지를 떠올리곤 한다. 나나 황장군이나 고도 경주에서만큼은 더 경주적인 곳에서 묵고 싶다는 욕심에 찾고 또 찾아낸 숙소가 있다. 대릉원의 남쪽, 대릉원과 첨성대를 끼고 있는 황남동에는 경주다운 잠자리가 있다. 30대 젊은 부부가 마당이 딸린 옛집을 사서 예스러운 느낌을 고스란히 살려 고친 후에 게스트하우스로 열었다. 처음부터 게스트하우스를 염두에 두고 수리한 건 아니었다고 한다. 수리를 끝내놓고 보니 남는 방이 많아 '달모루'라는 이름의 간판을 내걸었다. 그런데 지금은 주객이 전도되어 온전히 객들만 묵는다. 그 연유는 부부에게 아이가 태어났는데 울음소리가 손님에게 방해가 될까 싶어 살림집을 얻었다고 한다. 2인실 양귀비방과 모란방, 2층 침대가 놓여 있는 여성 전용 도미토리인 목련방과 연꽃방이 전부다.

옛집이 지닌 오래된 이야기와 따뜻함, 인정미 넘치는 곳이라 서둘러 예약을 넣지 않으면 만실이 되어버리니 달빛이 머무는 모퉁이에서 베짱이처럼 하룻밤을 보내려면 개미처럼 미리미리 준비해야 한다.

그 집 하룻밤만 빌릴게요

경주룸237

소금강산 아래 잔디가 깔린 마당이 있는 2층짜리 가정집에 딸린 독채 민박집이다. 욕실 겸 화장실과 원룸으로 구성되어 있는데 둘이 머물기 딱 좋다. 물론 나홀로 여행객도 반갑게 맞이한다. '이불이 포근하고 좋으며 깨끗이 씻어 햇볕에 말립니다'라는 홈페이지의 문구가 인상적이었는데, 찾아가 머물러 보니 방은 아담했고 주인 아주머니도 친절했다. 새소리를 들으며 느긋하게 경주의 아침을 즐기기 좋은 곳이다.

터미널 옆 숙소

신라게스트하우스

버스로 경주를 찾는 이에게 추천할 만한 곳이다. 경주시외버스터미널에서 걸어서 5분 거리에 있는 본관과 지척에 호스텔, 별채 등 여러 채를 운영한다. 객실은 도미토리부터 2~8인실까지 다양하다. 한옥을 모티브로 한 황토방이 있는 본관의 옛 정체가 궁금한 나머지 인근 마트 주인에게 물으니 게스트하우스를 열기 전에는 웨딩홀이었다고 한다. 경주의 젊은이들이 보문단지 호텔이나 리조트에서의 예식을 꿈꿔 인기가 시들해지자 게스트하우스로 탈바꿈했다는 것. 저렴한 가격으로 자전거를 빌려주니 우리가 꿈꾸었으나 구경만 하다 온 자전거로 경주 둘러보기라는 낭만 프로젝트에 도전해보시길!

경주 옆 동네
대구

꼬박 두 해 넘게 대구로 음식 촬영을 다녔다.
촬영 후에는 대구 사람들이 즐겨 찾는 이곳저곳을
안내 받아 짧은 유랑을 떠나기도 했는데 아무것도 볼 게 없는
도시라 여겼던 대구에서 여행의 즐거움을 찾아냈다. 그리고
'아무것도 볼 게 없는'이란 말을 함부로 써서는 안 되는
동네라는 것도 함께 깨달았다.

인생은
그렇게
흘러

　　　　　　김광석을 기억하는가? 음악계의 음유 시인이라 부르고픈 그의 노래 중 요즘 사무치게 그리운 곡은 '서른 즈음에'다. 물론 서른 즈음을 한참 넘긴 나이지만 가사를 곱씹으며 들으면 인생이 허무해지기도 하고 때론 그럼에도 불구하고 희망에 차오르기도 한다. 너무 빨리, 명확하지 않게 떠나 더 그리운 그를 마음껏 그리워할 수 있는 곳이 대구에 있다. 방천시장의 번개전파사 막내아들로 태어난 가수 김광석. 방천시장과 신천 사이에 뻗어 있는 350미터의 길이 '김광석 다시그리기길'이다. 지역 예술가들이 콘크리트 벽에 벽화를 그리고 조형물을 설치하여 그 길에서는 온통 그만 보인다.

쌩쌩 천변길을 따라 내달리는 자동차들의 소음에 그의 노랫소리는 간간이 묻혀버렸지만 한 인터뷰에서 말했다는 그의 이야기는 가슴에 선명하게 남았다. 7년 뒤 마흔이 되면 할리데이비슨을 사서 머리 빡빡 깎고 금물을 들이고 가죽 바지에 체인을 감고 세계 일주를 하고 싶다던. 그리고 환갑 때 연애를 하고 싶다던 그. 무얼 채워 살고 있는지 의문이 들 때는 이 길을 찾아 사색에 잠길 일이다.

목포가 항구라면
대구는 시장

어느 도시든 유명한 시장이 하나쯤은 있기 마련이다. 뉴요커들이 꿈에 그리는 시장이라는 터키의 그랜드 바자르보다 훨씬 재미있는 시장이 대구에 있다. 조선시대에는 평양장, 강경장과 함께 전국 3대 장 중 하나였다는 서문시장이다. 굉장한 규모에 주말이면 사람 물결에 밀려다녀야 할 정도로 엄청난 인파가 몰려드는 시장에서 충격의 바다를 헤어나오기 어려웠다. 섬유의 도시답게 온갖 의류와 원단에 한복, 액세서리, 이불, 청과, 건어물, 해산물 등 다양한 상품이 여덟 개 지구, 5000개가 넘는 점포에서 거래된다. 살 거리, 볼거리, 먹거리가 넘쳐나니 쉽게 발길이 떨어지지 않았는데 문제는 사람이 많으면 더욱 쉽게 방전되는 체력에 얄팍한 현금을 채워 간 카드부자 지갑이었다.

줄줄이 칼제비 식당의 광경을 보고는 한동안 입을 다물지 못했다. 광장시장의 줄줄이 식당보다는 몇 계급 위! 줄줄이 칼제비 식당이란 칼국수, 수제비, 잔치국수 등의 간단한 요깃거리를 파는 간이노점을 뜻한다. 이곳에서는 칼제비가 예의라는데 삐딱한 우리는 칼비빔을 주문했다. 칼제비는 칼국수와 수제비를 반반씩 맛볼 수 있는 서문시장식 짬짜면이다. 이 밖에 납작만두, 누른국수 등 시장 명물 음식이 입을 즐겁게 한다.

대구 카페 투어

나의 김치 스승님은 대구에서 다도가로 사신다. 스승님은 대구에 갈 때마다 고맙게도 우리를 귀한 카페로 안내하시곤 했는데 그때 찾게 된 허브 카페와 앤티크 카페다. 팔공산 자락에 있는 허브 위는 허브 전문가인 주인 부부가 직접 허브를 재배한다. 차로 내거나 말려서 제품으로 팔기도 하고 화분에 심어 팔기도 한다. 화이트 톤으로 아기자기하게 꾸민 실내도 좋지만 날이 좋은 날에는 야외 테이블에서 허브 차를 마시며 느긋하게 여우로운 시간을 보내도 좋다.

역시 팔공산 자락에 자리한 앤티크 카페인 엔지스커피는 대구의 유한마담들의 아지트 같았다. 한적한 곳에 자리를 잡아 사람이 많을까 싶었는데, 안으로 들어가니 맛이 좋다는 커피를 앞에 두고 담소를 나누는 마담들로 북적였다. 정원을 가꾸던 모습이 인상적인 카페의 주인은 뉴질랜드에서 20여 년을 살면서 수집한 5만여 점의 앤티크 소품을 가져와 카페 겸 앤티크 갤러리를 열었다고 한다. 주인은 정원을 가꾸는 정원사이기도 하고 카페 의자와 테이블에 그림을 그리는 화가이기도 하며 코스터와 커튼, 방석 등을 재봉기로 만드는 바느질 작가이기도 한 멀티플레이어다. 카페는 해가 일찍 떨어지는 계절이나 눈이 많이 내리는 날에는 일찍 문을 닫는다.

재즈 선율이
흐르는 한옥 숙소

　　　　대구의 종로초등학교 담장 길을 따라가면 곱게 단장한 적산가옥과 한옥
이 나타난다. 대구 시내 한복판에서도 허물어지지 않고 용케 살아남은 한옥은 게스트룸으
로, 1920년대 도자기 공장으로 사용됐다는 적산가옥은 재즈 바 겸 레스토랑이 됐다. 한옥
게스트룸은 큰방과 구들장방, 다락방 등 다섯 개의 개성 넘치는 방이 마련되어 있으니 마
음에 드는 곳으로 선택하면 된다. 문을 연 지 얼마 되지 않은 데다 평일에 찾은 덕에 손님
이라고는 우리밖에 없어서 독채를 빌린 듯 편하게 지낼 수 있었다. 아침은 빵과 달걀, 커
피 등 간단 음식이 제공되는데 아궁이가 그대로 남아 있는 부엌 구경도 빠뜨리지 말아야
한다. 한옥 뒤쪽의 건물에는 2층 침대가 놓인 도미토리룸도 있다.
잠만 자려고 이곳을 예약하려 했다면 취소하는 게 좋다. 아담한 마당을 사이에 둔 적산
가옥 재즈 바에서 재즈리스트의 특별 공연이 자주 열린다. 대구 시내 한복판에서 흘러
넘치는 라이브 연주와 창호지 너머로 새어나오는 노란 불빛이 여행자의 마음을 설레게
한다.

남쪽으로 튀어

해남과 강진

가슴이 뛴다. 까닭 없이. 붉은 황토밭이 펼쳐진 남도가 눈에 들어오면…. 도시에 살면서 딱딱해진 심장이 쿵, 쿵 다시 온기를 품고 뛰기 시작하고 뒷사람을 따라서 앞만 보고 달리던 나는 이쯤에서 멈출 용기를 내도 괜찮다는 생각이 스쳐 지나간다. 솔직히 남도가 어디서부터 어디까지인지 정확히는 모르겠다. 아니, 별로 관심이 없다. 그저 영혼 없이 살다가 이렇게 사는 게 사는 게 아닌 것 같은 생각이 들면 잠을 싸서 주문을 외우듯 외쳤다. "남쪽으로 튀어!" 요즘 나와 황장군이 푹 빠진 곳은 해남과 강진이다.

"먼 꽃이 저리 색이 곱다냐?

여그서 내려라. 꽃 좀 보고 갈란다.

두유를 드시고 배가 아파 병원에 다녀오시는 길에

구십이 넘으신 어머님이 말씀하신다.

걷는 것이 불편하여 가능하면 방 가깝게 차를 세우려 했는데 꽃구경 하잔다.

길가에는 노랑 개나리가, 하얀 목련은 지붕에 쌓였다.

벚꽃이 꽃망울을 터뜨렸고, 분홍빛 개 복숭화도 하나둘 핀다.

울긋불긋 꽃동네다.

장사익 님의 '꽃구경'을 듣는다.

눈길 닿는 곳마다 꽃이다.

그냥 꽃구경이나 해야겠다"

−설아다원. 지원

[The first day]

화경식당에서 남도백반 맛보기 → 25분 ▶

동백숲과 떡차가 있는 백련사로(40분) → 차로 7분 또는 산길을 걸어서 30분 ▶

다산초당에서 오후 산책(50분) → 1시간 ▶

달마산 미황사에서 달마 찾기(40분) → 50분 ▶

한성정에서 푸짐한 남도 상으로 저녁 먹기 → 50분 ▶

산속 주작산자연휴양림에서 치유의 밤 보내기

[The second day]

남창휴게소기사식당에서 밥공기 탑 허물기 → 15분 ▶

설아다원에서 그린 티타임 → 18분 ▶

두륜산 케이블카 타기(1시간) → 1시간 8분 ▶

가우도 출렁 다리 건너기(1시간) → 45분 ▶

수인관에서 강진 도자기 구경하며 점심밥 먹기 → 30분 ▶

월출산 자락 설록다원 공기 마시기

[**I'm here!**] 해남과 강진

[**거기**] 설가다원, 미황사, 두륜산, 다산초당, 백련사, 가우도, 설록다원
[**밥**] 한성정, 천일식당, 남창휴게소기사식당, 화경식당, 수인관
[**잠**] 유선관, 주작산자연휴양림
[**음악**] Cauliflowers의 'Ford Falcon Wagon 1964'
[**책**] 강제윤 『보길도에서 온 편지』, 임철우 『그 섬에 가고 싶다』

[**Information**]

해남군청 문화관광과 061-530-5919 http://tour.haenam.go.kr
강진군청 문화관광과 061-430-3312 http://tour.gangjin.go.kr/tour

새순 돋는
야생 녹차밭에서

봄, 여름, 가을, 겨울. 남도에서 그곳의 소식이 문자로 날아온다. 녹차 잎을 땄다거나 야외 음악회가 열린다거나…. 매번 바로 달려가지 못하는 것을 한탄하지만 그래도 참 고맙다. 설아다원의 문자 편지는 반가운 남도 소식이다. 그곳과 인연을 맺게 된 것은 한옥 스테이에 푹 빠져 있을 무렵이었다. 처음 친구와 찾았을 때에는 한옥만 보였고, 가족 여행으로 두 번째 찾았을 때는 야생 차밭이 눈에 들어왔고, 일본 친구들과 세 번째 찾았을 때는 정이 많은 부부와 인연을 맺게 됐다. 황장군에게 자랑을 해가며 네 번째 찾았을 때는 이곳이 우프 호스트라는 것을 뒤늦게 알아차렸다.

설아다원은 사람을 좋아해서 민박을 운영하고 자연이 좋아서 풀꽃과 이야기하는 부부가 산다. 두륜산 남쪽 자락에 약 3만㎡1만여 평의 야생 차밭이 있고 한옥 펜션과 흙집 등은 겸손하고 나직하게 자리한다. 차밭은 부부가 20년 가까이 공들여 가꾼 보물이다. 잡목과 야초가 뒤엉켜 있었던 곳의 돌을 줍고 잡목을 제거하고 차 씨를 심어 몇 년을 기다린 끝에 찻잎을 틔웠다. 어린 찻잎을 한 잎 한 잎 손으로 따고 선별하여 솥에 덖고 비비고 말려 차

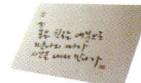

를 만든가. 우전사월차를 비롯하여 감나무잎차, 녹나무잎차, 쑥차, 목련차도 맛볼 수 있다. 이곳에서 하룻밤 머물렀던 일본 친구는 당시 요양 중이었는데 안주인이 권하는 대로 야생 차밭이 보이는 나무 데크에 벌러덩 누워 있었던 수십 분의 시간을 한국에서의 최고의 순 간으로 꼽았다. 한옥에 머물면 저녁에 주인 내외가 정중히 내주는 유기농 차도 얻어 마실 수 있고 더 친해지면 남도민요 판소리도 들을 수 있으며 신 나는 댄스 타임도 즐길 수 있 다. 사람 좋아하는 부부의 건강과 동안 비결은 야생차를 마셔서일 것이라고 추측했는데 댄스 타임 후에 알게 됐다. 시골에서 정직하게 농사를 짓는 마음과 생활, 야생차 그리고 흥이었다.

시골의 아침 산책도 정말 달콤하다. 숲 해설사인 주인 아저씨가 안내하는 야생 차밭 산책 은 잊고 살았던 이름들을 되뇌이게 한다. 오이풀, 질경이, 괭이밥, 때죽나무…. 상쾌한 시 골 공기를 흠뻑 들이마시며 욕심 없이 하루를 시작할 수 있는 마법의 땅, 자연은 그렇게 우리 가까이에 있었다.

뒤를
돌아보라

노처녀들이 심통이 나서 명절에 여행이나 가자며 남도를 전전하다가 '가는 길에 들러'의 자세로 찾았던 미황사였다. 절로 향하는 길이 이곳만큼 고즈넉한 곳도 드물다. 절에 닿기도 전에 식당이며 술잔을 기울이는 등산객들이 보이면 어쩐지 마음이 흐려진다. 비록 불자는 아니지만. 일주문을 지나 마주한 미황사는 달마산을 든든한 배경으로 가졌으면서도 위압적이지 않았다. 민낯을 그대로 보여주는 대웅전의 카리스마 때문일 것이다. 일만 불상이 나타난다는 전설이 깃든 달마산의 기암괴석과 대웅전의 콘트라스트에 정신이 팔려 있었는데 누군가 귓가에 속삭인다. "뒤를 봐"라면서. 뒤를 돌아보니 야트막한 산들 사이로 빼꼼히 얼굴을 내민 남해 바다가 일렁인다. 두 노처녀는 못 보고 지나쳤으면 어쩔 뻔했느냐며 쾌재를 질렀다. 그런데 그때는 몰랐다. 진짜 달마 대사가 살 것 같은 신비로운 달마산은 안개에 지워져 때때로 사라지기도 한다는 것을. 나와 황장군은 쉽게 걷히지 않는 안개를 원망하며 대웅전 주춧돌에서 게와 거북이를 찾다가 발길을 돌려야 했다. 앞배경과 뒷배경 탐색에만 심취하면 놓치게 되는 것이 많아진다. 위로 여행이 될 '참사람의 향기'라는 템플스테이 프로그램도 있고, 달마산 어깻죽지에 새집처럼 매달린 도솔암을 향해 한 시간쯤 산행을 감행해도 좋다.

땅끝마을에
우뚝 솟다

남쪽 땅끝에는 작은 키에도 우뚝 솟은 듯 돋보여 한듬산
이라 불린 산이 있다. 한듬산 자락의 절은 한듬절로 불리다가 대둔사, 다
시 대흥사로 이름이 바뀐다. 그 한듬산이 바로 두륜산이다. 높이는 703미
터로 주봉인 가련봉과 케이블카가 닿아 간단히 발도장을 찍을 수 있는 쉬
운 봉이 되어버린 고계봉. 도솔봉 등 여덟 개의 봉우리가 능선을 이룬다.
케이블카를 타고 숲길에 난 나무 계단을 걸어 올라가면 남도의 산과 들녘,
바다가 한눈에 들어온다. 언제 찾아도 좋지만 한반도의 단풍 피날레를 장
식하는 가을과 눈꽃을 피운 나무들이 반기는 설경을 따라올 수 없다.
남도 답사에 빠지지 않는 대흥사는 절 입구까지 굽이굽이 걸어가는 숲길
이 대단히 인상적이다. 그런데 일주문과 부도전을 지나 해탈문을 넘으면
어디로 발걸음을 해야 할지 당황스러워진다. 그도 그럴 것이 호국과 차
문화의 성지 대흥사는 독특한 가람 배치를 하고 있다. 대흥사에 서서 부
처님이 누운 모습을 닮았다는 두륜산을 바라보는 재미가 제일인데, 사람
들은 일지암을 꼽는다. 대웅보전에서 가파른 산길을 오르면 초의 선사와
차를 통해 교유하였다는 다산과 추사가 남긴 우리 차의 성지와 만날 수
있다.

photo by 趙慶子

우리가
정말 알아야 할
우리 선비

누군가에게 위인전 밖의 진솔한 이야기가 듣고 싶어질 정도로 흠모하는 선비는 다산이다. 토지의 공유와 균등 분배를 통한 경제적 평등과 인정과 덕치를 기조로 한 민본주의적 왕도 정치를 핵심 사상으로 삼았으니 어쩌면 오늘날을 살았다 해도 유배를 피하지 못했을 거라고 생각한 적도 있다. 다산수련원을 지나 강진만이 굽어보이는 만덕산 기슭의 다산초당으로 가는 길. 오래 묵은 소나무 뿌리가 꿈틀거리는 산길을 정호승 시인은 '뿌리의 길'이라 했고, 안병기 여행작가는 다산의 시에 등장하는 민초들처럼 삶이 뿌리째 뽑히거나 드러난 모습이 닮았다면서 '백성의 길'이라 했다. 다산은 강진 유배 18년 중 10여 년 동안 다산초당에 머물며『목민심서』,『흠흠신서』등을 썼고 열여덟 명의 제자를 길러냈다. 다산은 한가할 때면 계곡과 연못을 거닐고 차를 마시면서 아름다운 풍광을 시로 읊었다고 하나, 지금은 초당이라는 말과 달리 번듯한 기와집이 들어서 있었으니 희망은 절망이 되었다. 또 "서각에 귀를 기울여보라. 다산과 제자들이 토론하는 소리가 들릴지 모른다"라고 하였지만 우리 귓가에는 연못에서 태어난 모기가 앵앵거리는 소리만 들렸다. 횡한 우리의 마음을 달래준 건 다산이 초가 옆 바위에 새겼다는 정석丁石이란 흔적이었다.

다산 떡차와
붉은 동백

백련사와 다산초당이 자리한 만덕산은 원래 야생 차나무가 많아 다산茶山으로 불렸다는데, 요즘 사람들은 500년에서 800년 묵은 7000여 그루의 동백나무숲에 이끌려 이곳을 찾는다. 동백나무숲은 때를 놓쳐 보지 못했으니 다산이 즐겼다는 차를 맛보기로 했다. 다산의 차 사랑은 유별났다. 혜장 선사에게 '나그네는 요즘 차를 탐식하는 사람이 되었으며 겸하여 약으로 삼고 있소'로 시작하는 차를 청하는 걸명소를 보내는가 하면 유배가 풀려 고향으로 돌아가서도 제자가 찾아오면 "너희가 올 때 이른 차는 따서 말렸느냐?"그 물었을 정도라고 한다. 백련사에는 만경다설이라는 찻집이 있는데 다산이 좋아했다는 떡차를 마실 수 있다. 떡차는 찻잎을 찜통에 찌고 절구에 찧어서 떡처럼 빚어 메주를 띄우듯 띄워서 만드는 덩어리 차다. 요즘은 보기 힘든 귀한 차로 잘 숙성된 떡차는 깊은 맛이 나며 오래될수록 맛이 순해진다고 한다. 떡차를 마시고 나서 다산이 벗인 백련사의 혜장 선사를 만나러 다녔다는 만덕산 좁은 오솔길이 궁금해졌다. 그런데 만경루를 어슬렁거리다 산사 체험을 한 아이들이 그린 그림으로 만든 연등에 마음을 빼앗겨 해가 저무는 줄도 몰랐다. 나나 황장군이나 온 동네가 다 아는 겁쟁이라서 달빛을 따라 오솔길을 걸어갈 결심은 하지 못했다.

섬인 듯
섬이 아닌

　　　　강진만을 사이에 두고 백련사를 둔 동쪽 마을과 미량포구와 강진청자박물관을 둔 서쪽 마을이 마주하고 있다. 바다 건너 보이는 마을도 빙 둘러야 닿을 수 있는 강진의 절묘한 지리는 새내기 명소를 등장시켰다. 동쪽 마을과 서쪽 마을 사이, 강진만 가운데에는 가우도라는 섬이 있다. 몇 년 전 가우도에 동쪽 마을과 서쪽 마을을 잇는 다리 두 개가 사이좋게 놓였다. 그것도 차는 통행금지, 사람만 걸어 건널 수 있다. 바다 물고기가 훤히 내려다보이는 다리를 건너 가우도에 도착하면 해안선을 따라 놓인 2.5킬로미터의 함께해길이 나타난다. 한적한 흙길과 나무 데크를 걷는 맛이란 싱싱한 회 한 접시를 게 눈 감추듯 먹은 것 같다.

월출산
아래 차밭

　　　　남도의 붉은 황토만큼이나 보기만 해도 설레는 월출산을 배경으로 펼쳐진 드넓은 녹차밭은 흐려진 마음을 선명하게 한다. 1982년에 조성된 약 33만㎡ 10만여 평의 차밭은 강진다원이라고도 하는데 어엿한 이름은 설록다원이다. 일교차가 크고 맑은 안개가 강한 햇볕을 막아주어 떫은맛이 적고 향이 좋은 재래종 차나무가 자란다고 한다. 간간이 드라이브를 나온 사람들이 눈에 띄는 외딴 차밭에서 차나무에 검은 막을 치는 일에 품을 팔러 온 아낙들의 모습이 꽃처럼 피었다. 차밭 아래 마을 풍경도 참으로 정겨워 황장군은 귀촌 마을 후보지로 점찍어 두었다.

기름진 땅과 바다가 상 위에서 팔딱팔딱

해남 | 한정식

photo by 趙麼子

상다리가 휘도록 차렸다는 말은 해남의 한정식집에서 정말 살아 있는 단어가 된다. 며칠 차이로 설경을 놓친 두륜산 케이블카에 오르며 한성정이라는 식당에 예약 전화를 넣었다. 한 상차림이라 적어도 세 명은 잡수셔야 한다는 주인에게 두 명이지만 꼭 먹고 싶다며 사정을 한 끝에 입장이 허락됐다.

낡은 단층 가정집, 마당 정원을 지나 인기척이 들리는 곳으로 향했다. 우리는 달랑 방석만 놓여 있는 방으로 안내되었다. 그리고 시간이 흘러 남도의 갖은 재료로 갖은 솜씨를 낸 음식으로 차린 상이 대령했다. 그 유명한 삼합, 전복회, 문어숙회, 게장, 고등어구이, 전과 김치, 다른 지역에서는 이름도 생소한 다양한 젓갈까지. 삼합과 함께 한성정의 대표 메뉴라는 떡갈비는 뒤늦게 상에 올랐는데 적당히 씹히는 고기의 질감이 담양의 떡갈비보다 맛이 좋았다. 모양이며 그릇 등은 수수하기 그지없지만 맛이 알차다. 비옥하고 풍성한 남도 먹거리에 손맛 좋고 푸근한 인심을 지닌 남도 아낙의 손맛이 더해지며 맛의 교향곡이 완성됐다. 그 맛에 반해 故 김대중 대통령도 자주 찾았다고 전해지는데 5번 방의 입구 오른쪽에는 '새천년의 꿈'이라 적힌 휘호가 걸려 있다.

해남의 오래된 떡갈비집

해남 | 천일식당

『나의 문화유산답사기』에 강진의 해태식당과 함께 소개되어 손님으로 들끓었던 집이다. 1924년 문을 열어 3대째 음식을 낸다. 해남의 명승지 이름이 붙어 있는 방에 앉아 떡갈비 정식을 주문하니 한참 후 건장한 청년 둘이 상을 들고 왔다. 상 위에는 떡갈비와 달걀찜, 생선구이, 김치, 밑반찬 등이 올라와 있었다. 이 집의 떡갈비는 갈비뼈에 붙은 살을 발라내어 떡처럼 둥글게 다져 스무 가지 남짓의 양념에 재워 숯불에 석쇠로 구워냈다고 한다. 육질은 부드럽고 단맛이 강했고 젓갈과 양념 맛이 진한 김치가 인상적이었다.

금세 허물어지는 밥공기 탑

해남 | 남창휴게소기사식당

해남의 숙소 주인에게 아침밥이 가능한 집을 물어 찾게 됐다. 간이 휴게소 분위기의 식당에 들어서자마자 눈에 들어온 것은 마이산의 돌탑처럼 쌓여 있던 스뎅 밥공기였다. 꽃그림이 그려진 둥그런 쟁반에 제육볶음과 김치, 젓갈 등 10여 가지의 찬들이 자리싸움을 하듯 빡빡하게 담겨 나왔다. 묵은지도 맛나고 멸치 새끼를 빨갛게 조린 풀치는 새 모이처럼 밥 먹는 언니들도 밥 두 공기를 비우게 할 힘이 넘쳐났다. 소박한 성찬을 끝내고 계산을 하고 나오던 길에 뒤를 돌아보니 밥공기 탑이 허물어지고 있었다. 시도 때도 없이 밥을 먹으러 오는 사람들로 시끌벅적한 밥집이니 공든 탑은 매일 무너진다.

여행 루트를 이탈시킨 백반

강진 | 화경식당

전라도 출신인 친구 아버지에게 강진 한정식집의 생생한 정보를 받아들고 찾은 식당이다. 우리는 담양의 가짜 맛집에 실망하여 맛에 결핍된 채 남해로 향하다가 '강진'이란 이정표를 보고 여행 루트를 벗어나 화경식당으로 향했다. 메뉴라야 한정식과 백반이 전부다. 백반에는 밥과 된장국을 기본으로 계절에 따라 생굴, 과메기, 꼬막찜, 생선구이, 돼지고기 수육에 묵은지, 젓갈 등이 푸짐하게 차려진다. 한정식은 백반상에 몇 가지 귀한 먹거리가 더 나온다고 한다. 지척에 해태식당과 명동식당이란 강진의 유명 한정식집을 두고도 당당하게 소박한 밥상을 차린다. 전국 백반집 대회를 열면 푸짐함과 맛, 친절도에서 금은동 중 하나는 딸 게 분명하다.

연탄불 돼지불고기 백반

강진 | 수인관

강진 읍내에서 차로 20여 분 떨어진 병영마을에는 소문난 식당이 두 집 있다. 설성식당과 수인관이다. 수인관은 음식 맛에 반한 하숙생들이 주인 부부에게 식당을 차려보라는 권유에 밥집을 시작했다고 한다. 목살과 삼겹살을 골라 양념장에 재워 연탄불에 구워내고 남도 땅이 키운 갖가지 찬들이 강진 청자에 담겨 한상 거하게 차려진다. 그러나 나홀로 손님은 입장 불가다. 돼지불고기 백반이 2인상부터 차려지기 때문인데 둘보다는 셋, 셋보다는 넷이 찾아야 밥값이 저렴해진다.

대흥사 앞 여관

해남 | 유선관

photo b

절 앞에 낮은 돌담을 친 400년의 역사를 지닌 여관에 머물려는 욕심에 여행 스케줄을 바꾸어 숙박객 명단에 이름을 올렸다. 대흥사 앞의 유선관(遊仙館)은 절을 찾는 불자나 수행승들의 객사로 사용되다가 1914년경부터 여관을 시작한 것으로 추정된다. 손님이 뚝 끊겨 폐허처럼 방치된 적도 있고 주인이 바뀌기도 하였다. 우리가 머문 방은 시골 할머니 집을 떠올리게 하는 알록달록한 침구가 놓인 백합꽃방이었는데 앞문을 열면 정원이, 뒷문을 열면 샤워실과 화장실 건물이 보였다. 뜨끈뜨끈한 온돌방에서 받은 저녁 밥상도 오롯이 기억에 남았다. 미리 예약하면 저녁과 아침을 먹을 수 있는데 방에 앉아 있으면 밥상을 방으로 가져다준다. 차지고 윤기 흐르는 밥과 깻잎장아찌의 맛도 인상적이었다. 내가 머물 때는 밥공기와 국그릇, 숟가락과 젓가락까지 온기를 품은 유기를 사용했는데 요즘은 달라진 모양이다. 밥을 먹고 산속 한옥 여관에서 일찍 잠을 청하였는데 자정쯤 불청객이 찾아왔다. 악당이 보내온 스팸 문자! 한옥에서 꿈꾼 달콤한 밤은 사라지고 밤새 뒤척이다 다크서클을 가득 품고 아침을 맞았다. 아침에 일어나서 해독제로 찾은 것은 고요한 절집 앞 여관 산책이었다.

고요한 숲 속의 별장

강진 | 주작산자연휴양림

나와 황장군은 팔도를 누비며 자연휴양림 머물기에 푹 빠졌다. 우리가 최고로 꼽는 곳은 강진군에서
운영하는 주작산자연휴양림이다. 이리저리 누비다가 캄캄한 밤이 되어서야 산길을 올라 휴양림을
찾았는데, 관리인은 밤에 도착할 거라는 우리의 답에 너무 늦게 오면 안 된다거나 빨리 오라는 독촉
도 하지 않았다. 느긋하고 친절했다.

백두대간의 기운이 월출산과 덕룡능선을 지나 산 어귀에 뭉쳐 있는 주작산 자락에 터를 잡은 휴양림
은 한옥 펜션을 비롯하여 숲속의집, 자연휴양관, 야영장, 야외 공연장 등이 호탕한 풍경으로 들어서
있다. 대나무실에 여장을 풀고 정말 고요한 산속에서 아침을 맞이하는데 그날 아침의 햇살과 새소리는
참 따뜻했다. 침대 옆의 큼직한 유리문을 열면 나무 데크가 있다. 그곳에 나가서 밖을 살피니 온통 나
무뿐이다. 대부분의 숲속의집에서는 눈에 걸리던 옆집도 없었고 산속에는 우리와 새와 나무와 하늘
과 춤추듯 떠도는 아침 공기만 가득했다. 그런 분위기에 취해 파자마 차림으로 콧노래를 흥얼거리며
아침 댄스를 출 뻔했다. 또 한 번을 외치며 호시탐탐 숙박의 기회를 노리는 중이다.

해남 아랫동네
보길도

남녘의 지도를 훑어보다 보면 보길도가 눈에 들어온다.
전남 완도군 보길면. 행정구역상으로는 완도군이지만 해남의
땅끝마을에서 가는 배가 더 빨리 보길도에 닿는다. 속세를 떠난
윤선도가 제주도로 향하던 중 보길도의 자연에 매료되어
머물렀던 섬. 보길도로 간다.

"앞개에 안개 걷고 뒷산에 해 비친다
배 띄워라 배 띄워라
썰물은 물러가고 밀물이 밀려온다
찌거덩 찌거덩 어야차
강촌이 온갖 꽃이 먼 빛이 더욱 좋다"
-'어부사시사' 춘(春)에서

다들 그렇게
겨울을
보내고

보길도는 한 선비를 빼놓고는 이야깃거리가 많지 않다. 병자호란 때 의병을 이끌고 강화도로 가던 한 선비는 임금이 적들에게 굴복했다는 소식을 듣고 뱃머리를 제주도로 돌린다. 그러다 풍랑을 만나 보길도란 섬에 발이 묶이게 되는데 섬의 빼어난 풍광에 반해버린다. 격자봉을 둘러싼 분지가 마치 연꽃 봉오리를 펼친 모습이라 하여 부용동芙蓉洞이라 칭하고 10여 년 동안 열여덟 번이나 찾아 세연정, 낙서재, 동천석실 등 부용동원림을 만들고 자연을 벗 삼아 즐겼다. 진도와 완도 일대에서 엄청난 부를 일군 해남 윤씨 가문의 재력을 바탕으로 부용동원림이 조성되었다. 치열한 당쟁 시대를 살며 유배와 해배를 반복하던 윤선도가 보길도와 만나지 못했더라면 '어부사시사' 40수나 서른두 편의 한시도 없었을 것이고, 그는 물론이거니와 보길도도 후세들에게는 잊혀진 또는 잘 알지 못하는 하찮은 존재로 남았을지도 모를 일이다.

세월호 사고 여파로 손님이 뚝 끊긴 여객선을 타고 보길도로 들어간 우리가 가장 먼저 찾은 것은 풍류 선비 윤선도의 세연정이었다. 담양 소쇄원과 함께 조선을 대표하는 민가 원림으로 칭송받는다. 개울을 막아 만든 연못인 세연지를 주인공으로 귀한 이름을 받은 일곱 개의 바위, 200년 넘은 고목, 야외무대인 동대와 서대, 판석보 등이 나무 사이에 숨바꼭질하듯 배치되어 있다. 섬이라는데 파도 소리도 뚝 끊겼고 마치 산중에 들어와 있는 듯 느껴진다. 세연정은 봄이 한창인데 우리의 마음은 한겨울을 걷고 있었다. 그런데 문을 모두 접어 위로 들어올린 멋이 넘쳐흐르는 정자의 누마루에 앉아 세연지를 바라보고 있자니 치밀어 오르는 화와 미안함을 삭이던 한겨울의 마음이 순해졌다. 윤선도도, 우리도 보길도에서 그렇게 겨울을 보내고 온 것은 아니었는지….

소곤소곤 TIP
보길도 배편 사정
보길도는 해남 땅끝 선착장에서 노화도 산양항 사이를 오가는 배(30분 소요, 해광운수 061-533-429)와 완도 화흥포항에서 노화도 동천항을 오가는 카페리호(35분 소요, 소안농협 061-553-8188)를 이용하면 된다.

온갖 흥이
절로
나네

동천석실洞天石室은 푸른 나무 사이 아슬아슬한 절벽에서 당당하게 서 있다. 윤선도가 책을 읽거나 차를 마시거나 시를 읊으며 지냈다는 한 칸짜리 정자다. '동천'은 산천이 아름답다는 뜻과 신선이 사는 곳 등 여러 의미를 품고 있다. 산길을 20여 분 오르니 부용동이 연꽃 봉오리처럼 피어 있었다. 정자에서 몹쓸 낙서와 함께 풍경을 바라보았는데 선뜻 발이 떨어지지 않았다. 그러다 차바위를 찾아내고 보물이라도 찾은 듯 우쭐해했다. 연꽃처럼 핀 자연을 발아래에 두고 바위 위에 앉아 차를 마시고 도르래로 음식을 날라 먹었다 하니 이곳은 선계요, 부용동은 속계였을지 모른다.

공룡알해변을 보고 나오다가 봄 멸치를 소금에 버무리던 어부 아저씨를 보았다. 나그네들의 질문 공세에도 척척박사처럼 답을 해주었는데, 갑자기 바삐 움직이던 손을 멈추고 바다를 가리키며 "저짝으로 나가면 사고 난디여. 소식 듣고 사람들과 달려갔재. 아, 우리 손은 떠난 겨"라며 탄식하셨다. 지척에 그곳을 두고도 생업을 놓지 못하는 고단한 일상이 편치 않았던 모양이었다. 섬은 '어부사시사'를 읊던 풍류 선비에게만 무릉도원이었나 보다.

뽀래리
깻돌밭

섬과 섬 사이에 다리가 놓이면서 그곳으로 가는 길이 더 가까워졌다. 전복 양식으로 부자 섬이 된 노화도를 지나 보길도로 넘어가면 조금 더 야성적인 풍경이 펼쳐진다. 섬의 산세가 험해 일주 도로가 없고 길은 사방으로 나 있지 않으니 들어간 길을 다시 돌아 나와야 하는 경우도 왕왕 생긴다. 정지영 영화감독은 보길도를 설명하기를 "여배우처럼 섬세하고 남자 배우처럼 싱싱하다"라고 했다. 우리는 그 싱싱함을 공룡알해변에서 찾았다.

뽀족산 아랫마을인 보옥리에는 반달 모양을 한 해변이 있다. 어찌된 일인지 그곳은 은빛 모래 대신 갯돌이 그득하다. 섬사람들은 '뽀래리 깻돌밭'이라 부른다. 이 둥글둥글한 돌의 정체는 청명석이나 섬에서는 공룡 알로 대접한다. 크고 작은 돌들이 오랜 세월 거친 파도에 깎이며 둥글둥글, 반질반질해졌다. 큼직한 공룡 알에 앉아 바다를 바라봐야 제맛이다. 저마다의 가슴에 품은 뜨거운 번뇌는 다르겠지만, 속세가 아득해지니 마음이 청량해지는 건 누구나에게 일어나는 공룡알해변의 마법이다.

소곤소곤 TIP

선비들의 섬

수다쟁이의 입이 근질근질하여 살짝 귀띔하면 보길도는 아이러니하게도 윤선도와 정적이었던 송시열의 흔적도 남아 있는 섬이다. 제주도로 귀양을 가던 송시열도 풍랑으로 잠시 머물러 읊은 시를 새긴 글씐바위가 남아 있다. 시도 경치도 절경이다.

강진 옆 동네
벌교

강진에서 동쪽으로 달려 장흥을 지나면 벌교라는 촌 동네가 나타난다. 일제강점기에는 수탈 전초기지로 교통의 중심지가 되어 급속히 성장한 역사를 지녔다. 『답사여행의 길잡이 5—전남』편에 따르면 대체로 보수적인 보성 사람들과 반해 벌교 사람들의 성격은 '반드럽다'고 한다. 한때 이름난 주먹들이 벌교 출신이라 "벌교에 가서 주먹 자랑하지 말라"는 말도 나돌았다는데, 요즘 벌교를 주름잡는 것은 참꼬막과 소설 『태백산맥』이다.

문학유산
순례

벌교에 조정래 작가의 생가가 있다는 이야기를 들었다. 물어물어 어렵게 찾았지만 야속하게 대문은 닫혀 있었다. 까치발을 들고 엿본 『태백산맥』 작가의 생가. 근처에는 거대한 태백산맥문학관이 있건만 생가는 어찌하여 찬밥 신세인지 도통 이해할 수가 없었다. 다녀온 후 들은 이야기로는 사유지가 되어 그렇단다. 우리가 기를 쓰고 작가의 생가를 찾고 싶었던 것은 작가의 어린 시절 벌교에서의 모습을 조금이라도 상상해보고 싶어서였다. 작가는 선암사에서 태어나 초등학교 4학년부터 6학년까지 벌교에서 살았다. 국어 선생이었던 아버지가 채점한 시험지를 뒤집고 접어서 만들어준 문집에 자작시와 동화를 썼던 바로 그 집이다. 소년은 벌교의 골목을 뛰어다니고 늙은 다리를 건너며 동네를 누볐을 것이다. 작가가 10년 동안 글 감옥에 갇혀 지내며 집필한 대하소설은 1만6500장의 원고지에 200여 명의 인물이 등장하여 질곡의 현대사를 장대하게 엮어냈다. 위대한 대하소설은 벌교를 무대로 쓰여졌고 태백산맥문학관에는 작가의 친필 원고뿐 아니라 작가의 아들과 며느리, 독자들의 필사본이 탑처럼 쌓여 있다.

태백산맥문학관 근처에는 소화의집과 현부자네집이 있다. 현부자네집은 한옥에 일본식 천장과 서까래의 벚꽃 무늬 단청, 누각을 설치한 대문채 2층 등 일본식을 가미한 가옥이다. 소설에는 '그 자리는 더 이를 데 없는 명당으로 널리 알려져 있었는데, 풍수를 전혀 모르는 눈으로 보더라도 그 땅은 참으로 희한하게 생긴 터였다'로 문을 여는 첫 장면에서 등장한다. 벌교에는 『태백산맥』의 무대가 된 곳들이 수두룩하다. 홍교 또는 횡갯다리라 부르는 무지개 모양의 돌다리, 부용교, 중도방죽, 김범우의집, 벌교상고, 벌교역, 광주상회…. 벌교만큼 문학 기행을 여러 번 즐기기에 적당한 마을도 흔치 않다.

소곤소곤 TIP

벌교 참꼬막

벌교는 여자만과 득량만에서 붉은 살을 통통하게 살찌운 쫄깃한 참꼬막이 잡힌다고 한다. 벌교 읍내 식당은 꼬막 요리를 내지 않고는 손님 끌기가 쉽지 않다. 벌교의 여러 꼬막집을 전전했는데 고려꼬막한정식은 맛이 정갈하며 친절한 주인이 손님을 맞는다. 꼬막을 맛보다 보니 『태백산맥』의 한 구절이 떠올랐다. '간간하면서 쫄깃쫄깃한 것이 꼭 겨울 꼬막 맛이시… . 알큰하기도 하고 배릿하기도 하고.'

안동별곡

안동 여행은 늘 가벼웠으면 했다. 자연을 벗하며 느리고 느리게. 그런데 저절로 마음 수행이 되기 마련인 깊은 산골 봉정사에서조차 역사와 건축에 대한 갈증이 쉬 가라앉지 않는다. 헛제삿밥을 받고서도 음식 한 그릇에 담긴 궁금증이 샘솟는다. 책을 펼쳐보며, 때로는 문화 해설사분들의 위대한 도움을 받으며 둘러봐야 할 안동이다. 우리나라에서 유일하게 안동학安東學이라는 지역학이 존재하는 고을이며 한국 정신 문화의 도읍이라 칭할 정도로 문화재와 문화유산이 즐비한 선비 마을에서는 학구파 여행자로 변신해도 좋다.

안동

"안동은 길이다.

많은 이들이 종택이나 서원, 사찰과 같은 구조물을 찾지만,

안동의 진짜 모습은 길이다.

그 길은 옛 선비들이 한양으로 과거를 보러 가던 길이고,

안동이 세상의 중심이라 여겼던 경상도 북부 사람들이 등짐을 지고 걷던 길이며,

선비들이 책을 지고 서원으로 가던 길이고,

드넓은 풍산들에 소달구지를 몰고 가던 길이다"

-박경철 『나의 도시, 당신의 풍경』에서

[**The first day**]

일직식당의 안동 간고등어 밥상 → 40분 ▶

병산서원 건축 기행(50분) → 차로 15분 또는 걸어서 1시간 ▶

볼 게 너무 많아 걸음이 빨라지는 하회마을 산책(1시간 30분) → 차로 10분 또는 나룻배로 5분 ▶

하회마을이란 절경을 품은 부용대 오르기(30분) → 40분 ▶

저녁은 안동찜닭골목에서 안동찜닭으로 → 1시간 ▶

드넓은 농암종택에서 하룻밤 청하기

[**The second day**]

농암종택 종부 밥상 맛보기와 아침 풍류 산책(1시간 30분) → 30분 ▶

퇴계가 사랑한 매화나무를 찾아서 도산서원(1시간) → 40분 ▶

월영교를 둘러싼 호반나들이길 걷기(1시간) ▶

헛제사밥 까치구멍집에서 안동 별식 비우기 → 40분 ▶

안동 만휴정 원림에서 선비놀이(30분)

[I'm here!] 안동

[거기] 병산서원, 도산서원, 농암종택과 분강서원, 하회마을, 월영교, 안동소주전통음식박물관, 안동 만휴정 원림
[밥] 쟉천고택, 대풍상회, 일직식당, 헛제사밥 까치구멍집, 안동찜닭골목
[잠] 농암종택, 지산고택
[음악] 나윤선의 '그리고 별이 되다'
[책] 유홍준의 『나의문화유산답사기 3』
[영화] 이동삼 감독의 〈왔니껴(* 안동에서 모든 촬영을 하였다는데 늦가을 안동의 정취가 그윽하다)〉

[Infomation]

안동시청 체육관광과 054-840-6200 www.tourandong.com
안동관광택시 010-7129-8881

한 폭의
수묵
산수화

그곳으로 들어가는 길조차 가볍지 않았다. 꿈틀대는 시골 흙길을 달리다 보면 병산서원屛山書院에 도착하기 전부터 마음은 이미 청량했다. 건축가 승효상은 '기가 막힌 건축'이라며 찬사를 보냈다. '사찰은 밖에서 보는 건축이요, 서원은 안에서 밖을 보는 건축'이라 했다. 땅과 건축, 건축과 건축, 건축과 사람이 사는 관계를 살피면 엄청난 비밀이 숨어 있는데 병산서원은 부분의 관계가 정말 근사하다는 말도 보탰다. 도산서원에 퇴계의 향기가 남아 있다면 병산서원은 류성룡이라는 선비의 숨결이 깊고 선명하다. 풍산 류씨의 교육기관으로 세계유산 잠정목록으로 등재됐으니 머지않아 기쁜 소식이 들릴 것이다.

강학과 휴식용으로 쓰인 만대루의 기둥은 무량수전 배흘림 기둥과는 또 다른 맛이 난다. 만대루라는 이름은 '푸른 병풍처럼 둘러쳐진 산수는 늦을 녘 마주할 만하고 흰 바위 골짜기는 여럿 모여 그윽이 즐기기 좋구나'라는 두보의 시 '백제성루'의 한 구절에서 따왔다.

서원의 백미는 병풍처럼 서 있는 병산과 속세의 사정에는 무심한 듯 고요히 흐르는 화천의 물줄기가 정면 7칸의 만대루를 비집고 들어오는 순간이다. 병산이 단풍으로 물들 때나 해가 질 때는 그야말로 무릉도원이 따로 없다는데 고매한 선비도 아닌 우리는 한낮의 풍경만으로도 그저 감사할 따름이었다. 어쩐지 이곳에서 수학한 선비들은 서원이 아름다운 산수를 벗 삼은 까닭에 공부에 매진하기 쉽지 않았을 것 같다. 앞산에 꽃 피고 새가 울며 단풍과 설경이 유혹하면 견디기 힘들었을 것 같으니….

늦가을 햇살이 살포시 드리워진 서원은 시간이 멈춘 듯했다. 까치발까지는 아니어도 조용히 걷고 있으려니 배롱나무 한 그루가 눈에 걸렸다. 잎을 모두 털어내고 하얀 속살까지 드러낸 나뭇가지의 그림자에서도 품격이 느껴졌다. 오래 머물렀다가는 위험해질 것만 같았다. 부리나케 서원을 나와서 동네를 걷고 있다가 진귀한 풍경을 보았다. 두 그루의 소나무에 동여맨 끈에 의지하여 푸른 잎을 겸손하게 땅에 내려뜨린 무청이 말라갔다. 말라가는 시래기에도 남다른 기품이 느껴지는 동네였다.

소곤소곤 TIP
걷기 좋은 서원길
병산서원에서 하회마을까지 모래톱을 낀 화천 강변과 어우러지는 안동의 자연을 보는 맛에 그리 힘들지 않게 야트막한 산길을 넘을 수 있는 길이 있다. 빠른 걸음으로는 1시간 정도 걸리는 '유교문화길'이다.

농운정사
마루에
앉아

　　1000원짜리 지폐에도 등장하는 한국을 빛낸 선비. '한국을 빛낸 100명의 위인'에서 '주리 이퇴계'로 등장하는 퇴계는 한국인이라면 누구나 다 아는 위인이다. 도산서원을 찾기 전까지 퇴계는 그저 유명한 옛날 사람에 불과했다. 안동은 조선을 대표하는 성리학자이며 실천적 사상가인 퇴계 이황을 낳은 고장이다. 도산면에는 퇴계가 후학을 양성하던 도산서원陶山書院이 있다. 140여 개의 직책에 임명되었으나 79번이나 사퇴 의사를 밝힌 퇴계는 고향 땅에 서당을 짓고 숨을 거둘 때까지 후학을 양성했다. 사후 그의 학덕을 기리려는 제자들은 도산서원을 건립했고 선조는 당대 명필가 한석봉에게 명하여 도산서원이라는 현판을 내렸다. 후학들의 기숙사인 농운정사와 도산서당이 자리한 서당 구역은 퇴계가 직접 설계한 공간이라 한다. 대원군의 서원 철폐령에도 병산서원과 함께 곳곳이 살아남은 도산서원은 1969년 성역화 사업으로 돌 흙담이 기와 돌담으로 바뀌었다고 한다. 농운정사 마루에 앉아 바깥 산수를 탐미하는 풍류를 빼앗기게 되면서 매화 향기처럼 그윽한 옛 정취를 잃었다.

퇴계는 덕이 높고 큰 선비였다. 예의와 염치, 배려와 나눔을 몸소 실천한 선비이기도 하다. 죽은 남편을 따라 죽으려는 질부에게 살아서 효도하라 일깨웠고, 제자들에게는 벼슬보다는 사람됨을 가르쳤다고 한다. 또 종손을 얻었는데 젖이 돌지 않자 같은 시기에 아이를 낳은 안동의 노비를 서울로 올려 보내달라는 기별을 받았다. 퇴계는 내 아이 살리자고 남의 아이 젖을 끊을 수 없다며 노비의 아이가 좀 크면 그때 다시 생각해보자며 거절했다고 한다. 그런데 종손은 얼마 지나지 않아 숨을 거두고 말았단다. 퇴계는 임종을 앞두고 불결한 모습을 매화분재에 보이기 싫다며 다른 방으로 옮기라 하였고 마지막 숨을 놓기 전에 "매화분재에 물을 주라"는 말을 하였다고 한다. 퇴계가 떠나자 선조는 삼일 동안 정사를 폐하고 애도하였다 전해진다. "옛사람을 만날 수 없지만, 옛사람의 책을 통해 그의 가르침을 받을 수 있으니, 아니 읽고 어찌할 것인가?"라던 퇴계의 말이 서원에 머무는 동안 맴돌았다. 병산서원에서는 빼어난 건축과 산수만 보였는데 도산서원에서는 뒤늦게 알게 된 퇴계라는 선비만 보였다. 진짜 어른이 필요한 시대에 사라진 어른을 찾아 서원을 기웃거렸다.

열 길 티끌 세상에
얼마나
가려 있었던가

낙동강 상류의 물길이 마을을 휘감아 돌면서 흘러가는 도산면 올미재 마을에는 농암종택이 있다. '어부가', '효빈가' 등을 남긴 조선 중기의 문신, 농암聾巖 이현보 선생의 종택이다. 퇴계가 농암 선생의 사람됨을 일러 "자제와 노비를 편애하지 않았고, 혼사도 문벌 집안을 찾지 않았으며, 사람을 대접함에 빈부귀천을 가리지 않았다"라고 한다. 농암종택을 찾으면 어마어마한 규모에 놀라게 된다. 작고 소박한 별채지만 팔작지붕에서 풍기는 풍류가 기가 막힌 긍구당肯構堂은 농암종택의 꽃이다. 1370년경 농암의 고조부가 지었는데 '조상의 유업을 길이 이어가라'라는 뜻이다. 농암 사후 종택의 중심 건물이 되어 모든 문사가 결정되었다 하며 '생일가'도 여기서 태어났다. 분강서원은 1699년 농암 선생의 학덕을 추모하기 위해 세운 건물로 위패를 모신 숭덕사와 강당, 동재, 서재가 위치한다. 애일당愛日堂은 농암이 연로한 부모를 위해 지은 별당이다. 얼마 남지 않은 날을 아껴 효도하겠다는 효자 아들의 마음이 담긴 당호다. 건물에 달린 편액도 귀하게 봐야 한다. 긍구당은 명필가인 신잠의 글씨이고 사랑채에 걸린 적선積善이란 현판은 선조가 친필로 써준 것이라 한다. 적선은 '베풀며 살라'는 뜻이다.

지금은 17대 종손과 종부가 종택을 지키며 관광객을 맞는다. 한국관광공사는 농암종택과 강릉 선고장을 한국에서 가장 아름다운 고택으로 선정했다. 그러나 그리 기쁘지만은 않다. 도로 놓으려고 독립문을 옮긴 나라다. 홧김에 국보1호를 불태워버린 나라다. 추사고택과 묘를 관통하는 도로 건설을 계획하는 나라다. 원래 농암 선생이 살던 곳은 도산서원에서 남쪽으로 2킬로미터쯤 떨어진 곳에 있던 분천동이었다. 분강촌이라고도 불리던 아름다운 곳이었는데 1975년 안동댐 건설로 수몰되고 말았다. 댐의 수위를 몇 미터만 낮게 잡았다면…. 농암종택과 분강서원, 강각 등은 안동의 이곳저곳으로 흩어져 있다가 1996년에 지금의 올미재 마을에 터를 잡고 2007년에 분강서원이 재이건되면서 분강촌으로 거듭났다. 지금 자리한 곳의 풍광도 빼어난데 분강촌의 산천은 어땠을지 상상도 가지 않는다. '분천헌연도'에 1526년의 종택 풍경이 그려져 있는데 마치 신선이 사는 곳 같다.

'굽어보니 천길 파란 물, 돌아보니 겹겹 푸른 산
열 길 티끌 세상에 얼마나 가려 있었던가
강호에 달 밝아오니 더욱 무심하여라'
—농암 '어부단가' 2장

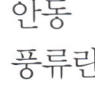

안동
풍류란

　　　　마치 하회마을을 한눈에 담으라고 그곳에 있는 것 같은 부용대에서 조선 시대 8대 명당으로 꼽히는 마을을 바라보았다. 낙동강 물줄기가 마을을 S자로 감싸며 돌아 간다. 그래서 태어난 지명이 하회(河回). 흡사 물 위에 핀 연꽃 같다. 풍산 류씨가 600여 년을 살아온 동성마을이다. 남북으로 놓인 큰길을 경계로 위쪽이 북촌, 아래쪽이 남촌이다. 류 씨 종가인 양진당과 북촌댁은 윗마을을 대표하고 서애 류성룡이 임진왜란의 전황을 기록 한 『징비록』을 소장한 충효당과 남촌댁은 아랫마을을 대표한다. 하회탈과 병산탈, 양진당, 충효당, 옥연정사, 겸암정사, 류시주가옥, 북촌댁, 남촌댁 등 국보와 보물 등이 수두룩하 다. 기와집과 초가집이 잘 보존된 보기 드문 마을로 임진왜란도 피해갔다. 서민들이 즐기 던 '하회별신굿탈놀이'와 선비들의 풍류놀이 '선유줄불놀이'가 병존했다는 점도 신기하다. 초가장, 담장장, 상여장, 가면장 등 30여 명의 마을 장인도 활동한다. 한국의 미와 문화를 간직한 하회마을은 양동마을과 함께 유네스코 세계문화유산으로 등재되면서 더 귀한 마 을이 됐다.

소곤소곤 TIP

부용대 가는 길

부용대로 오르는 길목에 위치한 옥연정사가 문을 닫으면 관광객들은 대략 난감한데 나와 황장군은 잔 다르크처럼 배를 함께 타고 간 일행들을 이끌고 절벽을 올라 부용대에 도착했다. 절벽 앞에서 머뭇거리는 그들에게 여기가 길이 맞다는 것을 온몸으로 표현하듯 가장 먼저 걸음을 뗐다. 그런데 알고 보니 둘러 가면 나오는 평탄한 길이 있었다. 차로 부용대로 가려면 내비게이션에 화천서원(안동시 풍천면 광덕솔밭길 72)을 입력하고 찾으면 된다.

하회마을 가는 길

하회마을 주차장에서 마을 입구까지 셔틀버스가 다니는데 사람이 몰리면 오래 기다릴 수도 있으니 강변을 따라 난 오솔길을 걸어가도 좋다.

강가 모래밭에는 류성룡의 형인 겸암이 부용대의 거친 기운을 누르고 허한 기운을 메우기 위해 1만 그루의 소나무를 심은 만송정萬松亭이 있다. 음력 7월 16일 밤에 열리는 선유줄불놀이는 이 소나무숲과 강 건너편의 부용대 꼭대기를 밧줄로 이어 불꽃을 피우며 열린다. 소나무숲으로 아침 산책을 가던 길에 마을 아이들을 만났다. "안녕! 넌 성이 뭐니?"라고 물으니 "류 씨요!", "저도 류 씨요. 쟨 류 씨 아닌데 다른 마을에서 이사 왔어요." 이제는 마을의 주류가 된 풍산 류씨는 본래 풍산 상리라는 곳에서 살다가 물의 흐름과 산세, 기후 등을 관찰한 후에 이곳으로 이사를 왔다고 한다. 그런데 집을 지으려 하니 기둥이 세 번이나 넘어졌고 꿈에 신령이 나타나 "여기에 터를 얻으려면 3년 동안 만 명의 목숨을 구하라"고 하였단다. 큰 고개 밖에 초막을 짓고 행인에게 음식과 노자 등을 나누어준 후에야 마을에 터전을 잡을 수 있었다는 이야기가 전해진다. 나눔 정신은 북촌댁이 이었다. 소작인들과 수확을 반반씩 나누었으며 인근에 초가를 지어 노비들에게 밤 시간은 가족과 지내도록 하였고 담장 밖으로 화장실을 두어 누구든지 이용할 수 있도록 했다고 한다.

사랑의
다리
건너에는

안동호에는 우리나라에서 가장 긴 나무다리가 놓여 있다. 안동의 유일한 야경 명소로 조선시대의 러브 스토리를 품고 있다. 폭 3.6미터. 길이 387미터로 나무다리는 미투리 모양으로 독특한 건축이 돋보이며 한가운데에는 월영정이라는 정자도 있다. 애틋한 사랑 때문일까? 언제부터인가 연인이 월영교를 손잡고 걸으면 사랑이 이루어진다는 소문이 나돈다. 다리를 건너면 오른쪽으로는 법흥교까지 강변을 따라 2킬로미터 남짓의 호반나들이길이 조성되어 있고 왼쪽으로는 퇴계의 14대 손인 이육사 시비가 있다. 월영교가 조명발로 미모를 뽐내는 밤에는 안동의 야경 명소 나들이객들이 찾는다.

1200년을
마셔온
안동 술

양반 마을에는 손님들이 끊이지 않았고 제사에 술이 빠질 수 없었기에 종가마다 가양주가 발달했다. 안동 사람들은 안동소주를 술로 약용으로 사용하며 의리를 지킨다. 알코올 도수 45도의 순곡 증류주인 안동소주는 입안에서 알알한 맛이 퍼지며 뒤끝은 깨끗하다. 신라시대 이후 안동지방 명가에 전해진 전통주다. 안동소주전통음식박물관은 안동소주의 유래와 제조과정은 물론 관혼상제 상차림과 폐백 음식 등을 살펴볼 수 있는 소중한 공간이다. 안동소주 기능 보유자인 조옥화 여사와 며느리, 아들에 의해 안동소주의 맥이 이어지고 있다.

비밀의
정자

그들에게도 비밀의 정자인지 안동 관광 지도에도 나와 있지 않았다. 다만 인터넷에 떠도는 정자의 비경에 꽂혀 마법에 걸린 듯 찾게 됐다. '카메라에 꼭 담아보리' 자세로 안동에 갔지만 때마침 수리 중이라 삼고초려를 해야 했다. 그렇게 다시 찾은 만휴정은 기대를 저버리지 않았다. 인적 드문 농촌 마을을 들어서면서 '제대로 가고 있는 것일까?' 의문이 들지만 물길을 따라 5분 정도 올라가면 첫눈에 마음을 뺏길 정도로 아름다운 그림이 펼쳐진다. 거짓말 같이 서 있는 안동 만휴정 원림 安東晩休亭園林. 높은 폭포 위에 덩그러니 놓인 만휴정은 건축물이 아닌 원래 자연 그대로인 듯하다. 꿈인지 생시인지 확인하자고 꼬집어볼 동행인의 뺨도 없으니 나무 대문이라도 두드려야 하나…. 어떤 이들은 정자에 앉아 사색을 즐긴다고 하지만 오히려 높은 기암절벽을 타고 조용히 흘러내리는 송암폭포 건너편 산 비탈길에 서서 바라보는 맛이 최고다. 만휴정에 다녀온 후 걱정이 하나 생겼다. 이 책에 소개되면 유명해진 나머지 진사님들의 습격으로 모습이 망가지지 않을까 하는.

하회마을 농가 맛집

작천고택

지산고택의 주인은 마을에서 아침밥을 청할 수 있는 곳을 몇 곳 일러주었다. 산책을 하다가 메주와 감이 주렁주렁 열린 풍경에 발이 이끌려 찾은 곳은 작천고택이었다. 아저씨와 아주머니가 감을 깎고 팥을 널고 콩 타작에 분주하셨다. 재빨리 일을 마무리한 아저씨는 부리나케 밭으로 나가셨고 따라 나서려는 아주머니의 몸뻬 바지를 붙잡고 우리는 아침밥을 간청했다. 찬도 없고 밥도 새로 지어야 한다며 난감해하시던 아주머니는 30분 정도 마을을 둘러보고 오라셨다. 산책을 다녀왔더니 작은 방에 밥상이 차려져 있었다. 둥그런 쟁반에 큼직한 고등어구이와 시골 된장찌개, 김치 두어 가지와 나물 반찬, 매실장아찌 등이 놓여 있었다. 장아찌와 간고등어구이 솜씨가 보통이 아니다 싶었는데 예전에 식당을 하셨다는 고백이 이어졌다. 고등어구이 칭찬이 잦아들지 않자 아주머니는 안동시장에서 대놓고 잡수신다면서 고등어집 이름을 귀띔해주셨다. 아침부터 과식으로 놀란 배를 진정시키는 후식은 마당에 준비되어 있었다. 한 건물인데도 사랑방과 안방 사이에 작은 토담을 세운 독특한 구조가 이 집의 명물이란다. 태어나 처음 보는데 사랑채 손님과 부녀자들이 마주치지 않도록 취한 조치였다.

안동 간고등어 먹어봤나?

대풍상회

안동이 간고등어의 메카가 된 까닭은 내륙이라는 지리적 한계 때문이다. 안동에서 가까운 바닷가 마을인 영덕에서 달구지나 등짐에 실린 고등어는 이틀이 지나 안동에 도착한다. 쉽게 상하기로 두 번째라면 서러울 생선이니 장꾼들은 고등어의 배를 갈라 소금을 뿌렸다. 안동으로 오는 동안 고등어는 짭조름한 간이 밴다. 안동 간고등어의 시작이었다. 작천고택 안주인의 귀띔으로 직행한 곳은 중앙신시장. 서3문 근처에는 3대째 간고등어를 파는 대풍상회가 있다. 때깔 좋은 고등어가 겹겹산처럼 쌓여 있고 귀한 고래고기도 보였다. 이집 간고등어 맛의 비결은 굵은소금을 적당히 잘 치는 것이라 했다.

간고등어 할아버지

일직식당

안동 간고등어는 간잽이가 고등어의 배를 가르고 물에 씻어 소금물에 넣는 습식 염장을 한다. 그런 후에 마른 소금을 친다. 손맛에 따라 간고등어의 맛은 각양각색이다. 안동의 간고등어 밥집 중 우리는 '안동간고등어 50년 간잽이 이동삼이 직접 판매하고 운영하는 안동 간고등어구이 전문'이라는 현수막이 걸린 일직식당을 찾았다. 간잽이 명인이 20g의 소금을 쳐 간간하게 간이 밴 고등어를 노릇하게 구워 상에 올린다. 밑반찬 몇 가지와 밥, 된장국이 곁들여지면 안동 간고등어 정식이 완성된다. 식당 한쪽에서 간고등어를 판매하는데 맛을 본 사람들이 많이들 사간다.

안동별식
헛제사밥 까치구멍집

헛제삿밥은 안동과 진주, 대구에서 먹는 재미있는 음식이다. 가짜 제삿밥의 탄생 비화는 정확히 밝혀진 것이 없다. 양반들이 춘궁기에 쌀밥 먹기가 미안해 가짜 제사를 지내고 음식을 먹었다는 설, 서원의 유생들이 깊은 밤까지 공부를 하다가 출출해지면 제사 음식을 차려놓고 축과 제문을 써 풍류를 즐기며 제사를 지내고 먹었다는 설 등이 있다. 안동에는 헛제삿밥을 파는 밥집도 있다. 까치구멍집이다. 큼직한 놋그릇에 제사상에 올렸던 여섯 가지의 나물과 전과 적, 탕국 등을 담아내는데 그냥 먹기도 하지만 나물과 참기름을 넣고 비벼 먹기도 한다. 밥을 비벼 먹는 일은 조상과 자손이 함께하는 신인공식(神人公食)이란 의식이기도 하다고.

찜닭 한 마리 할라니껴
안동찜닭골목

종손안동찜닭, 중앙찜닭, 현대안동찜닭 등 남문동 안동구시장의 서문 입구에서부터 안쪽까지 죄다 찜닭들이다. 안동찜닭은 닭을 토막 내어 진간장과 설탕, 청양고추 등의 간장 소스에 졸여 당면과 감자 등으로 푸짐함을 더한 별미다. 집집마다 김치며 미역국 맛이 다르듯 안동찜닭 맛도 집에 따라 다르다. 안동 출신이라는 친구의 지인의 지인이 추천한 찜닭집을 찾아 맛을 보았는데 화덕 앞에서 찜닭 만드는 것을 살피던 황장군이 찜닭 맛의 비밀을 알아냈다며 호들갑이었다. 나에게 귀띔해준 비밀은 조금 실망스러운 것이었다.

종부가 차려주는 종가의 밥

농암종택

'이렇게 귀하고 대단한 집을 객들에게 마구 빌려줘도 괜찮은가?'라는 남 걱정을 부르는 종가 체험 프로그램 덕에 문화재 숙소에서 머물고 종부가 차려주는 뷔페식 아침상도 받았다. 놋그릇과 소반에 1인상으로 받은 아침은 아니었지만 스무 가지 남짓한 갖가지 찬과 생선구이와 된장국을 종부와 담소를 나누며 맛보게 됐다. 농암종택에서는 아침을 들기 전 눈부신 바위와 하얀 모래사장을 가진 냇가에 피어나는 물안개를 빠뜨리지 말아야 하고, 식후에는 강변을 따라 선비들이 걷던 예던길 산책도 빠뜨리지 말아야 한다.

하룻밤 묵어가기

지산고택

하회마을에 외지인들이 들어올 수 있는 것은 아침 9시부터 저녁 7시까지인데 하룻밤 머물게 되면 마을의 고요한 아침을 독차지할 수 있다. 초가집에서 피어오르는 연기, 만송정에서의 아침 산책, 농가 밥집의 시골밥 등 포기하지 못할 것들이 매우 많다. 우리는 지산고택의 초가 방에서 묵게 되었는데 뇌리에 선명한 것은 화장실이다. 밤과 새벽에 늦가을 찬 서리 내린 잔디 마당을 고무신을 꺾어 신고 100미터 선수처럼 깔깔거리며 달려 다녔다. 할머니 집에서 자고 난 것 같은 그리움이 남는 숙소인데 아쉽게도 11월 말부터 3월 중순까지 문을 닫는다.

안동 옆 동네
청송

안동과 영덕 사이, 양반의 고장과 어부의 고장 사이에는
여기를 봐도 저기를 봐도 탐스럽게 익어가는 사과의 마을이요,
산과 계곡과 약수가 넘쳐나는 자연이 빛나는 청송이 자리한다.
주왕산, 헌비암, 달기폭포, 얼음골, 월매계곡, 신성계곡, 절골,
수정사계곡으로 꼽는 청송팔경은 다 둘러보지 못해도
자연 여행자들에게 청송 찬사를 부르게 할 썩 괜찮은
곳들이 있어 수년 째 발걸음을 부추긴다.

너도
알아봤구나

청송의 자랑이며 설악산, 월출산과 함께 3대 암산의 하나인 주왕산. 『택리지』에 이르기를, '모두 돌로써 골짜기 동네를 이루어 마음과 눈을 놀라게 하는 산'이라 하였다. 기암절벽이 병풍 같다고 하여 옛날에는 석병산石屏山이라 불렸다. 청송고택의 종손이 청송의 관광 지도를 펼쳐 들고 가장 먼저 가보라며 추천한 곳이 주왕산이다. 늦가을 주왕산 나들이는 저절로 흥이 났다. 사찰 대전사와 계곡, 전설을 간직한 여러 개의 굴, 기암 괴봉, 용추폭포, 절구폭포, 용연폭포가 어우러지는데 경사가 완만하여 산행이라기보다는 산책에 가까운 산 나들이를 즐길 수 있다. 그래서인지 전국의 국립공원 중 남녀노소를 가장 빈번하게 목격할 수 있고 등산복과 등산 장비를 완벽하게 갖추면 오히려 민망해지는 산이다.

봄이 되면 진달래와 비슷하지만 더 짙고 검은 반점을 지닌 수달래가 암벽 사이에서 반짝이고 단풍철이 되면 줄을 서서 산을 걸어야 하며 줄을 서서 기념사진을 촬영해야 한다. 때를 찾아야 볼거리가 많은 주왕산이지만 늘 있는 명물이 있다. 주왕산 입구에는 전과 국수와 막걸리를 파는 식당들이 많은데, 국수 반죽을 미는 아주머니와 전을 부치는 아주머니의 푸드 퍼포먼스를 공짜로 구경할 수 있다.

한국 관광의
별이 된
심부잣집

　　　　꽤 오랜 시간 한옥 숙소에 꽂혀 친구들과 가족들을 대동하고 한옥 체험을
즐겼다. 그 시작점은 송소고택이었다. 당시 잡지사에서 일하던 나는 마감이 끝나면 친구들
과 병처럼 유랑을 떠났는데, 그녀들과 함께 찾았다가 유레카를 외친 한옥집이다. 절절 끓
는 뜨끈한 구들방에서 마른오징어 구워지듯 이리저리 몸을 돌려가며 잠을 잤는데 아침에
일어나니 한 달 정도는 소금물에 절여진 듯했던 젓갈 몸이 깃털처럼 가벼운 게 아닌가! 게
다가 지금은 고택 앞 식당에서 아침밥을 들 수 있게 되었지만 예전에는 고택의 밥 먹는 방
에서 동네의 손맛 좋은 아주머니가 차려준 시골밥을 먹을 수 있었다. 스페인에 가서도 파
에야에 고추장을 뿌려 먹던 한 친구는 송소고택의 아침 밥상에 눈물을 흘릴 만큼 감동을
받았는데 뉴요커로 살아가는 지금도 고택의 밥을 두고두고 추억한다.

송소고택은 경주 최부잣집과 함께 손꼽히는 부잣집이다. 광복 이전에는 청송 심씨의 땅
을 밟지 않고 청송을 여행하기 힘들었을 것이라는 소리도 있었다. 9대에 걸쳐 만석의 부

를 누린 심부자 댁은 1880년 무렵 조상의 본거지로 옮겨오면서 송소고택을 짓는다. 열 채의 건물 중 안채, 사랑채, 대문간채는 개화기 이후의 건물이다. 그래도 독립된 마당과 사랑 공간, 생활 공간, 작업 공간으로 구분되어 조선 상류 주택의 특징을 잘 간직하고 있다.

객지에 나가 다른 일을 하던 종손은 고택으로 돌아와 살뜰히 집을 관리하며 꼼꼼하게 손님을 맞이한다. 고택을 둘러보는 우리에게 정원의 나무 이름이며 사랑채와 안채 사이에 있는 헛담과 담 구멍, 누이가 놓았다는 자수 등 집에 얽힌 이야기 등을 들려주었다. 스스로의 선택이 아닌데 종손으로 살아가는 일이 녹록치 않을 것 같았다. 그래도 종손이 지키는 송소고택은 가고 또 가도 언제나 반가울 듯하다. 야밤에 건네주던 김치전 맛도 그립다.

너를
다시
볼 수 있을까

오래전 평소 같으면 고택의 구들방에서 늦잠대회를 전개할 네 여인은 새벽에 길을 나섰다. 영화가 남긴 호기심 때문이었다. 잎사귀 하나 남기지 못한 주산지의 거목들은 파문이 일지 않는 물속에서 침묵하고 있었다. 당시만 해도 널리 알려진 관광지는 아니어서 주산지로 향하는 길은 고즈넉했다. 시간이 흘러 너도나도 다 아는 곳이 되어 다시 찾으니 상전벽해란 그런 것일까. 주차장이 생겼고 주차장에 못 미쳐서부터 길이 막혔다. 길가에는 농산물을 파는 간이상점이 해변의 파라솔처럼 화려하게 자리 잡고 있었다. '조금 더 가면 고요해지겠지'라며 기대를 했지만… 주산지는 진사님들이 출석 도장을 찍는 곳이 되어 있었다. 명당 곳곳에 삼각대를 쫙 펼치고 셔터를 눌러댔다. 몇 컷이면 좋을 것을 카메라 셔터 소리는 멈출 줄 모르니 소음 공해. 사생활 침해에 시달리던 왕버드나무의 영혼은 여러 번 졸도했을 것만 같다. 그들의 사유지도 아닌데 우리와 관광객들은 주눅이 들어 근처에 얼씬도 못했다. 신비로운 풍경을 지녔던 주산지가 유명세를 타면서 점점 못생겨진다. 또 봄, 여름, 가을, 겨울이 지나면 다시 찾을 용기가 생길까?

달기약수
명물
요리

청송에는 이름난 약수가 샘솟는다. 조선 철종 때 수로 공사를 하다가 바위틈에서 발견한 약수란다. 철과 탄산을 함유한 달기약수는 위장병과 피부병, 빈혈증 등에 효능이 있다고 알려지면서 청송 사람들은 물론 외지인들도 물통에 한가득 담아 간다. 약수는 상탕, 중탕, 하탕, 신탕 등 여러 개가 있고 약수터 인근에는 약수로 곤 닭백숙을 파는 집들이 많다. 우리는 청송고택의 종손이 추천한 신탕 초막식당에서 달기약수와 황기, 오가피 등을 큰 솥에 넣고 장작불로 푹 곤 토종닭 백숙과 닭불고기가 나오는 토종 불백을 먹었다. 닭불고기는 백숙의 몸통살만 발라내어 고추장 양념에 구운 것이다. 이것저것 많이 넣어 이 맛도 저 맛도 아닌 그런 닭불고기 맛이 아니라 반가웠다. 실로 오랜만에 부드럽게 씹히는 닭이 아니라 거친 듯하면서 고소한 토종닭 씹는 맛을 즐겼다. 닭을 싸 먹으라며 내놓은 약초장아찌도 별미였다. 식당은 허름했지만 시골에 있는 식당에서 진짜 시골다운 음식을 맛보았다. 아~ 달기약수보다 훨씬 달았다.

숨은 그림 찾기

어느 해 가을, 나와 절친은 추석 연휴를 피해 도망치듯 짐을 쌌다. 우리가 즉흥적으로 향한 곳은 전주. 양사재의 뜨끈한 온돌방에서 지친 몸을 뉘이고 콩나물국밥 한 그릇으로 속을 풀었다. 기차를 타고 온 관광객들을 맞는 역사는 삼천리 방방곡곡에서도 보기 드문 한옥 스타일이며 도로를 달려 찾은 관광객에게도 멋스러운 기와지붕을 인 구조물이 반겼다. 맛과 멋의 고장이라더니 옛이야기, 옛 물건, 옛 건물, 전통문화와 영화, 전주 사람들이 즐겨 먹는 음식과 전주 밖에 사는 관광객들이 열광하는 음식들이 뒤섞여 있는 모습이 흡사 비빔밥 같다. 전주에서는 곳곳에 박혀 있는 숨은 그림을 하나씩 찾아 나만의 비빔밥을 완성하는 재미가 있다.

"태어난 고향이지만 여섯 살에 인천으로 이사를 오면서 짧고
어렴풋한 기억밖에 없는 곳. 형제들과 물장구치며 송사리 잡느라 정신이 팔려
배가 고플 즈음에야 집 생각이 나던…. 물살에 숱하게 잃어버린 슬리퍼들 때문에
엄마에게 많이 혼이 났던 기억도 전주천이 황장군에게 남긴 추억이다. 열여덟이던
1965년부터 한옥마을에 살기 시작했다는 엄마에게 전주천은 빨래터에 대한 기억이
선명한가 보다. 겨울엔 을씨년스럽지만 봄이 되면 살랑살랑 춤을 추는
버드나무가 아름다운 곳으로 추억하신다"

[The first day]

점심은 화끈하게 조점례남문피순대에서 ▶ 전주 남부시장에서 장 구경 → 걸어서 15분 ▶

교동다원에서 오후의 황차 즐기기 → 걸어서 7분 ▶ 학인당 건축 기행 → 걸어서 10분 ▶

전주 한옥마을 공식 전망대 오목대 오르기 → 걸어서 8분 ▶

전주향교 은행나무에게 안부 묻기 → 차로 15분 ▶

옛촌막걸리에서 안주 대접 → 차로 12분 ▶

가맥집 탐방 전일슈퍼 → 차로 5분 ▶

쟁쟁한 경쟁자들을 물리친 양사재에서 하룻밤

[The second day]

느긋하게 일어나 아침밥은 무조건 콩나물국밥으로(현대옥 또는 운암식당) → 걸어서 5분 ▶

기념사진은 사절하고 전동성당 순례 ▶

경기전에서 태조에게 말 걸기 → 걸어서 5분 ▶

최명희문학관에서 필사 → 걸어서 15분 ▶

전주 사람들이 추천하는 전주천길 산책(한벽당에서 다가교까지 2.3킬로미터)

[I'm here!] 전주

[거기] 전주 한옥마을, 최명희문학관, 전동성당, 전주천길, 전주 남부시장
[밥] 옛촌막걸리, 전일슈퍼, 운암식당, 현대옥 남부시장점, 전주왱이콩나물국밥집, 조점례남문피순대, 교동다원, PNB 전주본점
[잠] 양사재, 다락, 삼도헌
[음악] The once의 'You're My Best Friend'
[책] 초명희의 『제망매가』
[영화] 홍상수 감독의 〈오! 수정(* 제1회전주국제영화제의 개막작)〉

[Information]

전주시청 문화관광체육국 063-222-1000 http://tour.jeonju.go.kr

처마선을 타고
어제와 오늘이
흐른다

전주 한옥마을

오목대에서 바라본 한옥마을은 어느 도시에나 주인공 행세를 하는 회색 빌딩숲을 버텨내며 끝까지 항거하고 있었다. 1930년을 전후로 전주 최대의 상권을 차지한 일본인들의 세력 확장에 반발하여 교동과 풍남동 일대에 한옥촌이 형성되기 시작했다고 한다. 지금은 770여 동의 건물 중 600여 채의 한옥에서 1500여 명의 주민들이 살고 있다. 경기전, 학인당, 전주향교, 양사재, 전동성당, 동학혁명기념관, 최명희문학관 등 둘러볼 곳도 많다.

전주는 태조 이성계와 인연이 깊다. 이성계의 어진을 모신 경기전이 그렇고 황산에서 왜구를 토벌한 이성계가 연회를 연 곳인 오목대도 그렇다. 전란이 많았던 탓에 왕의 어진이 많이 소실되었는데 태조의 것은 기적같이 남았다. 경기전에 걸린 어진은 140년 넘은 모사품으로 진짜 어진은 백자 항아리에 담겨 본전 뒤 북쪽 계단에 묻혀 있다고 한다. 그런데 기구한 역사는 전주에 조선의 시작과 끝을 함께 품고 있도록 했다. 고종 황제의 손자이며 대한제국의 마지막 황손이 거주하는 승광재에는 고종 황제의 사진이 걸려 있다. 학인당은

고종이 직접 궁중 도편수와 대목장을 보내어 건축된 조선 말기의 건축을 엿볼 수 있는 공간이다. 전통 한옥에 유리 여닫이문, 동양식 정원이 어우러진 독특한 모습은 다른 시대에 와 있는 듯한 착각을 부른다. 이 밖에 전주 전통한지원, 전주 전통술박물관, 전주 소리문화관 등을 둘러보고 나면 우리 문화에 대한 자긍심으로 가슴이 부풀어 오르며 어깨가 들썩일 곳도 많다. 그러나 갈 때마다 놀라게 되는 것은 급증하는 관광객 수와 나그네의 눈에도 확연히 눈에 띄는, 희미해져가는 한옥마을다움이다. 전주의 막걸리집과 가맥집을 안내했던 전주 사람은 전주 한옥마을을 '한옥상가마을'이라고 표현했다. 그가 어릴 적에는 개발제한 구역으로 묶여 있었기에 원주민들이 살던 집은 노후화되어 보수나 증축, 개축을 하는 데 법적인 문제로 고생을 겪었다고 한다. 그런데 돈 좀 있는 외지인들이 마을로 대거 몰려오면서 한옥 상가가 우후죽순 생겨났단다. 우리가 좋아하는 한옥마을의 그곳과 꼴사나운 그곳이 편을 갈라 대전투를 벌일 기세라 한옥마을로 향하는 발걸음이 머뭇거려진다.

아름다운 세상,
잘 살고
간다

베토벤은 "친구들이여, 박수를 쳐라. 코미디는 끝났다"라는 말을, 소설가 모리 오가이는 "시시하군"이라는 말을 마지막으로 남겼다고 한다. 전주에서 나고 자란 최명희 작가는 "아름다운 세상, 잘 살고 간다"라는 말을 끝으로 추위가 매섭던 날 우리 곁을 떠났다. 향년 51세. 작가는 1930년대 남원을 배경으로 몰락해가는 양반가 며느리 3대 이야기를 담은 대하소설『혼불』과 미완의 장편소설『제망매가』등의 작품을 남겼다. 최명희 작가는『혼불』의 두 번째 출간본의 후기에 이런 글을 남겼다. '웬일인지 나는 원고를 쓸 때면, 손가락으로 바위를 뚫어 글씨를 새기는 것만 같은 생각이 든다. 그것은 얼마나 어리석고도 간절한 일이랴. 날렵한 끌이나 기능 좋은 쇠붙이를 가지지 못한 나는 그저 온 마음을 사무치게 갈아서 손끝에 모으고, 생애를 기울여 한 마디 한 마디, 파 나가는 것이다'

최명희문학관은 작가의 육필 원고, 지인들에게 보낸 엽서와 편지, 생전 인터뷰나 문학 강연에서 추려낸 말과 글로 이뤄진 동영상 등으로 꾸며져 있다. 한 무리의 대학생들이 책상에 앉아 무언가를 열심히 쓰고 있었는데, 문학관을 찾은 사람들이 한 장씩 한 장씩 필사한『혼불』이 필사탑으로 쌓여가고 있었다.

한옥마을에
스며들다

전동성당

　　　　　　한옥마을에는 마을과 묘하게 어우러진 오래된 성당이 자리한다. 풍수원성당, 공세리성당과 함께 의미 있는 성당으로 꼽히는 전동성당이다. 우리의 옛 성당이 대부분 그러하듯 한국 천주교회 최초의 순교자인 윤지충과 권상연이 처형당한 곳에 세워졌다. 1914년에 완공되었다는데 호남 최초의 로마네스크 양식이란 타이틀도 갖는다. 성당 안의 둥근 천장과 스테인드글라스가 인상적인데 누가 뭐라 하지 않아도 조용히 머물러 있다 나오게 된다. 그러나 전동성당을 찾을 때마다 마치 예쁜 풍경 앞에서 SNS에 남길 풍경을 수집하는 듯 성당 밖과 안에서 기념 촬영을 하는 젊은 풍경 수집가들의 모습은 늘 마음을 불편하게 한다.

사시사철
아이들이
뛰노는

전주천길

　　　　　　전주가 고향인 황장군은 어린 시절 전주천변을 뛰놀면서 바라보던 노을빛을 아직도 기억한다고 되뇌었다. 여행자들이 찾는 일은 거의 없겠지만 황장군은 전주 최고의 명소로 이곳을 들며 엄지손가락을 치켜세운다. 옛날의 풍정은 사라졌지만 전주시에서 산책로 정비에 꾸준히 공을 들이면서 갈대도 늘었고 사람들이 좋아하는 모습으로 꽃단장 중이란다. 봄과 여름에는 버드나무가, 가을에는 갈대가 벗이 되어주는 전주천길은 전주고속버스터미널 근처의 전주시자원봉사종합센터 부근에서 시작하여 한옥마을 근처 한벽당까지의 5킬로미터를 걸어야 제맛이 난다.

다시
문전성시

어느 고장에 가든 시장 하나쯤은 있기 마련이다. 요즘은 대형마트에 사람들을 빼앗겨 가을볕에 말라가는 고추나 호박고지 같은 모습의 재래시장이 되어가고 있지만…. 전주에는 현대옥, 운암식당을 비롯하여 전주를 대표하는 콩나물 국밥집을 키워낸 남부시장이 있다. 100년이 넘은 역사를 지닌 시장은 조선시대에는 전국 3대 시장 중 하나였지만 예전의 명성과 비교하면 초라하기만 했다.

그런데 남부시장이 새롭게 부활하고 있다. 그 힘은 시장과는 멀어 보이는 청년들이 마중물을 퍼 올리면서부터다. 2012년 남부시장 2층의 빈 점포를 청년 창업가들이 임대하여 아홉 개의 자그마한 점포로 문을 열었다. 청년몰은 청년 사장들의 감각과 특유의 상술로 젊은 손님들을 끌면서 점포 수도 늘고 이곳을 찾기 위해 전주를 찾는 관광객도 늘면서 남부시장에 온기를 불어넣었다. '적당히 벌고 아주 잘 살자'라는 담대한 캐치프레이즈에 혹해 이 집 저 집 기웃거리게 되는데 만지면 사야 하는 점포도 있으니 공손히 두 손 마주잡고 쇼핑하시길.

섣달그믐 밤은 거기서

옛촌막걸리

어설픈 실력으로 도전장을 내밀었다가는 영구 퇴출될 확률이 높은 맛의 도시 전주에서 지겹다는 푸념을 들어도 막걸리 이야기를 꺼내련다. 한 해가 저물 어갈 무렵 나와 황장군이 전주 사람과 함께 저녁도 거르고 옛촌막걸리를 찾 았다. 삼천동의 막걸리 맛이 다르고, 서신동이 다르고, 경원동이 다르다 하니 막걸리 성지 전주에서 '어디로 가느냐! 그것이 문제로다' 길을 잃은 우리에 게 전주 사람은 이 집으로 기꺼이 안내했다. 대기석에 자리를 잡고 막걸리 마 시는 사람들을 부러워하며 시간을 보내니 드디어 우리의 테이블이 마련됐다. 주문 공식은 "막걸리 한 주전자요!" 곧 양은 주전자에 그득한 막걸리와 김치 전, 김치찜 등의 푸짐한 안주가 등장했다. 주전자를 비우고 났더니 홍합탕과 생굴, 꽁치구이 등 해산물 안주로 바뀌는 게 아닌가! 삼계탕, 간장게장, 산낙 지 등 황송한 상을 받으려면 친구들 여럿과 어울려 가면 된다(라고 생각했는 데 요즘은 두 사람일 경우 개별 안주 주문이 가능하다는 주당들의 제보가 잇 따른다). 좋은 벗과 푸짐한 안주 그리고 막걸리. 홍어삼합이 부럽지 않은 조 합이다. 아무리 잘 산 것 같아도, 빨리 보내고 싶은 한 해라도 어쩐지 울적해 지는 연달이면 전주의 막걸리 골목이 떠오른다.

전설의 가맥집

전일슈퍼

막걸리도 못 마시는 주제에 전주 막걸리 노래를 부르자 황장군은 가맥집도 있다는 솔깃한 정보를 흘렸다(대학 방송국원 시절, 수습 시간을 마치면 막걸리 한 대접을 마시는 사발식을 거쳐야 했다. 뭣 모르고 막걸리 한 대접을 제일 먼저 마시고 헉헉거리는 동기의 사발도 **빼앗아 마셔줬** 건만…. 이후 나의 막걸리 주량은 딱 한 잔이다). 가맥집이라니? 가게 맥주의 줄임말이 가맥. 전주에서만 쓰이는 말이다. 그런데 왜 전주에서는 가게에서 맥주를 팔까? 황장군에 따르면 맥주 공장 근처의 가게에서 파는 맥주는 갓 만든 신선함으로 가득 차 있고 그 맛을 알아챈 사람들이 가게에서 맥주를 마시면서 역사가 시작되었다는 설을 설파했다.

전주 사람을 따라 전일슈퍼를 찾았다. 가양주처럼 집에서 만드는 술이 아니니 맥주 맛이야 거기서 거기. 히트의 열쇠는 달달한 소스에 찍어 먹는 황태구이와 달걀말이가 쥐고 있었다. 연탄 불에서 몇 미터 떨어져 구워야 맛이 나는지 황금 비율을 찾아낸 주인이 구워내는 황태구이는 맥주를 벌컥벌컥 마시게 했다. 가맥집을 나오던 길, 사레에 걸린 황장군에게 먹일 요량으로 물을 사러 앞집 슈퍼, 옆집 슈퍼로 뛰어가다가 '아차!' 싶었다. 전주의 슈퍼에는 물 대신 맥주가 진을 치고 있었다.

남부시장 콩나물국밥
운암식당

신작을 기대하게 되는 백가흠 소설가가 한 잡지에 소개한 글을 보고 찾게 되었다. 전주 콩나물국밥에 빠져 이 집 저 집으로 맛 유랑을 했는데 풍정 넘치기로는 이 집이 최고다. 남부시장의 콩나물국밥집에서는 커다란 통에 육수를 팔팔 끓이다가 주문이 들어오면 뚝배기를 토렴하여 밥을 뜨거운 육수에 말아서 낸다. '남부시장식 국밥'이라 부른다. 전통적인 전주 콩나물국밥은 뚝배기에 밥과 콩나물을 넣고 양념을 곁들여 펄펄 끓여 상에 올린다. 다진 대파와 통깨가 둥둥 떠 있는 운암식당의 콩나물국밥을 한 수저 떠먹어 보니 맛이 순하고 담백했다. 뚝배기를 한 그릇 비우고 주위를 둘러보니 우리를 빼고는 모두 전주 사람들이었다. 나도 그들처럼 단골이 되고 싶었다.

나는 전주 콩나물국밥이다
현대옥 남부시장점

전주콩나물은 맛이 각별하여 전주터미널에서 버스를 타고 상경하여 각 식당으로 팔려가는 진풍경이 펼쳐진다는 황장군의 제보가 있었다. 황장군은 펄펄 끓는 가마솥에서 콩나물국밥을 끓여내는 현대옥의 콩나물국밥을 최고로 친다. 한 끼를 해결하려는 시장 상인이나 일부러 찾아온 젊은 여행객들이 몇 안 되는 좌석을 호시탐탐 노렸다. 오픈키친에는 패널이 붙어 있었다. '지난 30여 년간 대한민국에 전주 남부시장식 콩나물국밥이라는 새로운 음식 문화를 만들어내고…(중략)… 1세대 현대옥의 양옥련 여사께서는 맛 비법과 추억을 남기시고 09. 12월 은퇴하셨습니다' 이제는 프랜차이즈로 전주 콩나물국밥을 전국에 알리는 집이다.

한 그릇 맛있게 비웠습니다

전주왱이콩나물국밥집

전주 콩나물국밥집 이야기가 나오면 단골로 등장하는 집이다. 밥때를 지나 찾아도 콩나물국밥에 얼굴을 묻고 맛보는 사람들과 어깨를 부딪치며 먹게 되는 성업식당이다. 밥공기탑이 쌓인 왱이콩나물국밥집에서도 한 그릇 맛있게 비웠다. '손님이 주무시는 시간에도 육수는 끓고 있습니다'라는 건물에 적어 놓은 슬로건과 전주식 김치 맛이 국밥만큼이나 뇌리에 남는 집이다. 쉰내 폴 폴 나는 신 김치를 곁들여 뚝배기 한 그릇을 싹싹 비우고 콧물을 닦아내고 나니 썸 타는 중인 소개팅 남이 앉아 있었다. 아뿔싸!

눈 딱 감고 맛보면

조점례남문피순대

맛 고을 전주에는 별식들이 많아서 맛 기행을 테마로 하면 한 번으로 끝을 낼 수 없어 여러 번 찾는 수고를 해야 한다. 조점례남문피순대도 전주 맛집에 이름을 올렸다. 40여 년 전 남부시장에서 몇몇 사람이 피순대를 만들기 시작했는데 조점례남문피순대가 그 명맥을 이어오고 있단다. 간판 메뉴는 초콜릿색을 띤 피순대와 순댓국이다. 당면만 가득 넣은 요즘 순대와 달리 피순대는 창자에 선지와 다진 채소, 당면 등으로 소를 채웠다. 쫄깃하면서도 거부감 없이 먹을 수 있었다. 피순대라는 섬뜩한 이름을 지닌 순대집 앞에 긴 줄이 서는 이유다.

한잔의 명상, 마음의 평화

교동다원

황장군이 자신 있게 추천한 전통 찻집이다. 한옥 찻집에, 곳곳에 단아한 멋이 묻어 있고 차 맛에 분위기까지 좋다면서. 손님이 시끄럽게 수다를 떨면 주인이 달려와 자제를 시키는 모습이 인상적이었다는 말도 덧붙였다. 찻집은 가을 국화처럼 소담했다. 황차를 받고 맛이 들기를 기다리면서 창밖 너머 후원을 보다가 한 찻잔에 마음을 빼앗겨버렸다. 이가 나간 찻잔은 후원에 새 보금자리를 얻어 빗물을 담아내고 있었다. 화장실을 가다가 눈에 띈 작은 창에는 나뭇가지에서 노니는 새가 퍼덕이고 있었다. 차 한잔 마셨으나 명상의 경지까지는 이르지 못했지만 마음의 평화는 얻고 왔다. 교동다원에서.

초코파이 뒤에 숨은 고수

PNB 전주본점

전주를 몇 년 만에 찾았더니 옛 풍년제과의 초코파이가 난리였다. 말리는 택시기사의 만류에도 PNB 전주본점을 찾았더니 젊은 관광객들이 쟁반에 초코파이를 하나씩 담고 제과점의 매대를 유랑 중이었다. 품절되기 전에 맛본다며 서둘러 집어든 초코파이의 맛은 평범했다. 우리가 찾은 별미는 고민할 것도 없이 이구동성 센베이다. 땅콩 센베이, 깨 센베이, 김 센베이 등 종류가 많지만 정점은 생강 센베이에서 찍는다. 적당히 바삭한 맛과 과자에 골고루 퍼져 있는 봉동생강의 향은 초코파이 한 트럭과도 바꾸지 않으련다.

선비를 기르던 집

양사재

전주 한옥마을에서의 첫 숙소는 양사재(養士齋)였다. 한밤중에 낯선 숙소를 찾기 위해 한옥마을의 좁은 골목길을 뱅글뱅글 돌다가 비로소 찾게 되었으니 반가움은 이루 말할 수 없었다. 양사재는 전주향교의 부속 건물로 서당 공부를 마친 이들이 생원, 진사시 공부를 하던 공간이었는데 지금은 객들에게 방을 내어준다. 가족은 물론 집안 어른들의 결혼 압박에 짐을 싸들고 온 나와 절친은 양사재에서 단잠을 잘 수 있었다. 이 집에 머물며 도망 나온 아가씨들은 따뜻한 위로를 받았고, 전주라는 도시에 매료되었다. 그렇다고 양사재에 머물며 시를 쓴 가람처럼 멋진 시 한 수 읊을 실력은 못 되니 양사재에 참으로 송구할 뿐이다. 시조 시인인 가람 이병기는 창씨개명을 하지 않고 우리말과 글을 지키면서 시련을 감내한 국문학자다. 1952년 전북대학교 문리과대학 학장을 맡아 전주에서 지냈는데 그때 그가 지낸 곳이 양사재. 선비를 기르던 집이 이제는 삶에 지친 나그네들에게 위로를 건네는 방이 되어준다. 기품 넘치는 그곳에서는 처마선과 파란 하늘이 함께 걸리는 기와지붕만 바라봐도 마음에 따뜻한 바람이 분다.

할머니의 다락방
다락

이곳에 숙박 예약을 넣은 연유가 있다. 전주에 살면서 한옥마을의 편안함에 이끌려 힐링을 느끼고자 옛 고택을 고쳐 살게 되었다는 이유만은 아니다. '아버지가 전주 근교에서 농장을 갖고 계시다 전주의 현대화 물결에 모두 정리하시고 도심의 아파트에 사시다가 한옥을 준비하는 과정에서 돌아가셨습니다. 그래서 어머니만이라도 이곳에서 옛날의 삶을 사시라는 마음에서 마련하였습니다'라는 홈페이지에 적힌 진솔한 글귀에 마음이 동했기 때문이었다. 하필 다락에 묵기로 한 날은 한 해가 저물어갈 무렵이었다. 창호지문 사이로 황소바람이 숭숭 불어와도 한옥에 묵는 맛이란 게 있다. 비록 성능 좋은 보일러가 놓인 방이었지만.

오늘밤은 포근하게 잠들길
삼도헌

정갈한 방게는 색이 고운 이불과 베개가 훌륭한 인테리어 소품 역할을 톡톡히 했다. 이불과 요의 홑청, 베개 커버는 매일 빨아 다림질해 둔다는 정갈한 한옥 숙소다. 사랑채와 별채, 안채방에서 묵을 수 있는데 방마다 욕실이 딸려 있다. 아침밥은 한지에 붓글씨로 적은 조식 쿠폰을 들고 가면 됐다. 전주왱이콩나물국밥집에서 국밥으로 아침을 먹었다. 대청에서 다도를 즐기며 소리 체험을 할 수도 있고 한복을 입고 한옥마을을 둘러보는 체험도 즐길 수 있다.

전주 사람에게
듣는 전주 이야기

마경락 씨 | 남원에서 태어나 세 살부터 전주에서 30년 넘게 살고 있음

전주를 한마디로 표현하면?
전주는: OOO이다.

전주는 친정집이다. 번화하거나 화려하진 않지만 언제나 소박하고 푸근하며 이것저것 맛있는 걸 챙겨주시는 어머니의 마음처럼 맛있는 먹거리가 많은 맛과 멋의 고장이니까요.

비빔 밥, 콩나물국밥은
얼마나 자주 먹나요?

콩 요리를 좋아해서 전주의 명물 비빔밥보다 콩나물국밥을 훨씬 즐겨 먹어요. 그런데 전주 사람들은 비빔밥을 잘 사먹지 않아요. 비싸기도 하고 그냥 집에서 막 비벼 먹거든요. 그래서 외지인들이 "비빔밥 어디가 유명해요? 어디가 맛있어요?"라고 물으면 난감하답니다.

내가 기억하는
전주의 옛 모습은?

전주는 원래 화려하지 않은 소박하고 조용한 도시였어요. 상업화되기 이전의 한옥마을과 전주의 대표 놀이공원과도 같은 동물원 그리고 그 옆의 덕진공원 등. 한옥마을만 빼고 동물원과 덕진공원 등은 몇 십 년이 지나도 예나 지금이나 큰 변화 없이 우리의 곁을 지키고 있는 것 같아요. 전주에서 오래 살았던 탓도 있지만 지금도 너무 번잡하거나 너무 불편하지 않은 적당히 현실에 맞춰가는 모습의 전주가 그래서 좋네요.

**외지에서 온 사람들은 잘 모르는
전주 현지인들이 찾는 숨은 장소는?**

동물원과 소리문화의전당 옆에 위치한 건지산이라는 야트막한 산이 있는데요. 거기에 있는 조그만 편백
나무 숲과 오송제라 불리는 저수지가 좋아요. 서서학동의 완산칠봉(완산공원)이라는 곳도 높지 않은 산인
데요. 계절에 맞춰 가면 각종 꽃과 야생화도 볼 수 있답니다. 산 정상의 팔각정에 오르면 전주 시내와 한
옥마을 전경까지 눈에 들어와요. 전주동물원은 벚꽃이 필 때 야간 개장을 하는데 정말 멋있어요. 용인자연농원 사파리
를 생각하고 오면 안 되지만 넓은 산책 코스가 좋아요. 덕진공원은 연꽃이 유명해서 연꽃이 필 때 찾으면 아름다운 경
관을 즐길 수 있고요.

**단골 막걸리집과 가맥집은?
그곳을 즐겨 찾는 이유는?**

옛촌막걸리와 전일슈퍼입니다. 둘 다 한옥마을 번창과 상관없이 오래전부터 현지인들에게 알려진 걸로
알고 있어요. 옛촌막걸리집의 푸짐한 안주, 전일슈퍼만의 황태와 특제 소스 그리고 달걀말이를 앞에 두고
시끌벅적한 수다를 부담 없이 떨며 술잔을 기울일 수 있어 좋아요. 술값도 저렴하고요. 깔끔한 곳이나 세
련된 곳을 선호한다면 당연히 비추입니다. 원래 이런 곳은 소탈하거나 허름한 분위기의 모습이 더욱 정감이 가잖아요.

**전주 사람으로서
전주국제영화제에 대해 이야기한다면?**

쉽게 접할 수 있는 상업영화가 아닌 비주류나 인디 영화를 대도시가 아닌 전주에서 해마다 접할 수 있어
좋아요. 영화제를 개최하는 영화의 거리가 한옥마을과 가까워서 외지인들에게는 볼거리의 영역이 넓고
영화제와 지역 축제를 연계하여 같은 시기에 행사를 진행하는 것도 인상적이에요. 다만 영화제를 진행하
는 전주 영화의 거리 일대가 협소하고 각종 공사로 인해 해마다 잘 정돈되지 않은 모습은 아쉬워요.

**전주 근교에 볼 만한 곳이나
추천할 만한 여행지가 있다면?**

옥정호, 완주군에 있는 송광사, 위봉사, 위봉폭포, 대아수목원이 좋고요. 임실 관촌에 위치한 공기마을
편백나무 숲도 있어요. 한여름에 가면 정말 시원하고 제대로 힐링을 하고 올 수 있어요. 고창 학원농장
청보리밭은 계절마다 청보리, 유채꽃, 메밀꽃, 해바라기, 벚꽃, 코스모스 등이 피어 사계절 내내 아름다
워요. 익산 원광대학교 캠퍼스는 원불교 재단의 전폭적인 지지로 교내 조경이 전국에서 손꼽힐 정도인데 벚꽃이
장관이에요.

여기는 부산이다! 오바!

센 놈이 나타났다. 누군가는 음악에 취해 있다가 정신을 차리고 보니 부산행 기차 표를 사버린 후였다고 했다. 최백호의 '부산에 가면'을 듣고는 그곳으로 가지 않으면 입에 가시가 돋을 것만 같다. 이미 몇 번을 다녀왔건만…. 특정 지역의 찬사를 읊어대는 노래야 많았다. 매일 먹어도 물리지 않는 밥처럼 들어도 들어도 질리지 않는 '제주도 푸른밤'이나 '여수 밤바다'. 그런데 더 센 놈이 '부산에 가면'이다. 롯데야구장에서 목청이 터져라 부르는 부산갈매기의 흥겨움도 좋지만 인생은 그리 달콤하지만은 않다. 그리움, 상실감 그리고 아련한 추억들. 듣고 있으면 부산의 차디찬 밤바다를 헤집고 바람이 불어오는 듯하다. 그렇게 부산에 가야 했다. 내 마음은 여전히 쌀쌀한 늦가을을 지나고 있었는데 봄이 막 시작되려던 어느 해 삼월에 말이다.

부산

"돌아와요 부산항에, 안개 낀 부산항, 울며 헤진 부산항,

이별의 부산정거장, 부산 아지매, 자갈치 아지매, 부산 사나이,

부산은 내 고향, 이별의 부산정거장,

자갈치 왈순이, 굳세어라 금순아, 부산 꽃순이,

광복동 거리, 구포를 찾으세요, 태종대 에레지,

한 많은 오륙도, 눈물의 영도다리, 저무는 국제시장,

추억의 광안리, 추억의 서면 로타리, 해운대야 말해다오….

부산을 노래한 무수한 노래들이다.

부산에 가면 누구나 노래 한 곡쯤 짓지 않고서는

견딜 수 없어지나 보다"

[The first day]

달맞이 아트 프리마켓 구경하기 → 걸어서 5분 ▶

부산의 절경을 꿰찬 카페 반에서 티타임 → 30분 ▶

순쌀빵에서 빵 탐하기 → 12분 ▶

이기대 도시자연공원 걷기(동생말에서 오륙도 5.2킬로미터, 2시간) → 17분 ▶

오륙도에서 숫자 놀이 → 30분 ▶

흰여울문화마을 산책 → 25분 ▶

보수동 책방 골목, 부평깡통시장, 국제시장 유랑 → 걸어서 10분 ▶

부산의 밤은 남포동 포장마차 거리나 미소오뎅에서 → 15분(남포동 포장마차 거리), 25분(미소오뎅) ▶

도요코인 부산역 I에서 하룻밤

[The second day]

해운대 속씨원한대구탕에서 아침밥 먹기 → 50분 ▶

영도대교 관광 → 걸어서 10분 ▶

자갈치시장에서 자갈치 아지매 만나기 → 8분 ▶

삼진어묵에서 부산 어묵 맛보기 → 20분 ▶

감천문화마을 걷기 → 1시간 ▶

금정산성막걸리에서 막걸리 한 대접

[I'm here!] 부산

[거기] 영도대교, 자갈치시장, 부평깡통시장, 국제시장, 흰여울문화마을, 감천문화마을, 이기대 도시자연공원,
오륙도, 광안대교, 부산 자전거도로, 황령산, 달맞이 아트 프리마켓, 보수동 책방 골목

[밥] 남포동 포장마차 거리, 금정산성막걸리, 해운대 속씨원한대구탕, 삼진어묵, 미소오뎅, 순쌀빵, 카페 반

[잠] 도쿄코인

[음악] 최백호의 '부산에 가면', 〈범죄와의 전쟁〉의 OST '1982년', 9와 숫자들의 '말해주세요'

[책] 더글라스 애덤스의 『은하수를 여행하는 히치하이커를 위한 안내서』, 빌 브라이슨의 『빌 브라이슨 발칙한 영국 산책』

[영화] 윤종빈 감독의 〈범죄와의 전쟁〉, 정기훈 감독의 〈애자〉

[Information]

부산관광안내 1330
부산광역시청 문화관광국 051-888-5031

영도다리 난간 위에
초승달만
외로이 떴다

'굳세어라 금순아'에도 등장하는 다리는 1934년에 건설됐다. 당시 부산 인구가 20만 명이었는데 6만 여 명이 몰려들어 개통식을 구경했다고 한다. 그러나 노후화와 교통 정체 등의 이유로 1966년에 멈췄던 도개 기능은 47년 만에 재개됐다. 추억을 기억하며, 추억을 만들기 위해 번쩍 들리는 다리로 몰려든 무수한 인파(7만 여 명에 달했다를 뉴스에서 본 기억이 또렷하다. 왕복 6차로의 거대한 다리 일부가 하늘을 향해 치솟다가 75도를 정점으로 다시 바다로 곤두박질친다. 매일 정오부터 15분 동안 한 차례 들리는 신기한 다리다. 한때 철거 위기에 처했지만 보존 목소리가 커지자 부산시에서 보존을 결정하며 가까스로 살아남았다. 롯데몰이 들어선 영도대교의 맞은편에는 시간이 멈춘 듯한 점바치골목이 있다. 피란민들은 가족들과 혹시 헤어지더라도 '들리는 다리에서 만나자'는 약속을 했다고 한다. 가족의 생사만이라도 알고 싶은 피란민들이 다리로 몰려들었고 사람 찾는 벽보가 넘쳐났다. 점쟁이들도 다리로 몰려들면서 점집 골목이 형성되었다. 지금은 부산이 우주선이 쌩쌩 날아다니는 미래 도시처럼 세련된 모습으로 변모하면서 점집은 겨우 두 곳만 남았고 이마저도 곧 사라질 것 같다.

자갈치
아지매의
힘

　　　　　일본 관광의 아이콘이 전통 여관의 여주인이라면 부산
관광의 아이콘은 자갈치 아지매라는 생각이 든다. 거친 항구도시의 시장
을 사로잡는 자갈치시장의 아지매들은 억척스럽고 목청도 높다. '기믄 기
고 아니믄 아닌 기라'는 부산 사람의 기질이 자갈치 아지매들에게서도 풍
긴다. 강영환 시인은 〈부산일보〉에 '부산에서 가장 부산다운 곳을 꼽으라
면 남항을 중심으로 한 자갈치 일원일 것이다. 비릿한 갯 내음과 함께 아
지매들의 목청 높은 소리가 어우러져 묘한 정취를 뿜어내는 자갈치. 시인
과 더불어 예술가들이 자주 찾는 이유다'라고 썼다.

아지매들의 삶의 터전인 자갈치시장은 중구 남포동과 서구 충무동에 걸
쳐 있는데 연안에서 잡힌 갈치, 대구, 청어 등의 해산물이 365일 거래된
다. 현대식 수산빌딩이 들어서며 옛날의 대단한 위세는 약해졌지만 여전
히 "사이소! 사이소!" 목청 높은 아지매들의 좌판에는 싱싱한 해산물이 수
북이 쌓여 있다.

이렇게
재미있는
시장이라면

부평깡통시장도 지척에 있는 국제시장과 비슷한 길을 걸어왔다. 1890년대 '사거리 시장'으로 부평동에 자리를 잡았는데, 피난민들이 미군부대에서 나오는 깡통 통조림을 팔면서부터 '깡통시장'이라 불리게 됐다. 신기하고 특이한 물건이 많아 '도깨비 시장'이라 부르는 이도 많았다고 한다. 1970~80년대에는 양주와 워크맨, 일본 전자제품이 단골로 거래되었고 요즘은 수입과자나 식품, 화장품, 의류, 잡화 등이 시장을 장악했다. 하루 2만 명에 달하는 사람들이 찾으며 아케이드화되어 있는 구역과 전통 시장의 모습을 간직한 구역으로 나뉜다.

먹거리는 국제시장보다 한 수 위다. 시장 상인의 허기를 달래주던 비빔당면, 변변한 간판 하나 없지만 용케 알고 찾아온 사람들이 호호 불며 먹는 할머니표 유부전골, 피난민 어머니의 손맛을 재현한 이북식 공순대, 환공어묵과 미도어묵 등이 대표선수로 나선 어묵 골목의 어묵 등 저렴한 시장 음식 천국이다. 2013년부터는 전국 최초의 야시장이 시작되었는데 부산의 새로운 밤 명물이 됐다. 야시장은 오후 6시부터 자정까지 열린다.

억수로
오고
싶었어예

영화 〈친구〉가 자갈치시장을 띄웠다면 영화 〈국제시장〉은 국제시장을 부산의 핫한 명소로 바꾸어놓았다. 영화의 도시 부산은 영화 동네와 주거니 받거니 남는 장사를 하고 있는 셈이다. 국제시장은 중구 신창동에 위치한 부산을 대표하는 재래시장이다. 부산국제영화제 전야제 행사가 열리는 BIFF 광장이 가까이에 있다. 한국전쟁 후 몰려든 피난민들이 장사를 하며 세가 커졌고 민국 군용 물자와 부산항으로 밀수된 상품들이 이곳을 통해 전국으로 퍼졌다. 드넓은 빈터에 쏟아져나온 갖가지 물자들을 이것저것 가리지 않고 있는 대로 싹 쓸어 모아 물건을 흥정하는 도거리 시장이라는 의미이거나 도거리로 떼어 흥정한다는 뜻에서 '돗대기시장', '돗떼기시장'이란 말도 등장했다.

시장은 2층 건물, 여섯 개 공구로 나뉘어져 있으며 미로처럼 얽힌 골목에 다양한 점포가 오늘도 성업 중이다. 그러나 부산 사람들은 신창시장, 창선시장, 부평시장을 모두 일컬어 국제시장이라고 부르기도 하는 모양이었다.

부산은
마을이다

"이런 게 어딨어요? 이라면 안 되는 거잖아요! 할께요! 변호인 하겠습니다!"라는 명대사로 기억되는 영화 〈변호인〉의 촬영 장소로 뜨고 있다는 소식에 찾아간 흰여울문화마을이다. 사람들에게 관광지로 알려진 마을을 걷다 보면, 특히나 생활하기 불편해 보이는 경사가 높은 곳에 위치한 마을에서는 왠지 마을의 침입자 느낌이 들어 괜히 미안해지곤 한다. 더군다나 영화에서 이 마을은 무고한 죄로 고문 받게 된 아들과 엄마인 국밥집 주인의 집이 있는 곳으로 등장하기에 영화상 무거운 느낌으로 설정되어 큰 기대는 하지 않았다. 그런데 그날 유난히 파란 하늘 때문이었을까? 집집마다 오션뷰를 자랑하는 경치에 입이 떡 벌어질 수밖에 없었다. 이 마을의 매력은 따로 보면 전혀 어울리지 않은 절벽 위에 옹기종기 모여 있는 집들의 일상적인 삶과 끝도 없이 푸른 바다 풍경의 묘한 어우러짐이다.

마을 밑을 지나는 절영해안산책로는 갈맷길 3코스에 속하는데 마을에서 4.7킬로미터의 해안 길을 더 걸어가면 일출로 유명한 태종대에 이른다. 아름다운 해안 길로 소문이 자자한 터라 다음 여행지로 점찍어두고 왔다.

사람 사는
마을이에요

어느 날은 풍경 사진 한 장에 혹해 부산행 기차를 탈 뻔했다. 바다가 보이는 산자락데 계단식으로 층층이 들어선 알록달록한 집들, 미로 같은 골목, 공동 우물의 정겨움에 홀린 것은 아니다. 피난터가 되어준 부산이라는 도시의 옛 모습을 볼 수 있지 않을까 하는 욕심도 조금은 있었다. 아침나절에 마을로 걸어가는 길이었다. 수십 발자국 떨어져 나를 따르던 황장군이 난감한 표정으로 뛰어왔다. 마을 풍경을 앵글에 담고 있었는데 멀리서 걸어오던 여자아이가 얼굴을 일그러뜨리더니, "아! 찍혔네. 흉" 하고 지나가더란다. 황장군은 아이가 오해한 것 같다며 굉장히 미안해했다. 그렇다. 감천동과 아미동 사이의 반달고개에서 보이는 모습이 한국의 산토리니니 마추픽추니 하는 요란한 치장의 말 따위, 아무 곳이나 예의 없이 들이대는 카메라를 든 관광객의 모습 따위, 산자락을 따라 계단식으로 지어진 작고 낡은 집에서 사는 사람들에게는 반가울 리 없다. 태극도 신앙촌으로, 전쟁이 터진 후에는 피난민의 거주지로 형성되며 부산의 역사를 그대로 간직한 마을에는 해마다 10만 명이 찾아든단다. 화려하게 치장한 부산의 어느 지역과 달리 '진짜 부산'의 얼굴에서 '배려'라는 단어에 대하여 곱씹다 돌아왔다.

기대해도
좋아요

여행서를 준비 중이라는 소식이 전해지자 곳곳에 사는 지인들이 홍보 사절단을 자처했다. 시댁이 부산인 황장군의 친구가 귀띔하여 달려간 곳이 이기대 도시자연공원이다. 운전 스트레스가 다른 도시에 비할 바 아닌 부산에서 유독 그들이 부러웠던 까닭은 일출과 일몰과 월출까지 볼 수 있다는 공원 덕이다. 남구 용호동 일대에 대륙의 스케일처럼 드넓게 퍼져 있는 공원은 해안 절벽을 따라 해안산책로가 놓여 있고 장산봉이란 봉우리도 있다. 동생말에서 어울마당, 농바위를 지나 오륙도 해맞이공원으로 이어지는 3.95킬로미터는 다섯 개의 구름다리와 데크로드, 바윗길, 흙길이 있어 즐겁다. 그나저나 '이기대는 누구? 사람인가?' 싶었다. 이기대二妓臺. 향토사학자 최한복은 '임진왜란 때 왜군이 수영성을 함락시키고 축하연을 열었는데 기녀 둘이 술 취한 왜장과 함께 물에 빠져 죽어 이곳에 묻혀 있어 이기대라 한다'고 주장했다. 이렇게 빼어난 곳이 뒤늦게 부산 명소 배틀에 뛰어든 것은 군사 지역으로 통제되다가 2005년부터 해안산책로를 조성했기 때문이다. 광안대교, 해운대 APEC누리마루하우스 등 부산의 명소가 눈에 들어오며 공원입구 끝자락에는 그 유명한 오륙도가 있다.

의리 관광

오륙도

　　　　오륙도 선착장에서 오륙도를 바라본다. '오륙도 돌아가는 연락선마다~'라는 노래는 자동 설정이라도 된 듯 머릿속에서 맴돈다. 방패섬, 솔섬, 수리섬, 송곳섬, 굴섬, 등대섬이 있다는데 우리 눈에는 그 섬이 그 섬 같다. 동쪽에서 보면 여섯 봉우리가 보이고 서쪽에서 보면 다섯 봉우리가 보이니 오도라고 부르기도 그렇고, 육도라고 부르기도 애매하니 오륙도가 해답이 아니었을까. 부산항을 드나드는 배들은 이 작은 섬들을 반드시 지나야 한다고 하고 유람선도 뜨니 오륙도 주변에는 항상 배로 들끓는다.

바다
위를
달린다

광안대교

　　　　바다를 가로지르는 7.2킬로미터의 광안대교. 정확하게는 수영구 남천동 49호 광장에서 해운대 센텀시티 부근을 잇는 다리다. 리히터 규모 6의 지진, 초속 45미터의 태풍, 7미터 높이의 파도에 견딜 수 있도록 건설되었다광안대교 앞의 숙소에서 묵은 나의 조카는 보고 또 보다 대사마저 외운 〈해운대〉의 장면이 떠올라 뜬 눈으로 밤을 새운 적이 있다. 요일과 계절에 따라 다른 색으로 갈아입으며 부산의 야경 지도마저 바꿔놓았다. 부산의 부의 상징처럼 여겨지는 대교 아래에서는 통통배들이 물고기 잡이에 한창이었고 철 이른 해변에는 다리의 모티브가 되었다는 부산 갈매기들이 여유로운 한때를 즐기고 있었다.

단디
보고
달리소

　　부산에도 자전거 코스가 여럿 있다. 낙동강과 온천천, 수영강을 중심으로 길이 놓여 있다. 바다를 곁에 두고 달릴 수 있는 가장 부산다운 자전거길은 이기대 도시자연공원에서 시작하여 광안대교가 코앞에 놓인 광안리해변까지의 구간이 아닐까. 삼익비치아파트 단지 앞을 달리는 호안도로에서는 제아무리 풍경무無 수집가라도 페달을 멈추고 풍경에 빠져들게 된다. 광안대교와 부산의 경제력을 과시하는 듯 화려하고 크고 높은 유리 빌딩들이 뾰족하게 솟아 있다.

자전거도 들고 가야 하나 걱정할 필요가 없다. 신분증만 들고 가면 수영구청에서 2시간 동안 무료로 자전거를 빌려주는 친절을 베푼다. 대여소는 남천동 삼익비치 301동 앞에 있다.

항구도시
부산의
야경 명소

　　바다와 다리, 야트막한 산, 아파트와 산자락에 올라앉은 주택이 빚어내는 부산의 황홀한 야경을 보려면 황령산에 올라야 한다. 이런 정보를 알 리 없는 우리는 광안대교 앞에서 사진을 찍다가 버스 운전기사의 귀띔으로 달려가게 됐다. 황령산봉수대에 오르니 부산의 야경이 한 폭의 그림처럼 펼쳐졌다. 금련산에서 황령산으로 넘어가는 고개에도 야경 전망대금련산 전망대가 마련되어 있다. 두 곳의 야경 포인트는 불꽃 축제와 벚꽃 시즌의 명소이기도 하다.

5일장만큼
반가운

　　　　해운대해수욕장에서 송정해수욕장으로 향하는 와우산 중턱은 부산의 핫 피플들이 모이는 아지트다. 벚나무와 소나무 숲이 울창하여 드라이브 코스로도 그만이고 보름달이 뜨면 볼 수 있는 월출도 대단하단다. 3월부터 11월까지 매주 토요일과 일요일 오후 2시에 해월정 광장에서 밀랍 양초, 손 그림, 인형, 패브릭 가방, 도자기 등 부산의 아티스트들의 손품이 돋보이는 작품이 거래되는 프리마켓이 열린다. 부산의 몽마르트라 불리는 달맞이길을 찾아야 할 또 하나의 이유가 생겼다.

전쟁 통
부산에서
책이란

　　　　국제시장 입구 대청로사거리 건너편 보수동에는 좁은 골목길에 책방들이 몰려 있다. 패망한 일본인들이 놓고 간 책을 팔던 노점은 시장에서 밀려 길 건너편 골목으로 옮겨갔는데 보수동 책방 골목의 시작이다. 전쟁으로 부산에 임시수도가 들어서고 피난민들이 몰려들면서 헌책을 팔아 끼니를 마련했다는 피난민들의 추억과 한이 버무려진 곳이다. 피난을 온 교수들과 학생들이 책을 사들이며 꼴도 제대로 갖추지 못한 책방 골목은 모양새를 갖추게 됐고 국제시장, 부평깡통시장과 함께 부산의 나이테를 보여주는 명소가 됐다. 책방 골목으로 몰려드는 책의 물결은 변함이 없지만 책을 놓는 손들이 많아지면서 보수동 책방 골목도 점점 생기를 잃어간다.

1번부터 73번까지

남포동 포장마차 거리

주당인 황장군에게 먹거리 풍부한 부산은 천국 같은 곳이다. 부산에는 항구 도시의 풍취를 간직한 술맛 나는 포장마차 거리가 몇 군데 있는데, 깡통시장과 국제시장 근처의 남포동(부산 BIFF거리 비프광장로)에서 오랜 시간을 버텨낸 포장마차 거리를 발견했다. 족히 100미터쯤 되어 보이는, 꼬리에 꼬리를 문 포장마차들이 영업 중이었다. 술과 안주를 주문한 다음 주인 아주머니께 이 것저것 물으니 포차 거리가 생긴 지 27~28년은 됐을 거라고 하셨다. '김떡 순' 같은 이름 간판을 대신해 숫자로 표시한다. 황장군이 찾았을 때에는 1번이 제일 형님. 막내는 73번이었다. 안주는 해산물부터 육류까지 다양하다. 가짓수 는 열다섯 개에서 스무 개 정도로 공통 사항이란다.

전해 들은 이야기로는 포차 거리가 형성될 즈음에는 깍두기형님들에게 자릿 세 명목으로 돈을 지불했지만 지금은 관리를 담당하는 포장마차협회가 있고 포장마차를 통째로 배달을 해주는 배달꾼도 있다던가. 작은 포차들이다 보니 옆자리 손님들과 자연스럽게 술과 안주와 말도 트게 되는 요상하고 재미난 곳이다. 예민한 언니들을 위한 팁을 하나 건네면, 구역별로 화장실을 사용할 수 있는 건물들이 정해져 있으니 맘 편히 술을 마셔도 된다.

명품 막걸리

금정산성막걸리

막걸리 애호가의 추천으로 맛보게 된 금정산성막걸리는 막걸리만 못 마시는 주당에게 술의 신을 부르게 하였다. 부산 토박이들은 옛날 맛보다 못하다는 소리도 거침없이 하지만 역시 달달한 막걸리계에서 금정산성막걸리는 급이 다른 명품이다. 마을 사람들은 공동 사업으로 옛 방식대로 발로 밟아 누룩을 띄우고 금정산에서 샘솟는 지하수로 막걸리를 빚는다. 조선 초기 산성마을로 들어와 생계를 위해 누룩을 딛던 화전민들에 의해 시작된 토산주로 축성 공사에 동원된 군졸들에 의해 이름을 알렸다고 한다.

스뎅 대접에 얼굴을 파묻고 먹는

해운대 속씨원한대구탕

부산이 영화의 도시로 뜨면서 함께 뜬 음식점이 더러 있는데 그중 한 곳이 해운대 속씨원한대구탕일 것이다. 영화를 안주 삼아 해운대 일대에서 술을 마시다가 속을 풀려는 많은 이들이 찾는 대구탕집이다. 추신수 선수나 송중기, 구혜선 등 유명인들의 사인이 벽면을 가득 메우고 있다고 하여 맛집일 리는 없다. 대구찜, 대구탕, 알말이가 메뉴의 전부인데 대구탕 맛이 억수로 좋다. 쫄깃하고 싱싱한 대구를 먹고 나면 "맛집 맞네예~" 라며 인증서를 내주게 된다.

SINCE 1953

삼진어묵

역사로 보나 지역민들의 충성도로 보나 가장 이름난 곳은 여기다. 뽀글이 아줌마 부대가 자주 출몰하는 진짜 부산 어묵집. '부산에서 가장 오래된 어묵 제조 가공소'라는 명패도 달았다. 봉래시장에서 시작하여 3대에 걸쳐 어묵만 만들어온 집이다. "남는 게 없더라도 좋은 재료를 써야 한데이. 다 사람 묵는 거 아이가"라는 말을 남겼다는 故 박재덕 창업주는 일본인이 운영하는 어묵 공장에서 기술을 배웠다. 그러나 5년 동안 홋카이도로 강제 징병을 당해 겨우 살아 돌아왔고 결혼 후 대신동에 자리를 잡고 다시 어묵 기술을 익혔다. 다시 4년 후 전쟁이 일어나 지리산에서 빨치산을 토벌했다고 한다. 어묵집 창업은 영도대교 점집의 점쟁이의 입김이 결정적이었다 한다. 사업을 하면 성공한다는 말에 아내의 금비녀와 반지를 팔아 어묵을 만들기 시작했다.

매생이말이, 메추리알어묵, 몽떡말이, 크래미어묵, 해물네모, 꾸이마루, 오징어땡, 홍단, 특낙엽…. 사각어묵, 꼬치어묵용 어묵만 즐겨 맛보던 비부산 사람은 삼진어묵의 다양함과 맛에 입이 떡 벌어진다. 밀가루 대비 연육 함량 70% 이상의 기준을 지킨다고 하니 단골 도장을 찍으련다. 2층에는 삼진어묵 체험역사관도 있다.

항구의 심야술집

미소오뎅

부산은 기이하게도 어둠이 깔리면 술잔을 기울이고 싶어지는 동네다. "나는 부산의 술집이다"를 외쳐도 "옳소!"라고 외쳐주고 싶은 곳은 미소오뎅이다. 버스정류장 근처 작은 술집에는 8칸짜리 어묵통에서 각기 다른 맛의 어묵이 익어간다. 부산 어묵맛 품평가라 이름을 붙여주고 싶은 주인장이 부산의 맛난 어묵 스무 개 정도를 골라 맨유 부럽지 않은 드림팀을 꾸려놓았다. 어묵의 맛을 돋우는 감초는 육수다. 남해산 멸치를 우려낸 국물에 소금 간만 해서 어묵을 끓인다고 하는데 맛이 범상치 않다. 손님은 그 앞에 앉아 손이 가는 어묵꼬치를 들어 맛보면서 술을 곁들이면 족하다. 그러나 연육의 함량이 다른 어묵은 익는 시간이 다르니 미소오뎅을 처음 찾았다면 주인의 도움을 받아 어묵 맛볼 타이밍을 맞춰야 예의다. 테이블은 세 개가 전부인데 가장 큰 테이블(어묵통이 있는)은 합석이 기본이다. 술은 화랑, 맥주, 더치 소주, 소주, 맥주, 일본 술 몇 가지 중 골라 마실 수 있다. 한우 힘줄을 발라 만든 스지는 전설의 메뉴다. 그러나 주인장이 골라놓은 오뎅 맛을 이것저것 보다 보면 배가 불러 스지는커녕 술 마실 배도 없어져 분했다.

부산의 착한 빵집

순쌀빵

이기대 도시자연공원을 귀띔해준 황장군의 친구가 극찬한 빵집이다. 이름 그대로 쌀 빵을 판다. 빵을 먹고 나서의 더부룩함이나 생목 오름이 없고 밀가루 알레르기나 방부제, 표백제 걱정과는 안녕이다. 쌀은 강원도 횡성 청결미를 쓴다고 빵집 앞에 내걸어 두었다. 쌀로 만든 빵이라 하여 맛이나 모양에 흠이 있는 것도 아니었다. 떡을 씹는 것처럼 쫄깃하고 촉촉하며 씹을수록 단맛이 우러나온다. 빵 하나 맛보라고 부산까지 달려가랄 수 없어 난감했는데 전국 택배 배송이 가능하다는 반가운 소식이 들린다.

달맞이길 갤러리 카페

카페 반

부산의 문화 자존심은 달맞이길에서 찾을 수 있다. 크고 작은 갤러리가 많고 세계 유일의 추리문학 전문 도서관인 김성종 추리문학관도 달맞이길의 자랑이다. 그리고 유명 작가의 작품과 해운대의 풍경을 동시에 즐길 수 있는 갤러리 카페, 카페 반(Cafe Van)도 달맞이길의 핫 플레이스다. 달맞이길에 벚꽃이 피는 봄이 되면 카페 반에서 핸드드립 커피를 마시며 봄이 내리는 소리를 듣고 싶다.

항구의 비즈니스호텔에서

도요코인

부산에서 머문 숙소는 공교롭게도 일본의 비즈니스호텔 체인의 부산지점 격인 도요코인이었다. 이 호텔에 관심을 가지게 된 것은 한 권의 책을 읽고 나서다. 『여자들의 열정이 만든 일본 최고의 호텔 도요코인』에는 호텔 전국 지점을 호텔 소유의 개념이 아닌 렌털 방식으로 발상을 전환하여 이룬 성공 스토리가 담겨 있다. 깔끔하고 깐깐한 여성의 노동력을 적극적으로 북돋우며 깨끗하고 따뜻한 호텔이란 이미지를 심어줬고 그 고장이 낯선 여행자들을 위해 역 앞 비즈니스호텔을 표방한다.

단출하게 싱글룸, 더블룸, 트윈룸만 갖춘 체인 호텔은 우리나라에도 진출하여 부산, 동대문, 대전에도 지점을 열었다. KTX 부산역 바로 앞에는 도요코인 부산역Ⅰ, 지하철 1호선 중앙동 역 근처에는 도요코인 부산Ⅱ가 자리한다. 객실은 작지만 저렴하고 갖출 건 다 갖춘 실용적인 모습, 간단한 조식 뷔페 등 넉넉한 먹거리 인심은 어딘가 부산과 닮은 구석이 있다. 도요코인 부산역Ⅰ은 기차로 부산에 닿을 때 기용하기 편리하고 호텔 바로 앞에서 부산시티투어버스가 출발한다. 도요코인 부산Ⅱ에서 처음 도요코인을 경험한 황장군은 새근새근 잠이 들수록 도운 이불과 베개가 매우 만족스럽다고 했다. 나는 객실 창밖으로 보이는 집들의 정겨움이 참 좋았다.

징하게 곱다

소백산맥의 서쪽 자락과 금강의 상류를 꿰찬 산골 마을은 반딧불이가 날아다닐 정
도로 청정하다. 덕유산과 민주지산, 적상산에 구천동계곡까지 자연에 취하기 좋은
곳이라 각별히 정이 갔다. 나이가 들수록 유명한 관광지보다는 한적한 자연에 끌리
게 된다는데 무주가 그렇다. 징하게 고운 산골 마을과 산골 마을을 더 아름답게 수
놓은 건축가의 숨결이 곱게 피었다.

무주

"내가 무주에서 쓴 그림일기들을 다른 이들도 향유하고,

무주에 대한 애정이 다음 세대로

면면이 이어질 수 있도록 배려한다면 무엇을 더 바라겠는가!

그래서 나는 무주의 공공 프로젝트를 생각할 때마다 작은 길을 떠올리게 된다.

산자락에 난 구불구불한 오솔길을.

내가 이룬 일이 마치 저 언덕의 길처럼 존재할 수 있으면 하는 염원에서 말이다"

— 정기용의 『감응의 건축—정기용의 무주 프로젝트』에서

[**The first day**]

지전마을 돌담길 걷기(40분) → 20분 ▶

추모의집에서 깊은 사색(40분) → 10분 ▶

등나무운동장 나무 그늘에 앉아 있기 → 35분 ▶

덕유산 향적봉과 덕유산리조트 탐험 → 15분 ▶

나무별펜션에서 별빛 아래 만찬

[**The second day**]

하얀섬금강민물에서 식객놀이 → 40분 ▶

예향천리 금강변 마실길 나들이(도소마을에서 시작, 2~5시간) → 12분(서면마을 출발) ▶

장 구경이 최고! 무주 반딧불장터

[**I'm here!**] 무주

[**거기**] 예향천리 금강변 마실길, 건축가 정기용과 무주, 무주 반딧불장터,
　　　　덕유산 향적봉과 덕유산리조트, 지전마을, 태권도원
[**밥**] 하얀섬금강마을, 반디어촌, 서창갤러리 카페
[**잠**] 나무별펜션
[**음악**] Kings of Convenience의 'Homesick', Jose Gonzalez의 'Stay Alive'
[**책**] 정기용의 『감응의 건축—정기용의 무주 프로젝트』
[**영화**] 정재은 감독의 〈말하는 건축가〉

[**Information**]

무주군청 문화체육관광과 1899–8687 http://tour.muju.go.kr

지리산 둘레길보다 좋다!

예전에 무주 여행 트렌드는 우뚝 솟은 덕유산과 길고도 깊은 구천동계곡이었을 테지만 이제는 걷는 길이 대세다. 무주에도 걷기 좋은 길이 있다. 지리산 둘레길보다 더 좋은 그 길은 산골 마을 무주의 풍경을 있는 그대로 보여주는 살가운 길이다. 트레킹 동호회에서는 몇 년 전부터 안방 드나들듯 찾는 곳이라는데 아직 알려지지 않아 한 해에 겨우 2000명 정도만 찾는단다. 그 길은 예향천리 금강변 마실길이다. 몇 년 전 봄에 트레킹 동호회를 따라 마실길을 걸었다는 황장군의 추억을 더듬으며 신록이 푸른 봄날 인적이 뜸한 그 길을 걸었다.

도소마을에서 대문바위, 부남면소재지, 벼룻길, 각시바위, 상굴암마을, 굴암삼거리, 잠두마을, 요대마을, 남대천, 서면마을까지 19킬로미터의 구불구불한 길을 다섯 시간 정도 걸

소곤소곤 TIP

예향천리 금강변 마실길 걷기

도소마을에서 출발하여 12.8킬로미터, 세 시간
정도 걸으면 잠두마을이 나온다. 길이 끝나는
서면마을로 이어진 길은 7.2킬로미터로 두
시간이 더해진다. 또 금강변 마실길보다 훨씬
길게 놓인 백두대간 마실길도 있다.

어야 한다. 길의 백미는 벼룻길이다. 1.5킬로미터의 길은 일제강점기 때 만든 농수로였다
는데 산과 호수 사이를 하늘에서 걷는 듯 아찔한 스릴이 있는 좁은 낭떠러지길이다. 요즘
유명해진 다른 길에서는 보기 힘든 순박하고 예스런 풍경 때문일까? 반딧불이를 볼 수 있
는 깨끗한 산골이라 그런 것일까? 금강변 마실길에서는 묘하게 걸음이 가다 서다를 반복
했다. 마을을 끼고 걸어야 하는 강변길은 잔잔한 호수처럼 고요하고 서정적이었다. 낮은
키의 들풀과 이름 모를 꽃들과 키 큰 나무와 맑은 강물이 도시에 살아도 한 달쯤 비타민을
입에 털어넣지 않아도 될 정도로 자연의 힘을 준다. 금강의 원형이 살아 있는 산골 마을의
길이 주는 따뜻한 위로다. 배꽃과 복사꽃, 산 벚꽃이 화사하게 피는 봄에 다시 찾아야 할
것 같다.

기억의
풍경

그가 세상을 뜨기 3년 전, 10년 동안 무주에서 펼친 공공건축 프로젝트를
정리한 『감응의 건축─정기용의 무주 프로젝트』란 책이 세상에 나왔다. 1996년부터 2006
년까지 무주라는 산골 마을은 정기용이란 건축가와 만나면서 표정이 더욱 보드라워졌다.
건축가는 빈민 운동가로 알려진 故 허병섭 목사의 부탁으로 진도리에 마을회관을 지으면
서 무주와 연을 맺었다고 한다. 주민자치센터, 공설운동장, 청소년수련관, 추모의집, 곤충
박물관과 자연학교, 농민의집, 된장공장, 테니스장, 아름다운화장실, 버스정류장…. 관광
지도에는 표시되지 않지만 가봐야 할 곳이 많다. 보잘것없던 섬마을이 예술 마을로 변모
한 나오시마보다 훨씬 인간적이다.

500여 그루의 등나무가 숲을 이루고 있는 등나무운동장은 경쾌했다. 관중석에 등나무로
그늘 막을 만든 운동장에는 재미있는 사연이 있었다. 체육대회가 열리면 본부석에만 차
양막이 쳐지는 건 온 대한민국이 다 아는 사실이다. 관중석에 앉아 볼멘소리를 쏟아내던
주민들은 점점 체육대회에 참여하지 않게 된다. 군수는 관중석에도 그늘을 만들자는 의
견을 냈고 그 작업을 정기용 건축가가 맡게 된다. 그는 그 작업을 '모더니즘 건축이 놓친

자연과 인간의 감성을 일깨워준 곳'이라 기억한다. 우리가 찾았을 때에는 마침 운동장 한가운데에 무주산골영화제의 메인 무대 설치로 분주했는데, 주황색 관중석 의자에 앉아 그 모습을 바라보고 있자니 무주 어르신들과 트로트 가락에 맞춰 덩실덩실 춤이라도 출 수 있을 듯 마음이 한없이 부드러워졌다.

말랑말랑해진 가슴으로 읍내에서 남쪽으로 30분 정도 내려갔다. 천마와 머루, 오미자가 많이 나는 마을의 중심은 안성면주민자치센터로 1층에는 진귀한 시설이 있다. 습식 사우나를 갖춘 주민 자율 목욕탕이다. 공공건축 프로젝트를 의뢰받고 그가 가장 많은 시간을 할애한 것은 주민들과 만나 이야기를 듣는 것이었다고 한다. "돈 처들여가며 면사무소는 뭐 하러 짓는가? 목욕탕이나 지어주지" 설문조사에서 튀어나온 주민의 말에 목욕탕이 태어났다. 그동안 목욕탕이 없어 마을 사람들은 봉고차를 빌려 한 시간 거리의 대전까지 가야 하는 목욕 원정대 생활을 했다고 한다.

'죽음을 기억할 줄 아는 삶'을 바라며 건축했다는 무주추모의집에서의 전율도 잊히지 않는
다. 그래서 요즘 나는 무주에 가면 추모의집에 가보라고 지인들에게 권하고는 하는데 지
인들의 반응은 비슷비슷하다. '여행하러 가는데 추모의집에 가라니 얘가 드디어 미쳤구
나!'라는 표정이다. 사실 나와 황장군도 이곳을 방문하기 전까지 기뻐서 얼른 가고 싶었던
곳은 아니었다. 정기용 건축가는 책에서 '죽은 자를 위한 공간에서 가장 끔찍한 것은 주검
을 어둡고 칙칙한 공간에 두는 것이다. 왜 죽은 자는 밝고 생기 있는 공간에 있어서 안 되
는가'라고 말했다.

추모의집은 무주의 풍경이 훤히 내려다보여 가슴이 시원해지는 곳에 자리하고 있었다. 공
동묘지와 검은 막이 쳐진 인삼밭은 세상에서 가장 밝은 납골당이 됐다. 출입구에서 기도
실에 이르는 복도에는 작은 창에서 햇빛이 스며들고 추모관 한가운데에는 소나무가 심어
져 있다. 소나무를 통해 삶과 죽음이라는 비밀의 문이 열리기라도 하는 듯 신비한 기운이
감도는 것 같았다. 그러나 거기까지만 머물러야 했다. 납골당을 둘러보다 구구절절한 사

연이 적힌 메모지를 하나씩 읽어 나가고 말았다. '아빠. 하늘나라에서 잘 있어요? 보고 싶
어요.' 빼뚤빼뚤한 글씨로 아빠에게 안부를 전하는 어린 아들이 남긴 글을 읽고 말았다.
황장군의 손끝이 떨리는 미묘한 셔터 소리가 들리고 나는 금방이라도 분수처럼 뿜어져 나
올 것 같은 눈물을 꽉꽉 누르며 추모관을 뛰쳐나왔다.

건축가가 무주에 남긴 아름다운 유산을 둘러보고 나서야 무주와 건축가 정기용을 뒤늦게
흠모하게 되었다. 열 평 남짓한 다가구주택의 월세방에 살던 건축가는 '건축계의 공익요
원'이라 불리기도 했다. 성장 정책과 관리 소홀로 원형이 훼손된 무주 프로젝트라는 소리
도 들리지만 그래도 그곳에 가야 한다. 으레 건축가들이 저지르기 쉬운 인간의 탐욕을 드
러내지 않고 산골 마을의 삶을 구차한 것이라 깔보지 않으며, 주민이 원하는 건축을 담백
하고 순박하게 담아낸 윤리적인 건축이 그곳에 있다. 건축가 정기용의 무주 프로젝트는
새로운 호흡이며, 시대가 원하는 건축이다. 무주는 여전히, 한 건축가가 불어넣은 생기로
가득하다.

산골
할머니들의
정

산골 마을에도 어김없이 장이 선다. 매달 끝자리가 1, 6일인 날이면 오일장으로 떠들썩해진다. 초여름장은 산골에서 키운 갖가지 채소며 과일이 흔해 빠졌고 옷이나 자잘한 생활 잡화도 깔려 있었다. 그러나 주인공은 따로 있었다. 구천동계곡이란 맑은 계곡을 끼고 있으니 민물고기며 다슬기 등이 귀한 대접을 받는다. 흙이 듬성듬성 묻은 바지를 입고 온 아주머니는 다슬기도 직접 잡고 오디도 따오셨다고 했다.

반딧불장터라는 간판을 지나자마자 나무판에 가득한 묵이 발걸음을 멈추게 했다. 수제 묵인가 싶어 태생을 확인하니 할머니가 직접 쑨 수제 묵이었다. 도토리가 나오는 가을부터 겨울에는 도토리묵도 쑤어 팔러 나오신다는데 이날은 메밀묵만 몇 덩이 들고 오신 모양이다. 메밀묵 한 모에 3000원. 까만 봉지에 묵을 담으시며 "샥시는 어디서 왔당가?"라고 물으셔서 어디어디에서 왔다고 대답을 하니 "워메. 우리 아들이 그짝에 살아요. 며느리가 핵교 선생인디 월메나 착한지 물러"라며 자식 자랑에 손자 자랑까지 시간 가는 줄 모르셨다.

산골 할머니의 정직한 메밀묵을 집에 모셔와 간장에 살짝 찍어 순수하게 맛보았더니 한모 더 사올걸 하는 후회가 밀려들었다.

묵을 뒤로하고 장터 깊숙이 들어가자 이번에는 과일 좌판에서 풍겨나오는 향기로 침이 넘어갔다. 무주 과일장 주인공은 자두였다. 자두나무에서 전날 혹은 새벽에 딴 자두를 들고나온 할머니들 얼굴처럼 자두 모양과 맛도 제각각. 자두 덤도 후한 무주장이라 억지로 공짜로 얻어먹게 되었다. 공짜 자두 얻어먹고 아무래도 맘이 편하질 않아 자두를 냉큼 받아먹지 않는 우리에게 역정을 내시며 자두를 건넨 할머니를 찾아갔지만 금세 다 파셨는지흔적도 없이 사라지신 후였다. 할 수 없이 다른 할머니에게 자두를 사니 한 바구니에 5000원인 자두를 1000원이나 파격 할인해주시고 검은 봉지에 자두 몇 개를 더 넣으신 후에 손에도 하나씩 쥐어주셨다. 무주의 인심은 후해도 정말 후했다. 무주 할머니들의 정으로 넘실거리는 오일장. 가을에는 뭐가 나올까? 겨울장은 어떨까? 궁금해 견딜 수가 없다.

그해 겨울
그곳의
꽃들

—　　　봄꽃 산행보다 설레는 건 눈꽃 산행이다. 소백산과 지리산, 태백산을 올랐지만 우리나라의 설경 하면 첫손으로 꼽히는 덕유산의 눈꽃은 쉽게 연이 닿지 않았다. 그러던 어느 날, 멋진 풍경이 찍힌 사진 한 장을 단서로 그곳을 찾아가서 똑같은 사진을 찍어오는 미션을 수행하는 텔레비전의 프로그램에서 덕유산의 설경을 본 후 짐을 꾸리지 않을 수 없었다. 덕유산 정상인 향적봉은 느릿느릿 걸어 오르는 방법도 있지만 나와 황장군은 덕유산리조트의 곤돌라를 타고 쉽게 해발 1614미터의 향적봉에 닿는 꾀를 택했다. 그러나 겨울이라고 무작정 달려간다 해서 파란 하늘 아래 나뭇가지마다 탐스럽게 핀 눈꽃을 보는 일은 결코 쉽지 않았다. 감사하게도 하늘은 맑고 파랬으나 그해 겨울은 눈 흉년이었다. 마치 그곳의

나무들은 대단한 설경을 찾아 떠나온 여행자들에게 앙상한 가지를 내보이기 민망했는지 해의 도움을 받아 흰 눈 위에 수묵화를 그려 넣고 있는 것처럼 보였다. 간 김에 남녀노소 함께 즐기는 노천탕이 슬로프를 끼고 있다는 덕유산리조트도 둘러보기로 했다. 겨울이면 중부나 남쪽 지방의 스키어들을 불러들이는 덕유산리조트에는 우리나라에서 가장 길고 최고 경사도를 지닌 슬로프가 있다. 겉모습으로는 국가대표급 허벅지를 가졌으나 부실하기 짝이 없고 콩알 가슴마저 가진 우리는 슬로프만 쳐다봐도 가슴이 두근거렸으니 얼른 다른 곳으로 도망가야 했다.

우리가 도망간 곳은 덕유산리조트의 꽃이라 부르는 호텔 티롤이다. 오스트리아 장인들이 "탕! 탕! 탕!" 손수 만들었다는 억 소리 나는 수제 청동 욕조며 사우나 등 눈을 호강시키는 것들이 많지만 뭐니 뭐니 해도 501호의 보물이 최고다. 침대 옆 나무 협탁에는 메시지가 남아 있다. 'LOVE and SAVE OUR CHILDREN. KOREA IS GOD AND MUJU IS LOVE. LOVE a.ways.' 마이클 잭슨이 김대중 대통령의 초청으로 이 방에 머물 때 남긴 것이라 했다. 싱숭생숭해진 마음을 따뜻하게 데워준 곳은 호텔 2층의 바 라운지다. 나무 테이블과 의자. 나무 창틀 사이로 은은하게 새어 들어오는 겨울 햇살이 무척 포근했다.

돌담길 예찬 지전마을

　　　　무주군 설천면 길산리. 금강이 굽이굽이 흐르고 마을 뒤로는 소백산이 든든히 지켜주는 무주의 한 마을은 잘생긴 돌담이 마을의 자랑거리다. "초가집도 없애고 마을 길도 넓히고~"라는 말에 혹하여 시멘트 길에 밀리고 허물어 사라진 옛 돌담들. 지전마을의 700미터 돌담과 토석담은 농가 주택과 어우러지며 한적하고 아담한 산골 마을의 풍경을 그려낸다. 옛 담장은 문화재가 되었지만 빈 집이 늘고 마을에는 아이들보다는 어르신들의 모습이 자주 보인다. 개발보다 더 무서운 것이 지전마을을 집어삼킬지 모르겠다. 사라지기 전에 자주 찾아 눈에 담을 수밖에 도리가 없다.

태권도
종주국의
자존심 태권도원

　　　　태권도 종주국으로서의 자존심과 같은 태권도원이 무주에 문을 열었다. 세계 태권도인들의 순례와 수련을 목표로 세계 유일의 태권도박물관, 태권도 전용 경기장, 공연장, 연수원, 체험관 등이 거대한 부지에 거대하게 세워져 있다. 나 어릴 적에는 남자아이는 태권도 학원, 여자아이는 피아노 학원이라는 공식 비슷한 게 있었다. 태권도를 배우고 싶다는 의지는 어른이 되어서야 생겼는데 곰 같은 덩치에 꼬맹이들과 똑같은 도복을 입고 체육관에서 체력을 단련할 용기가 나지 않아 포기하였다. 그런데 태권도원을 둘러보니 "나 돌아갈래~"라는 소리가 절로 나왔다.

식객을 만족시킨 어죽
하얀섬금강마을

맑은 물이 흐르는 산골 마을에는 민물고기가 많이 잡힌다. 그래서 무주에서는 민물탕이나 어죽을 내는 집들이 대거 맛집 리스트에 올라 있다. 주인 아저씨가 맑은 계곡에서 잡아온 민물생선은 젊은 안주인의 손에서 맛깔스럽게 요리된다. 이 집은 주문이 들어오면 쌀로 어죽을 끓이기 때문에 시간은 오래 걸리지만 씹는 맛이 좋았다. 빠가인삼어죽을 먹었는데 살짝 매콤하면서 비린내가 적고 담백했다. 민물새우튀김인데 무시한 이름을 가진 징거미인삼튀김도 별미다. 맛이 꽤나 만족스러워 동네방네 소문을 내고 다녔다. 『식객』의 허영만 작가가 다녀간 집으로 입소문이 자자한데 이 집의 어죽 맛은 작가의 표현을 빌리자면 이렇다. '어죽을 먹었습니다. 에! 죽이네!'

시장 모퉁이 식당의 어죽
반디어촌

'우리 업소는 금강 상류인 청정 무주에서 서식하는 물고기만을 사용하여 맛이 좋습니다'라는 현수막이 화려한 간판을 대신하는 반디어촌. 무주에서 이름난 어죽집이다. 오일장이 열리는 시장에 자리한 조그마한 식당은 절반은 오픈키친, 절반은 테이블이 놓여 있었다. 메뉴판에는 민물매운탕과 어죽, 어탕국수, 어탕수제비 등이 적혀 있었다. 어죽을 주문하니 미리 빼놓은 육수와 밥을 냄비에 넣어 팔팔 끓이다가 뚝배기에 담아 건넸다. 민물생선의 비린 맛도 나지 않으며 특유의 감칠맛이 났다. 무주 IC 만남의광장에도 식당을 열고 있다.

보자, 놀자, 쉬자

서창갤러리 카페

사천리에는 520여 년 동안 봄이면 새잎을 틔우고 가을이면 잎을 땅으로 떨어뜨리며 살아온 장수 느티나무가 의연하게 서 있었다. 맞은편에는 값비싼 재료로 희귀한 모양으로 건축하지 않았는데도 리듬감과 자연감이 느껴지는 서창갤러리가 자리했다. 주위의 풍경을 기죽이면서까지 나 혼자만 세련된 모습으로 서 있는 갤러리가 아니라서 어여뻤다. 2008년 향토박물관을 리모델링하여 다양한 장르의 예술 작품을 선보이는 무주의 흔치 않은 문화 공간이다. 이곳 역시 정기용 건축가의 무주 프로젝트 결과물의 하나라고 들었다. 들리는 이야기로는 10여 년 전 아내의 고향인 무주로 귀촌했다는 카페 주인은 목공예가 겸 얼음 조각가라 겨울이 되면 카페 근처에 근사한 얼음 조각이 등장한다고 한다. 마침 캘리그래피 전시가 열리고 있었는데, 갤러리 밖에 걸린 '날자', '뛰자', '놀자'라는 걸개가 마음을 시원하게 했다.

야외 테이블에 앉아 맛보는 초여름의 적장산 기슭의 경관과 공기가 꿀맛이었다. 도시의 카페처럼 바쁘고 불안해 보이는 사람들도 적고 요란한 소음도 없었다. 멀리 보이는 적장산은 가을이 되면 붉게 타올라 사람들을 홀린다고 하니 그 모습이 궁금해졌다.

무주의 보석 같은 방

나무별펜션

옛날부터 관광 명소였던 무주 구천동계곡의 숙박 단지에는 우리의 단골 숙소가 있다. 아가씨 걸음으로 1분 40초만 걸어가면 계곡이 나오고 차로 15분이면 덕유산리조트에 닿는다. 인상 좋은 펜션 부부는 손재주와 감각이 남달라 직접 벽돌을 하나하나 나르고 쌓고 나무를 자르고 못질하여 펜션을 꾸몄다고 한다.

우리의 시선을 사로잡은 것은 무주에 깊은 밤이 찾아들고 무수한 별들이 반짝이면 우주인과 교신을 나눌 것 같은 둥그런 모양의 별 객실이었다. 방 덕분에 긴 수다를 늘어놓게 됐다. 마치 헬륨 가스를 마신 듯 목소리가 울려 귀에 쏙쏙 들어오니 말수가 없는 사람도 말문이 트인다. 대화가 필요한 사람에게는 옆구리를 쿡쿡 찌르며 묵어보라 권하고 싶은 곳이다. 또 객실의 뒤편에는 사천오백만이 즐기는 집 밖 요리인 바비큐를 폼 잡으며 즐길 수 있는 공간이 숨어 있었다. 별 셋에서 하룻밤을 자고 후원에서 아침밥을 먹자며 상을 들고 빨간 문을 나서는데 훅 하고 맑은 공기가 달려들었다. 정선의 통나무 집에서 자고 일어나 마신 공기가 이곳에서도 느껴졌다. 맑은 공기로 과식을 하게 되면 전날 오후까지 친구하자며 귀찮게 굴던 체기가 백리 밖으로 도망가는 신기한 경험을 하게 된다. 그래서 이곳도 우리의 단골 펜션이 되었다.

푸르다, 푸르다, 푸르다

담양

잡지사에서 일할 때 매달 담양으로 출장길에 올랐다. 남도 음식을 달마다 담아내는 일
이 주어졌기 때문이다. 어느 해 봄, 황량한 논에 활짝 핀 보랏빛 자운영 물결을 처음
보고는 꽤 오랫동안 황홀함에 도취되어 살았고 봄이 깃든 명옥헌의 봄과 이름 모를 식
당에서 맛본 된장 물김치에 대한 기억은 아직도 달콤하다.

사람과 시골 풍경과 음식들이 버무려진 담양을 한동안은 멀리하다가 요 몇 년 다시
찾고 있다. 대나무숲과 메타세쿼이아길에 대한 아쉬움은 소쇄원과 명옥헌이 달래주
고 느리게 사는 사람들이 사는 마을에서 느린 삶의 시계를 선물 받는다. 하늘을 보
아도 푸르고 들녘을 보아도 푸르니 여행자의 마음에도 푸른 노을이 물든다.

"수백 년을 산 늙은 나무가 드리운 그늘 아래는

온통 담양 사람들 차지였다.

자전거와 오토바이를 줄줄이 세워놓고

평상 위에서 장기를 두거나 낮잠을 청한다.

대나무숲과 메타세쿼이아길을 관광객들에게 기꺼이 양보하고

관방제림으로 몰려든 담양 사람들이 여름을 보내는 법이다.

거금을 들이는 불꽃 축제도

외국인들이 더 좋아한다는 머드 축제도 부럽지 않은

담양 마을 사람들의 작은 축제가

뙤약볕 쨍쨍 내리쬐는 한여름에 성대하게 열린다"

[**The first day**]

명옥헌에서 바람 맞기(40분) → 25분 ▶

국수거리에서 국수 한 사발 → 걸어서 3분 ▶

아트센터 대담에서 문화 산책 → 걸어서 3분 ▶

관방제림 거닐기(1.6킬로미터, 편도 35분) → 7분 ▶

메타세콰이어길 엿보기(1.8킬로미터, 편도 50분) → 5분 ▶

저녁은 승일식당의 연탄 숯불 돼지갈비로 → 25분 ▶

슬로시티 한옥집 한옥에서

[**The second day**]

아침은 슬로시티 약초밥상에서 뷔페식으로 ▶

창평 삼지천 슬로시티 산책(1시간) → 20분 ▶

소쇄원에서 풍류놀이 → 3분 ▶

명가은에서 쉼표 → 5분 ▶

광주호 호수생태원 달리기(1시간) → 30분 ▶

운산마을에서 귀농 꿈꾸기

[**I'm here!**] 담양

[**거기**] 소쇄원, 명옥헌, 관방제림, 아트센터 대담,
　　　　 창뚝 삼지천 슬로시티, 운산마을, 광주호 호수생태원,
　　　　 대나무골 테마공원, 메타세쿼이아길
[**밥**] 명가은, 승일식당, 덕인관, 국수거리, 슬로시티 약초밥상
[**잠**] 한옥에서, 매화나무집, 달구지 민박
[**음악**] 김당석의 '바람이 불어오는 곳', Michael Jackson의
　　　　 'Love Never Felt So Good'
[**책**] 김승옥의 「무진기행」

[**Information**]

담양군청 관광레저과 061-380-3150〜4
http://tour.damyang.go.kr

대숲에서
들려오는
바람 소리

　　　　　일본에서 무수한 정원을 보았다. 군더더기 없이 간결한, 간혹 눈을 씻고
찾아봐도 보이지 않는 인정미에 마음을 따끈하게 데우려고 찾았다가 오히려 차가워져 돌
아온 적도 있다. 그런데 신기하게도 우리나라 정원은 어느 정도 인공미는 존재하지만 마
음이 푸근해진다. 소쇄원瀟灑園이나 보길도의 세연정이 그렇고, 안동의 만휴정도 그렇다.
소쇄원에서 선비들의 기개와 풍류를 엿보게 됐다. 양산보가 스승인 조광조가 기묘사화로
세상을 떠나자 낙향하여 지은 별서 원림이다. 옛날에는 10여 채의 건물이 들어서 있었다
는데 지금은 제월당, 광풍각, 대봉대 등이 남아 있을 뿐이다. 주인이 거처하며 조용히 독
서를 하던 곳이었다는 제월당霽月堂은 '비 갠 뒤 하늘의 상쾌한 달'이란 뜻이고, 별당인 광
풍각光風閣은 '가슴에 품은 뜻의 맑고 맑음이 마치 비 갠 뒤 해가 뜨며 부는 청량한 바람과
도 같고 비 개인 하늘의 상쾌한 달빛과도 같다'라는 송나라 유학자의 인물됨에서 따왔다
고 한다. 규모는 소박하지만 기개 넘치는 건물의 주변에는 대나무와 매화, 동백나무, 배롱

나무, 산사나무, 산수유 등이 어우러졌다. 3대에 걸쳐 조영된 소쇄원은 당대 지식인들이 드나들던 문화 교류의 장이었다고 전해진다. 송시열은 '소쇄원도'라는 판각을 남겼고, 양산보의 사돈인 김인후는 1548년 당시의 소쇄원의 빼어난 계절 풍경을 '소쇄원 48영'으로 읊었다고 한다. 고즈넉한 공간에서 눈과 귀를 청량하게 씻고 나면 마음에 상쾌한 바람이 분다. 단체 관광객들과 만나지 않는다면….

도시 전체가 세계유산이나 다름없는 교토에 살면서 정원 이야기만 나오면 콧대가 높아지는 교토 친구들의 한국 여행길에 소쇄원을 안내한 적도 있었다. 풍경보다 교토 친구들을 감동시킨 것은 별서 정원 주인의 유훈이었다. "어느 언덕이나 골짜기를 막론하고 나의 발길이 미치지 않은 곳이 없으니 이 동산을 남에게 팔거나 양도하지 말고 어리석은 후손에게 물려주지 말 것이며, 후손 어느 한 사람의 소유가 되지 않도록 하라" 후손들은 양산보의 유훈을 받들어 소쇄원을 지켜냈다.

"제1경 작은 정자의 난간에 의지해
소쇄원의 빼어난 경치
한데 어울려 소쇄함 이루었는데,
눈을 쳐들면 시원한 바람 불어오고
귀 기울여 '빈구'슬 굴리는 물소리 들리라"
―'소쇄원 48영'에서

빼앗긴
원림에도
봄은 오는가

흠모하는 나무의 으뜸은 뾰족뾰족 기개 넘치게 뻗은 가지에서 추위를 뚫고 올망졸망한 꽃을 피워내는 매화나무요, 그다음은 배롱나무다. 헐벗은 몸통에 핑크빛 꽃을 오랫동안 품고 있으니 반전의 매력이 넘친다. 꽃이 백일이나 핀다고 하여 백일홍나무, 나무껍질을 손으로 긁으면 잎이 움직인다고 하여 간지럼나무라고도 불리는 배롱나무를 처음 본 것은 명옥헌에서였다. 남도의 아낙들이 만든 음식을 들고 명옥헌으로 달려가 잡지 사진을 찍곤 했다. 10여 년이 훨씬 지난 일이니 관광객으로 몸살을 앓기 전의 이야기다. 조선시대 중기 오희도라는 선비가 자연을 벗 삼아 지내던 아담한 정자의 고즈넉함이란 말로 다 못할 정도였다. 다시 찾은 그곳은 상전벽해가 따로 없었다. 입구에는 대형 주차장이 생겼고 가는 길목에 카페도 보였다. 게다가 출사가들의 단골 성지가 된 모양이었다. 그곳에는 네모난 연못이 있고 그 둘레는 늙은 배롱나무들이 차지하고 있는데, 꽃이 피는 시기에는 사진 찍는 사람들이 대장이었다. 배롱나무 근처를 얼씬거렸다가는 고성과 난무하는 욕설을 감내해야 하니까. 명옥헌의 아름다움은 어쩌다가 그들에게 빼앗겨버린 것일까. 나의 은밀한 여행지의 촛불 하나가 꺼져버렸다.

담양의
랜드마크는
여기

　대나무와 메타세쿼이아가 담양을 대표하는 나무가 되었지만 본래 담양의 터줏대감은 관방제림官防堤林이다. 300년 이상 된 느티나무, 팽나무, 푸조나무, 개서어나무 등이 영산강의 물줄기를 따라 2킬로미터 정도 심어져 있다. 1648년 인조 때 담양 부사가 수해를 막으려고 제방을 만들고 나무를 심기 시작하여 1854년에 숲을 조성한 것이라고 전해진다. 비록 사람의 손으로 심었지만 관방제림처럼 원형이 잘 보존되는 곳이 드물다. 그래서일까? 천연기념물로 지정됐고 '아름다운숲 전국대회' 대상을 수상했다.

새까맣던 머리에 백발이 내려앉고 얼굴 주름도 닮은 친구와 장기를 두는 어르신들과 자기 집 대청마루라도 되는지 가로누워 단잠에 빠진 아주머니는 그 많은 관광객들을 죽녹원이나 메타세쿼이아길에 양보하고 그들만의 비밀 숲에서 한가로운 오후를 보내고 있었다. 자연 속으로 숨어든 사람들과 사람을 품은 숲, 담양의 관방제림. 부러워하지 않는 척, 부러워서 마음에는 또 갈대가 흔들린다.

죽녹원과
공원 사이에
시골 미술관

　　　　　영산강 물줄기가 흘러가는 담양 읍내의 강변에는 온화한 분위기를 풍기는 갤러리와 카페가 있다. 정원 한 켠에 검은색 컨테이너를 두 단으로 쌓아 체험 공간으로 활용하는 아트 컨테이너가 인상적인 아트센터 대담이다. 콧대 높은 사모님들의 도시 갤러리와 달리, 부잣집의 솟을대문이 활짝 열려 있는 느낌이 든다. 이 시골 미술관은 2010년 서양화가 정희남 교수가 사재를 털어 문을 열었다고 한다. 1층 갤러리에는 개성과 열정이 넘치는 작가들의 특색 있는 전시가 날마다 열리는데, 관람료를 받지 않는다. 또 마을 사람들을 초청하여 주민과 함께하는 마을 미술 프로그램을 운영하며 소소한 즐거움이 있는 방석 음악회도 연다. 아트센터 주변의 낡은 주택을 사서 원형을 살려 꾸민 다음 은행나무집, 감나무집, 방앗간집이라는 문패를 내건 아트 체험민박도 눈에 띈다. 아직 이름이 알려지지는 않았지만 회화, 도예, 섬유 예술, 조각, 팝아트, 미디어 아트, 생태미술 등 각 분야에서 활약하게 될 유망 작가를 지원하는 레지던시 프로그램에도 적극적이다. 각종 차와 브런치 등을 맛볼 수 있는 카페 공간도 편안하다. 대담을 나눌 수 있는 대담한 미술관에서 공감을 즐길 줄 아는 담양 사람들의 풍류에 물들고 싶어졌다.

담양을
더욱
따뜻하게 하는

담양에는 대나무나 멋들어진 정자나 원림만 있는 게 아니다. 자꾸 담양을 떠오르게 하는 느린 마을이 있다. 해가 갈수록 관광지로서의 면모를 풍기지만 그래도 여전히 좋은 창평 삼지천 슬로시티다. 2007년에 아시아 최초로 슬로시티로 지정된 빛나는 타이틀도 갖고 있다. 조선 후기 전통적인 사대부 가옥이 여러 채 보존되어 있고 한옥을 둘러친 3600여 미터에 이르는 옛 돌담길이 마을만의 고풍스런 분위기를 만들어낸다. 백제 시대에 형성된 마을로 월봉천과 운암천, 유천이 마을 아래에서 모인다 하여 삼지내, 또는 삼지천이라 부른다. 마을에는 한과명인, 쌀엿명인, 간장명인이 산다. '때를 놓치면 만들 수 없는 것이 우리 전통음식'이라는 간장명인의 말이 오래 기억에 남는다.

고택들은 숙소로 단장을 했고 손맛 좋은 마을 아낙들은 손님에게 소박한 시골 밥상을 낸다. 마을의 이름난 창평 쌀엿을 베어 물고 뉘엿뉘엿 지는 붉은 노을을 안고 마을 한 바퀴를 돌아도 좋고 이른 아침 햇살을 받으며 마을 구경에 나서도 좋다.

운수대통
생태 마을

전라도의 시골 마을로 귀촌한 황장군의 지인이 귀띔하여 찾아간 마을은 귀촌을 꿈꾸는 이들에게는 탐나는 산골이다. 500여 년 전 형성된 광산 김씨의 집성촌으로 옛날에는 의병들이 활동했을 정도로 오지 마을이다. 냇가에서 다슬기가 잡히고 산에서 난이 나올 정도로 자연이 맑다. 예전에는 살기 불편하다며 떠났을 마을은 녹색농촌체험마을과 산촌생태마을로 지정되면서 이제 귀촌과 귀농을 꿈꾸는 사람들이 이주를 꿈꾼다. 마을의 내에서 물놀이를 즐기며 밝게 웃는 동네 아이들의 모습이 아직도 선명하다. 마을에서 운영하는 한옥 숙소에 머물며 산골 마을의 느린 하루를 닮고 싶다.

한 발짝
떼면
광주 나들이

담양 읍내에서 소쇄원으로 가다 보면 오른쪽으로 호수 하나가 눈에 들어온다. 담양과 광주 사이에 있는 광주호다. 충효교라는 작은 다리 하나를 경계로 담양군과 광주광역시로 나뉜다. 광주호 호수생태원이라니 이름은 참 멋이 없지만 걸을 맛이 나도록 산책길을 꾸며놓았다. 18만5123㎡ 5만 6000여 평의 생태원에서 특히 돋보이는 것은 버드나무 군락지와 습지 보전지역의 생태 탐방로의 빼어난 풍경이다. 음식점이나 찻집을 차리게 해달라는 민원이 끊이지 않았지만 환경보존 정책에 따라 생태원으로 거듭난 기특한 사연이 전해진다.

대숲을
거닐며

대나무골 테마공원

담양에는 354개의 마을이 있는데 네 곳의 마을을 제외하고 마을에 대숲이
있다고 들었다. 이곳은 30여 년 동안 고지산 골짜기에 대나무를 심고 가꾸었다. 죽녹원보
다 아기자기한 맛은 없는 대신 대숲다운 자연미가 남아 있었다. 무엇보다 사람이 들끓지 않
아서 좋았다. 너무 울창하여 대낮에도 검은 그림자가 드리워지는 대숲을 걷는 맛에 반했다.

대숲의
명성을
무너뜨린

메타세쿼이아길

처음 보았을 때는 신기하기만 했다. 늘 봐오던 소나무나
은행나무길이 아니라 늘씬한 서양 모델처럼 쭉쭉 뻗은 나무의 모습이 꽤
나 이국적이었으니까. 독일을 다녀온 한 대통령의 지시로 메타세쿼이아
길이 조성되었다 전해진다. 이제는 담양의 가장 유명한 명소가 되어 입장
료까지 받고 유원지에서나 볼 법한 탈것들이 등장하기도 했다. 번잡함이
라면 질색하는 우리의 발걸음은 자꾸 다른 길로 향했다. 살짝 귀띔하면
차로 지나야 하는 아쉬움이 있긴 하지만 강천사로 향하는 순창의 메타세
쿼이아길순창군 팔덕면 구룡리도 대단하다.

소쇄원 옆, 오후의 찻집

명가은

담양은 맛의 고장이다. 떡갈비며 대통밥. 숯불갈비는 담양에 가서 안 먹으면 서운할 음식들이라고들 한다. 그런데 우리는 소쇄원 근처의 명가은이란 찻집에서 마시는 차 한잔을 더 즐긴다. 긴 담에 걸려 있던 노래를 듣고 나서 소쇄원의 대나무숲을 빠져나오면 따끈한 차 한잔이 생각나기 마련이다. 누군가는 '강하지 않으면서도 멀리서도 끌리는 담담하고 우아한 차 향은 배낭을 꾸리고 길을 떠나게 만드는 원인'이라고 했다.

농가를 개조한 한옥 찻집은 간판도 없고 찻값을 받는 이도 없다. 눈치 볼 것 없이 머물고 싶은 만큼 머물며 차를 마시다가 입구 앞에 놓인 궤짝에 찻값을 지불하면 된다(한 사람에 5000원). 우리는 나무 탁자에 녹차와 녹차를 발효시킨 황차를 놓고 마주 앉아 차를 마셨다. 마주 보았으나 두 사람 다 시선을 빼앗긴 곳은 유리창 너머의 풍경이다. 그 풍경에 홀려 찻집을 나와 무작정 마을을 걸었다. 햇살이 잘 드는 양지의 마을이었다. 소박하고 단아하며 포근함. 찻집 명가은은 반석마을의 성정을 그대로 닮아간다.

담양의 맛자랑 멋자랑

승일식당

담양의 떡갈비와 대통밥, 한정식집을 떠돌던 내게 황장군이 기꺼이 공개한 곳은 승일식당이다. 맛집이 즐비한 담양의 음식 동네에서 승부수를 띄운 메뉴는 숯불에 지글지글 구워 손님상에 올리는 숯불 돼지갈비다. 솔직히 고백하자면 나는 이 집에 들어서서 신발장 앞에서 본 광경에 입을 다물지 못했고 눈과 코는 이미 케이오패 당한 후라 숯불 돼지갈비가 맛있기만 하였다. 달착지근한 양념 맛과 숯불 향이 은은하게 밴 고기를 가위로 뚝뚝 잘라 빨간 냉면까지 곁들이고 두둑한 배를 두드리면서 "그까짓 떡갈비 못 먹어도 원이 없네"라며 콧노래를 불렀다.

담양에서 떡갈비

덕인관

담양에는 떡갈비가 유명하고 떡갈빗집 하면 몇몇 식당이 손꼽힌다. 어디로 가서 먹느냐는 사돈의 팔촌의 팔촌까지 수소문한 끝에 50년 전통의 덕인관으로 향했다. 1963년 장막래 씨는 한우 갈빗살에 칼집을 넣고 칼로 저며 안창살과 갈빗살을 갈비뼈에 붙여 노릇하게 구워 상에 냈다고 한다. 50년이 지난 지금도 덕인관은 한우 갈빗살로만 떡갈비를 만들어 한 방송 프로그램에서 착한 떡갈빗집으로 선정되기도 했다. 떡갈비는 초벌로 구워 무쇠 팬에 얹어 휴대용 버너와 함께 상에 오르는데 쫄깃쫄깃하게 씹히는 맛이 좋다.

photo by 趙慶子

그냥 지나치면 섭섭할
국수거리

담양에서는 국수거리가 명물이다. 강가를 따라 수십여 곳의 국숫집들이 몰려 있고 멸치 육수 향이 식욕을 돋운다. 운산마을의 한 주민이 귀띔해준 진우네로 가서 비빔국수와 물국수 한 그릇, 약계란을 강가 평상에 앉아 호로록 호로록 맛보았다. 쫄깃쫄깃한 중면과 딸려 나오는 네 가지 반찬은 담양 스타일인 듯했다. 대형 솥에 달걀을 가득 넣고 한약재를 넣어 삶은 약계란은 순식간에 팔려버리는 국수거리의 숨은 효자다.

느리게 먹기
슬로시티 약초밥상

창평 삼지천 치타슬로 마을에서 아침밥으로 약초밥상을 받았다. 구기자, 오크라, 백야초, 고로쇠, 섬오가피, 헛개나무, 야생 콩잎, 매실, 뽕나무 등 서른 여섯 가지의 약초 장아찌와 밥, 국을 뷔페식으로 원하는 만큼 먹고 나서 차를 마시고 설거지를 해놓고 가는 재미있는 시스템으로 운영하는 아침 밥집이다. 밥상에서 맛보기 힘든 진귀한 장아찌를 맛보려는 욕심에 밥 한 그릇만으로는 성이 차지 않으니 아침 과식을 주의해야 한다.

슬로시티의 고풍스러운 고택

한옥에서

한옥에서는 오래된 친구와 담양을 찾아 머문 첫 번째 한옥 숙소다. 번듯한 대
문이 있건만 뒷문주의인 우리는 뒷문을 찾아 초인종을 마구 눌러대며 민폐
손님으로 첫발을 들여놓았다. 새로 지은 새내기 한옥인 사랑채와 별채는 고
풍스러움은 덜하지만 한옥 숙소를 처음 경험하는 이들에게는 훨씬 지내기 수
월한 공간이다. 욕실 겸 화장실이 딸려 있고 추위를 막아주는 이중문과 잠금
장치도 훌륭했다. 특히 인상적인 것은 빳빳하게 풀을 먹인 이불과 청결한 베
갯잇. 청결함으로 따지면 대한민국에서 다섯 손가락 안에 꼽힐 집이다.
사랑채와 별채를 지나 더 깊숙한 곳으로 들어가면 한옥에서의 심벌인 고풍스
러운 안채에 닿는다. 자연석으로 기단을 쌓고 그 위에 정면 8칸, 측면 3칸으로
건물을 올렸다고 하는데 풋내 풀풀 풍기는 사랑채와 별채가 대적하지 못할
기품이란 게 스며 있었다. 안채 앞 너른 마당이 주는 편안함도 한옥에서의 숙
박을 부추긴다.

아침상이 탐나는
매화나무집

돌담과 장독대가 정겨운 슬로시티의 농가 민박집이다. 두 사람이 머물 수 있는 문간채 방이 두 개, 세 사람이 머물 수 있는 본채 방 두 개가 객실의 전부다. 문간채 방은 대나무를 엮고 황토에 지푸라기를 섞은 벽 사이에 왕겨숯을 넣은 구들방이라 인기가 좋다. 장아찌 박사로 입소문이 자자한 손맛 좋은 안주인은 손님에게 장아찌와 묵은지, 누룽지를 아침상으로 낸다.

바람든 엿집
달구지 민박

슬로시티 마을의 아침 산책을 나섰다가 '바람든 엿집'이란 간판이 재미있어 기웃거렸다. 아담한 뜰에 마음을 빼앗긴 나머지 주인 아주머니를 대문까지 불러내고 말았다. 마음 푸근한 아주머니는 뜰 구경은 물론 가족이 머물기 적당한 민박방도 안내해주셨다. 알고 보니 전 이장님인 남편과 함께 바람 구멍 숭숭 뚫린 창평 쌀엿을 만드는 장인이셨다. 진짜 고수가 그렇듯 창평 쌀엿의 제조 비법은 곳간 앞에 친절히 적어놓았다.

담양 옆 동네
순창

순창에는 고추장 마을만 있는 게 아니었다. 마치 테마파크처럼 들어선
고추장 마을만 보고 왔다면 순창이란 곳은 기억이 가물가물했을지도 모른다.
고추장보다 더 화끈한 녀석들이 우리의 여행길을 즐겁게 했다.

참 좋다

순창_강천산

　　　　　순창과 담양의 경계를 가로지는 산. 용이 승천하는 모습과
닮았다 하여 용천산이라고도 불리는 강천산은 가족과 함께 찾으면 좋을 곳
이다. 한 계절만 꼽아야 한다면 냇가의 시원한 물에 발을 담그고 싶은 여름
철. 평탄한 산길을 따라 맑고 청량한 물길이 흐르니 여름 더위를 식히기
에는 이만한 곳이 없다. 맨발로 걸으면 좋은 모래 산책길과 구름다리. 가
을의 애기단풍도 강천산을 다채롭게 한다.

고추장
사찰과
산골 마을

무학 대사가 이성계를 임금의 자리에 오르게 하려고 1만 일 동안 기도를 드린 사찰이다. 꼬불꼬불 산길을 한참을 올라야 닿을 수 있는 회문산 중턱의 만일사에는 '순창 고추장 시원지 전시관'이 있다. 이성계가 황산대첩을 끝내고 무학 대사를 만나기 위해 순창을 들렀다가 농가에서 점심을 맛보게 되었다고 한다. 고추장의 전신인 '초시'를 맛보고 왕이 되어 진상하라는 지시를 하여 순창 고추장이 진상품으로 이름을 떨치게 됐다는 일화가 전해진다.

만일사에서 아래를 내려다보면 산골 비탈길에 농가 수십 채가 옹기종기 모여 있다. 넓지도 않은 도로가는 까만 천이 대부분을 점령했고 그 위에는 푸른빛이 감도는 하얀색 무언가가 반짝이고 있었다. 차를 세우고 가보니 할머니들은 숭덩숭덩 애호박을 썰고 할아버지들은 바닥에 털썩 주저앉아 화투장을 뒤집듯 널고 계신 게 아닌가. 마을의 공동 작업이라고 하셨는데 산골 비탈길에서 난 애호박은 맛이 아주 좋다는 자랑도 곁들이셨다. 잠깐 시간을 뺏은 것이 죄송스럽기도 하고 뭔가 대접하고 싶은 마음도 들었지만 딱히 드릴 게 없어 작은 과자봉지를 몇 개 드렸더니 애호박 몇 덩이가 손에 쥐어졌다. 거절해도 소용없었다. 순창에서 만난 가장 아름다운 풍경이었다. 그곳은 산내마을이라고 했다.

순창군
구림면
안정리

—   순창의 숙소는 우리나라의 5대 명당자리가 있다고 알려진 회문산의 자연 휴양림으로 정했다. 공기가 맑아 하룻밤 자고 났더니 만성피로가 풀리는 듯했고 머리도 맑았다. 그런데 지형이 험준하고 골이 깊은 회문산은 아픔이 곳곳에 뿌려져 있는 산이었다. 동학혁명과 항일운동의 진원지, 한국전쟁 때에는 지리산과 함께 빨치산의 근거지였다. 지금은 참나무와 단풍나무, 산벗나무가 울창하고 봄이면 산야초가 꽃을 피운다.

상다리
걱정되는
순창식 한정식

—   순창 읍내의 새집식당은 즉석에서 연탄불에 구운 불고기와 삼겹살 양념구이, 조기구이, 된장찌개와 이런저런 밑반찬 등을 한 상 차려내는 불고기 한정식으로 사람들을 줄 세운다. 빨간 앞치마를 두른 아주머님 두 분이 한 상 건네고 가면 "어머, 이걸 어떻게 다 먹지?"라고 호들갑을 떨며 먹기 시작해서 얼마 지나지 않아 자연스럽게 숟가락을 내려놓고 양손은 배를 두드린다. 싹싹 비운 그릇에 한 번 더 놀라는 것도 후식으로 내놓은 숭늉이 아니라 내숭이다. 그런데 이 집을 알려준 후배님! 그 집이 두꺼비식당이었던가?
"선배! 선배! 새집식당이요"

맨도롱한, 때론 산도록한

제주

우리나라가 아닌 듯한 풍광과 여행을 떠나왔다는 실감이 드는 적당한 거리감. 산과 바다와 숲, 섬사람들과 독특한 섬 문화 그리고 전국에 걷기 열풍을 일으킨 올레길까지. 누구나 제주도를 찾으면 자유를 만끽하며 치유를 받게 된다. 온갖 관광지에서 힐링, 힐링 노래를 부르지만 진정한 솔 플레이스는 제주도가 아닐까. 그래서 제주는 도착하는 순간부터 일상으로 되돌아가야 하는 시간이 다가오는 것이 두려워진다. 이별까지 며칠 남지 않았음에 그곳에서의 하루하루가 더 간절해지는 제주에서 놀멍 쉴멍 걸으멍.

"삶에 지치고

여유 없는 일상에 쫓기듯 살아가는 우리들에게

어서 와서 느끼라고.

이제까지의 모든 삿된 욕망과 껍데기뿐인 허울은 벗어던지라고.

두 눈 크게 뜨지 않으면 놓쳐버릴

삽시간의 환상에 빠져보라고 손짓합니다.

우리에게 필요한 것은 제주의 진정성을,

제주의 진짜 아름다움을 받아들일

넉넉한 마음입니다.

그것이면 족합니다"

―사진가 故 김영갑

[**The first day**]

올래국수에서 점심 먹기 → 50분 ▶

영실탐방로로 한라산 오르기(영실 매표소~윗세오름, 왕복 3시간) → 1시간 30분 ▶

쉬엄쉬엄 비자림 산책(1시간) → 10분 ▶

풍림다방에서 커피 한잔 → 25분 ▶

용눈이오름에서 노을 보기 → 30분 ▶

섭지해녀의집에서 해녀 엄마 밥 맛보기 → 15분 ▶

초롱민박에서 첫날 밤

*해가 짧은 겨울에는 비자림에서 용눈이오름으로 바로 가세요

[**The second day**]

졸린 눈을 비비며 광치기해변의 일출 감상 → 5분 ▶

초롱민박에서 아침 뷔페 → 5분 ▶ 성산항에서 우도로 들어가기(배 20분) ▶

우도 일주(2~4시간) → 40분 ▶ 성산항으로 나와 다미진횟집에서 점심 먹기 → 17분 ▶

김영갑갤러리 두모악에 머물기 → 1시간 20분 ▶ 이중섭미술관 구경 → 1시간 ▶

부두식당에서 팔딱팔딱 생선 요리 먹기 → 35분 ▶

오렌지다이어리 게스트하우스에서 둘째 날 밤 보내기

[**The third day**]

모슬포항에서 가파도 가기(배 25분) ▶

가파도 올레길 걷기(2시간 20분) → 25분 ▶

안덕계곡 비밀 산책 → 45분 ▶ 점심은 갈치국 맛집 일조가든에서 → 7분 ▶

한담해안산책로 느리게 걷기(1~2시간) → 30분 ▶

금릉석물원에서 깔깔깔 웃기 → 20분 ▶ 로스터리 담담에서 쉼표 찍기 → 20분 ▶

협재해변 걷지 말고 보기 → 50분 ▶ 제주동문시장 구경 → 20분 ▶

제주의 마지막 만찬은 전가네숯불생구이에서

[**I'm here!**] 제주

[**거기**] 가파도, 우도, 용머리해안, 광치기해변, 월정리해변,
협재해변, 한담해안산책로, 비자림, 사려니숲길, 거문오름,
한라산, 용눈이오름, 김영갑갤러리 두모악, 이중섭미술관,
추사와 안덕계곡, 쇠소깍, 생각하는정원, 금릉석물원,
수산초등학교, 제주의 벚꽃길, 도순다원, 아침미소농원목장,
제주동문재래시장과 제주동문수산시장

[**밥**] 일조가든, 돌하르방식당, 모슬포방어마을샤브샤브,
부두식당, 전가네숯불생구이, 한라흑돼지식당,
다기진횟집, 올래국수, 우정회센타, 오늘은회, 풍림다방,
섭지해녀의집, 요네상회, 로스터리 담담, 물고기카페,
레기지박스, 두봄, 모살

[**잠**] 초롱민박, 미쓰홍당무, 오렌지다이어리 게스트하우스,
수상한 소금밭, 티벳풍경 게스트하우스

[**음악**] 장필순의 '애월낙조', Rachael Yamagata의 'Elephants',
최백호의 '낭만에 대하여(* 중산간을 오르며 들어야 한다)',
Teshima Aoi의 '旅人'

[**책**] 김영갑 『그 섬에 내가 있었네』,
최석태, 최혜경의 『이중섭의 사랑, 가족』

[**영화**] 벤 스틸러 감독의 〈월터의 상상은 현실이 된다〉

[**Information**]

제주관광공사 064-740-6000 www.jejutour.go.kr

청보리밭과
해녀 아줌마의
태왁

모슬포항은 최남단의 섬 마라도와 가파도를 잇는 배가 오간다. 우리는 제주 올레길 10-1 코스인 가파도로 향했다. 청보리가 섬에서 넘실거릴 즈음이었다. 날이 좋은 날 송악산에서 굽어보던 가파도는 가오리가 수면 위를 스치듯 날고 있는 듯한 네모난 모양의 섬이었다. 제주에서 흔한 오름도 해안 절벽도 없다. 울릉도의 성하신당에서도 그렇게 느꼈지만 섬에 살게 되면 인간은 자연에 겸손해지고 의지하려는 마음이 강해지는 것 같다. 작은 섬이지만 안녕을 기원하는 본향당과 하동당. 음력 2월이면 풍어와 안녕을 기원하며 주민 대표가 3박 4일을 기거하며 제사를 지낸다는 제단집, 교회까지 들어섰다.

생수통 배달기사와 함께 상동선착장에 내린 우리는 가파상동을 지나 섬 깊숙이 발을 들여놓았다. 섬 어디에서도 보이는 바다, 차들이 사라진 좁고 구불거리는 도로, 바다 일에 농사일까지 지으려면 여간 힘든 게 아닐 텐데도 깔끔하게 정리된 마당과 흰 벽과 오렌지색 지붕, 야자수가 올림픽 성화처럼 빛나는 작은 초등학교, 핑크색과 파란색으로 덧칠해진 경운기…. 섬에서 보낸 몇 시간에 벅찬 가슴을 안고 모슬포항의 배가 닿는 항으로 향하던 길.

바닷가에 조르르 세워진 경운기와 노란 플라스틱 박스가 아이들 대신 앉아 있는 낡은 유모
차를 발견했다. 가까운 바위에 해녀 아내를 마중 나온 할아버지 두 분이 낮잠을 즐기고 계
셨다. 바다에는 주황색 태왁과 망사리가 둥둥 떠 있고 해녀 아줌마들의 자맥질이 이어졌
다. 우리는 그 모습을 뽀로로에 빠진 어린아이처럼 바라보다가 마을 부녀회에서 운영하는
간이매점에서 섬 아줌마들이 건져 올린 톳과 가시리를 기념품처럼 사들고 희희낙락했다.
통통배를 타고 돌아가던 길. 배 시간은 고작 25분 남짓인데 마법 같은 일이 벌어졌다. 콩
나물시루처럼 관광객을 빼곡히 태운 데다 바로 옆에 있던 아줌마가 "저기, 돌고래다!" 외
치는 통에 사람들이 우르르 한쪽으로 몰렸다. "승객 여러분, 한쪽에 몰려 있으면 배가 위
험합니다"라는 안내 방송이 흘렀고 배 공포증이 있는 황장군은 휘청거리는 배의 작은 방
에 앉아 있다가 패닉 상태가 되었다. 그러나 저 멀리 푸른 바다에서 통통배를 향해 돌진해
오는 수애기 떼돌고래의 춤사위는 몽환적이었다.

풍류는
먹어치운
우도 방랑객

제주도 동북쪽 성산포에서 뱃길로 30여 분을 가면 여덟 개의 명승을 간직한 우도에 닿는다. 소가 누워 있는 모습이라 하여 우도牛島라 하는데, 섬의 주인은 소가 아닌 말이다. 가파도와 함께 말을 키우던 국유목장이었으니 말들이 주인이던 섬에 사람들이 들어와 주인 행세를 하기 시작한 것은 150여 년 전의 일이란다. 해녀와 바람길을 내어 쌓은 돌담길, 돌무덤 등 우도는 또 하나의 제주다. 주간명월, 야항어범, 서빈백사, 전포망도, 후해석벽, 동안경굴 등으로 꼽히는 우도팔경 중 나와 황장군이 가장 흠모하는 일경은 우도에서 가장 높은 우도봉에서 섬 전체의 풍경을 바라보는 지두청사地頭靑莎다. 다음은 서빈백사西濱白沙다. 산호가 부서져 만들어진 흰 모래사장은 우리나라 유일의 산호해변으로 물빛이 아름답기로는 제주에서 따라올 곳이 없다.

우도를 즐기는 법은 여러 가지라 머리가 아파올 지경이다. 제주 올레길의 1-1코스이니 무작정 걸어도 좋고 바람 맞는 걸 좋아한다면 오토바이에 몸을 실어도 좋다. 낭만주의자라면 자전거가 제격이고 관광은 즐기나 몸을 움직이는 것이 질색이라면 마을을 도는 버스나 친환경 미니카를 잡아야 한다. 다만 도로가 바다와 아주 가까우니 과속은 절대금물이다.

우도는 오렌지 지붕을 인 민가가 많은 가파도와 달리 바다를 닮은 푸른색과 초록색 지붕이 경쾌하게 뒤섞여 있다. 관광객들은 우도의 풍경에 혼이 빠져 있는데 우도 어르신들은 바다에서 톳을 건져 올리고 고기를 잡고 물이 귀한 땅에서 땅콩 농사를 짓느라 굽은 허리를 펼 짬 없이 분주했다. 봄에 찾으면 도로변을 죄다 차지한 까만 톳을 말리는 별난 풍경도 담을 수 있다. 가을이면 우도등대와 언덕에 갈대가 피어 방랑객의 마음을 흔든다. 사계절 다 좋은 우도라지만 하늘도 땅도 짙푸르게 익어가는 여름이 최고다. 모든 컬러가 선명한 그때에는 흔들리던 마음도 또렷해진다. 우도 방랑이라면 언제든 받아들일 준비가 되어 있는 나와 황장군에게 우도에서의 가장 별난 기억은 이렇다. 섬의 번화가에서 차들이 멈춰 서고 교통이 마비되는 일대 사건이 벌어졌는데 범인은 우도의 풍류견. 도로에 누워 경적을 울려대도 느긋하게 누워 있으니 개도 슬로 라이프를 실천하는 우도의 충격은 시간이 지나도 선명하다.

소곤소곤 TIP

우도의 먹거리 정보

회 맛은 보고 와야 진리라 생각한다면 아저씨 둘이 운영하는
영일동 해녀탈의장 옆의 포차를 찾을 일이다. 자연산 소라회와
전복라면 앞에서 한라산을 부르지 않고는 한 젓가락도 넘길 수
없다. 오토바이를 빌려준 젊은 청년이 추천한 회앙과 국수군의
방어회 비빔국수도 별미다. 땅콩 아이스크림은 집집마다 맛이
다르다 하는데 아이스크림은 한 집에서 가져오고 땅콩만
다르다는 첩보다.

무시하면
다친다

먼저 심심한 사죄로 시작하련다. 제주 여행 트렌드는 올레길이 생기기 전과 후로 나눌 수 있는데, 용머리해안은 예나 지금이나 제주도가 낳은 명불허전이다. 용머리가 바다로 들어가는 모습의 해안 절벽은 버스 행렬이 늘 찾던 곳이라 '니까짓게!'라며 무시하고 다녔다. 변화무쌍한 섬 날씨는 용머리해안을 큰마음 먹고 찾은 우리를 숙소로 돌려보냈다. 파도가 거칠어 입장 불가. 계획에 맞춰 딱딱 움직일 수 없는 제주도임을 알고 있었지만, '니까짓 용머리해안이!'라며 다음 날 또 찾았다. 그런데 그날은 연지곤지 찍고 시집가는 새색시처럼 화사한 봄날의 풍경으로 빛났다. 운 좋게 해녀 아줌마들의 절벽 앞 노점에도 입장했다. 바다의 인삼에 소라, 자연산 멍게 등이 대야에 담겨 있었다. 2조 해녀 어머니들은 우리가 딸 같다며 점심으로 쑤어 오신 고소한 땅콩죽과 묵은지도 입에 넣어주셨다. 저기 저 멀리 한라산이 보였고 파도 소리가 배경음악으로 깔렸다. 해녀 어머니들의 정겨운, 다 알아듣고픈 사투리가 들리자 순한 한라산이 고픈 목요일 오후가 경쾌하게 흘러갔다. 산책을 끝내고 나는 용머리해안 홍보대사가 됐다. "제주에서만 볼 수 있는 풍경이라니까, 나는 무시하다가 큰코다쳤어!" 제주도에 그런 곳이 어디 용머리해안뿐이랴.

섬에서
해맞이

　　성산포 앞 초롱민박에서 잠들기 전 우리는 내일 아침에는 일출이나 보러
가자고 했다. 장소는 내일 해 뜨기 전에 결정하는 걸로. 그렇게 무모하게 일출을 보러 나간
우리에게 꿈같은 장소가 나타났다. 삼대가 덕을 쌓았다는 소리를 들을 정도로 날도 좋았
다. 그렇게 얻게 된 제주도다운 해맞이 사진이다. 부지런한 진사님들이 먼저 자리를 맡아
두고 텃세를 부리며 자리 싸움을 하는 통에 황장군의 고생은 눈물 없이는 말도 못 꺼낸다.
무슨 사연이라도 있는 듯, 제주를 찾을 때마다 나는 숨을 헐떡이며 성산일출봉을 올랐지
만 진정한 맛은 광치기해변에서 바라봐야 한다는 것을 깨닫게 되었다. 광치기해변은 거친
바다에 목숨을 잃은 어부들이 해류를 따라 밀려오는 곳이라고 한다. 마을 사람들이 관을
들고 가 희생된 어부를 수습하던 관치기가 광치기가 되었다는 너무도 아름다운 해변. 삶
의 일몰을 이미 지나친 어부들과 또 하루의 해가 돋는 이곳에는 처연한 정조가 깃들어 있
었다. 그리고 제주올레길 1코스의 마지막 점이자 코스의 시작점이 되면서 더욱 이름이 드
높아졌다. 해변은 이렇게 말하고 싶을지도 모르겠다. 제주를 위해 이 한 몸 내어주었다.
고로, 나는 존재한다.

마냥
모래바람을
맞아도

　　　제주도에 내려 서쪽 마을부터 둘러보기로 동선을 잡았다면 그냥 지나치면 아쉬울 월정리. 하얀 백사장과 에메랄드빛 바다가 맞이하는 곳이니 해변에 발 도장을 찍고 가지 않을 수 없었다. 그러나 변덕스러운 섬 날씨는 우리에게 좀비 월정리의 모습을 보여줬다. 누구나 다 아는 해변의 카페에서 커피를 마시며 동네 꼬마가 그린 바다와 고래 그림을 보고 나오던 길이었다. 바람돌이라도 불렀는지 세찬 모래바람이 불기 시작했다. 월정리의 흰 모래는 우리의 볼을 마구 때리다가 눈으로 거침없이 들이닥쳤다. 다 큰 어른인 우리는 체면 불구하고 엉엉 울면서 해변에서 도망치듯 빠져나왔다. 그곳이 서정으로 가득 찬 날, 다시 찾고 싶다.

생각을
지우는
옥빛 바다

　　　흰 모래사장과 투명한 블루의 바다. 한 폭의 수채화처럼 떠 있는 비양도가 눈에 들어오는 해변은 미국 CNN도 매료시켰다. 해변 인생의 클라이맥스를 보여주는 한여름을 기다리던 봄날에 해변을 걷고 있자니 바다로 풍덩 빠지고 싶었다. 어디서 날아온 용기인지는 알 수 없으나 바지를 걷어 올리고 저벅저벅 걸어가면 섬이면서 오름이기도 한 비양도에 닿을 것만 같았다. 그러나 나는 이내 포기하고 나들이 나온 수녀님들 곁에서 생지옥을 마음껏 즐겼다. 해변의 애칭은 '생지옥'이란다. 생각을 지우는 옥빛 바다.

애월낙조에
물들다

섬에는 길이 많다. 숲길, 돌담길, 해변길 등 멋진 길들이. 제주에서 드라이브 코스로 추앙받는 애월해안도로 끝자락에는 걸어야 제 맛이 나는 바다 산책길이 있다. 애월리에서 가장 운치 넘치는 길은 오로지 두 다리로 걸으려는 이에게만 길을 내어주는 한담해안산책로다. 애월리 한 담마을에서 곽지과물해변까지 1.2킬로미터 남짓한 산책로는 손만 뻗으면 파란색 수채 물감을 뿌려놓은 듯한 제주 바다가 닿을 것 같이 가깝다. 악어바위나 하마바위 등의 검은 바위와 야생화가 해안 산책로의 동지가 되어준다. 이 길을 걸을 때 장필순의 '애월낙조'를 준비한다면 당신은 정말 제주를 즐길 줄 아는 낭만 여행자다.

엄마
아빠
손잡고

연로하신 부모님께 꼭 보여드리고 싶지만 그럴 수 없어 아쉬운 한라산이나 거문오름을 제쳐 두고 다음에 꼭 찾을 거라며 간택해 둔 곳은 천연기념물로 지정된 비자림이다. 500년에서 800년이나 된 2800 여 그루의 비자나무가 숲을 이루고 있다. 비자나무가 하늘을 가린 숲에는 1.8킬로미터의 평탄한 관찰로가 조성되어 있다. 오솔길을 따라 놓인 길은 40여 분이면 족히 둘러볼 수 있는 짧은 코스와 40분을 더 보태야 하는 긴 코스 중 선택하면 된다. 숲 깊숙한 곳에는 키가 14미터, 수령 820년이 넘은 제주에서 가장 오래된 비자나무가 오늘을 산다.

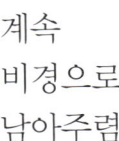

계속
비경으로
남아주렴

제주를 떠나야 하는 날. 탄성이 절로 나오는 1112도로를 달리고 있었다. 마침 라디오에서 최백호 아저씨가 '낭만에 대하여'를 라이브로 들려주었으니 숲길에 밀려 버려진 한라산에 대한 아쉬움이 금세 치유되는 듯했다. 사려니숲길은 제주시가 꼽은 '제주시 숨은 비경 31곳' 중 하나다. 비자림로의 봉개동 구간에서 조천읍 교래리 물찻오름을 지나 서귀포시 남원읍 한림리의 사려니오름까지 이어지는 숲길은 자그마치 16킬로미터에 달한다. 삼나무, 서어나무, 산딸나무, 편백나무, 졸참나무 등이 빽빽하고 섬의 독특한 식물과 동물들이 어울려 사는 자연낙원에서 숨을 쉬고 있어서인지 지치거나 힘이 들지 않았다. 오히려 이 오솔길을 지나면 어떤 숲이 반겨줄지 기대에 차 발걸음이 가벼워졌다.

'사려니'는 '신성한 곳'이라는 의미를 지녔는데, 찾는 이 누구나 신비스러운 기운을 느끼게 되는 까닭은 오랫동안 사람의 발길을 막고 보전에 집중한 덕분이다. 아직 눈꽃 세상으로 바뀐 사려니숲길을 걸어보지는 못하였으나 이 사람도 저 사람도 제주의 겨울 풍경으로 이 숲길을 꼽는다.

소곤소곤 TIP

사려니숲길 탐방로

숲 탐방은 비자림 도로에서 시작되는 5.2킬로미터 구간과 붉은오름 도로에서 시작되는 4.8킬로미터 두 군데. 사려니숲 에코힐링 체험행사 기간에만 탐방 제한 구간의 빗장이 열린다.

잠들어 있는
너를
깨우니

　나는 제주도의 오름에 빠졌다. 모양도, 이름도 다른 368개의 오름이 고구마를 닮은 섬 곳곳에 봉긋하게 솟아 있다. 그중 유네스코 세계자연유산으로 지정된 거문오름은 사전 예약과 해설사의 안내에 따라 탐방하는 조건으로 비경을 보여준다. 그런 줄도 모르고, 유명한 오름이 있다는데 가보자면서 내비에 검은오름을 치고 헛다리를 짚었던 흑역사가 있었음을 고백한다. 해발 456미터의 분화구 모양의 산등성이인 거문오름은 숲으로 우거져 있지만 돌과 흙이 유난히 검다. 분화구 둘레만 4.5킬로미터로 백록담보다 세 배나 크다. 돌 사이에 불어오는 풍혈이나 용암협곡, 민간인 학살에 이용되었다는 수직동굴, 태평양 전쟁 때 일본군이 판 갱도진지 등을 둘러보았는데, 우리의 발걸음을 멈추게 한 것은 오래된 숲 곶자왈이었다. 제주 말로 숲을 뜻하는 '곶'과 자갈이나 바위를 뜻하는 '자왈'이 합쳐진 말로, 바위가 널려 있는 곳에 형성된 숲을 말한다. 오름의 신비로움을 즐기려 했더니만 내내 통화하던 땅 파는 아저씨 때문에 풍류 여행은 산산조각 나고 말았다. 분화구처럼 속이 부글부글 끓었지만 거문오름에서 한라산의 모습을 볼 수 있는 날이 몇 날 되지 않는다는 해설사 아저씨의 말을 떠올리며 오름의 깊은 갈대밭을 빠져나왔다.

놀멍
쉬멍
오르는

나에게는 제주를 이야기할 때 빼놓을 수 없는 인연이 있다. 제주도도 아니고 뭍도 아닌, 남의 나라에서 만난 팥쥐다. 우리는 어학교 동기로 이내 단짝이 되었다. 단발머리에 일자 앞머리, 통통한 볼살 위에 톡톡 뿌려진 주근깨를 지닌 스물한 살의 아가씨에게는 팥쥐라는 별명이 생겼고 팥쥐와 늘 함께 있는 나는 콩쥐가 됐다. 도쿄에서 지낼 때 팥쥐는 "실퍼, 실퍼"라는 말을 자주 했는데 그게 '슬프다'라는 제주 말인 줄 알고 큰 걱정을 하기도 했다. 알고 보니 팥쥐에게는 '하기 귀찮은, 무료한'쯤으로 해석 가능한 말이었다. "기~", "서~", "하멘?" 팥쥐 특유의 짧고 강렬하며 통통 리듬을 타는 제주 말은 섬과 뭍에서 떨어져 지낸 우리를 강력하게 묶어주는 유대의 촉매제이다. 제주 토박이에 가이드 일도 했던 그녀가 추천하는 고향 관광지는 산방산과 송악산, 그리고 산을 오르는 것을 싫어하는 그녀가 의리를 외치며 함께 올라가준 산이 한라산이다.

제주에 가면 한라산에 가야 한다고 생각하면서도 내가 한라산에 오른 것은 고작 두 번뿐이다. 12년 동안 1000번을 오른 이도 있다던데 말이다. 대학 졸업 여행 때 예정에 없던 산행을 하게 되었는데, 가죽 로퍼의 옆구리가 터지도록 올랐던 산이었다. 팥쥐와 함께 오른

날에는 한라산의 기분이 룰루랄라였다. 우리가 힘겹게 내딛은 길 아래로 제주의 푸른 바다가 보이니 한발 한발 앞으로 나아갈 수 있었다. 내가 아는 누구는 인생의 마디를 넘어가는 아홉수가 되면 지리산을 종주하거나 한라산에 오르고 산티아고를 걸을 계획을 세운다. 나도 '아홉수에 한라산에 올라주지!'라고 다짐하였으나 좌절당하고 말았다. 한라산 아랫자락에서는 반짝이는 아침 햇살을 보여주더니 중산간에 오르니 안개비 속으로 모습을 감추어버렸다. 한라산이 기꺼이 입산을 허락하는 날이 되면 이번에는 한라돌쩌귀, 한라솜다리, 섬매발톱나무 등 야생화와 나무에 더 눈길을 주련다.

소곤소곤 TIP

한라산 탐방 코스

초보자라면 영실에서 병풍바위, 윗세오름, 남벽분기점에 닿는 영실 코스를 선택하는 게 좋다. 5.8킬로미터로 2시간 30분 정도 걸린다. 정상까지 오른다면 성판악 입구에서 출발하여 속밭, 사라악, 진달래밭을 지나는 정상에 닿는 9.6킬로미터, 4시간 30분 정도 걸리는 성판악 코스가 있다.

그곳에
내가
있었네

용눈이오름

"그러나 그중에는 고대 왕릉처럼 높이 솟아오른 것들이
너럭바위 같은 평평한 언덕들 사이 더러 눈에 띄기도 해서,
선산 해평에서 도개 가는 길의 고분군을 상기시키기도 한다.

하지만 봉곳이 솟아오른 부럼들은 한결같이 젖가슴을 닮았으니,
아무래도 저것들은 벌거벗은 여자들이 다열횡대로 드러누워
풍욕하는 모습 같다.
그 젖무덤들이 팽팽하게 솟아올라 춤처럼 흘러내리지 않는 것을 보면
아직 남자를 모르는 앳된 처녀들의 것이려니 짐작할 수도 있겠다"

—이성복 「오름 오르다」에서

'인생의 두 시간을 보내는 장소'를 콘셉트로 문을 연 미술관이 있다 들었다. 그 이야기를 들은 후 나는 '인생의 두 시간을 보내는 장소 찾기'를 즐기는데, 제주도에서 찾은 그곳은 용눈이오름이다. 사진가 故 김영갑이 짝사랑했던 바로 그 오름이다. 예전에는 쇠똥이나 뒹굴던 곳이었다는데 요즘은 정말 유명해져 사람들로 북적인다. 용눈이오름에 오르면 파노라마처럼 펼쳐진 중산간 지역의 숱한 오름들이 아득하게 눈에 들어온다. 특히 석양이 질 무렵 용눈이오름을 찾은 당신이라면 제주의 오름 맛을 제대로 즐길 줄 아는 사람이다. 나와 황장군은 광치기해변에서 기가 막힌 일출을 보았으니 용눈이오름에서 일몰을 보자며 욕심을 냈다. 황장군은 명당을 찾아 이리저리 카메라를 옮기다가 한 곳에 머물렀다. 남은 것은 해가 지기만을 기다릴 뿐. 우리는 사람들 떠난 어느 봄날, 해 질 무렵 거센 바람이 부는 용눈이오름에서 하염없이 그를 기다리고 있었다. 마침 우리의 귀에는 사이좋게 이어폰이 하나씩 꽂혀 있었는데, 이적의 '거짓말 거짓말 거짓말'이 흘렀다. 언뜻 들으면 흔히 빠진 이별 노래 같지만 속뜻을 알게 되면 눈물 한 바가지를 쏟게 되는 절절한 노래, 아니 시다. 변덕스러운 섬 날씨는 우리에게 용눈이오름에서의 황홀한 일몰을 보여주지 않았다. 또렷하게 떨어지는 석양을 담고 싶었던 우리의 욕망은 물거품이 되었지만 덕분에 우리는 용눈이오름에 쩔쩔 매는 신세가 됐다. 오름은 오르는 것이 아니라 바라보는 곳, 섬의 거친, 때로는 상쾌한 바람을 맞는 곳이라는 걸 넌지시 일러줬다. 지는 해를 바라보면서 오름에 앉아 있던 그 찰나의 순간은 좀처럼 마주하기 힘들다. 그러니 용눈이오름을 짝사랑하는 수밖에 달리 도리가 없다.

제주,
그 사람

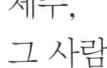

제주에 홀린 사람이 어디 한둘이겠는가. 제주도는 뭍에 살던 사진가를 홀렸고, 사진가는 원초적인 고독이 뚝뚝 묻어나는 풍경 사진으로 뭍사람들을 마구 홀린다. 자연 그대로의 채광으로 제주의 변화무쌍한 바람과 오름을 20여 년간 앵글에 담았던 故 김영갑은 제주에 미쳐 미친 사진가였다. 백제의 옛 도읍인 부여에서 태어났는데 제주의 아름다움에 빠진 나머지, 섬에 살아보지 않고는 섬의 외로움과 평화를 사진에 담을 수 없다 하여 제주에 정착한 것이 1985년의 일이다. 사진을 전공하지도 않았고 오로지 제주만 앵글에 담았던 그의 삶은 가난했다. 생면부지의 땅에서 쌀 대신 필름을 먼저 샀고 배가 고프면 밭에서 당근과 고구마를 뽑아 먹으며 허기를 달랬다던가. 전시회를 열어도 한 사람도 초대하지 않았고 한 점의 사진도 팔지 않았던 기인이라고도 했다. 제주는 그런 그를 놓아주지 않았나 보다. 설상가상, 루게릭병으로 7년간 투병하다가 제주가 한창 봄날이던 5월에 타계했다. 그가 남긴 사진은 김영갑갤러리 두모악에서 만날 수 있다. 폐교인 삼달분

교를 가조한 갤러리는 한라산의 옛 이름의 하나인 '두모악'이다. 두모악관과 하날오름관에 제주의 오름과 중산간, 제주 바다와 해녀 등의 사진이 걸려 있었다. 유품 보관실에는 생전에 사진가가 만지던 카메라와 렌즈 등이 놓여 있고 주인을 잃은 책들도 빽빽했다. 사라진 것은 제주를 사랑한 사진가 그 사람뿐이다.

두모악 무인 찻집에 앉아 사진을 곱씹는다. 요즘 제주를 찾는 관광객들이 쉽게 알아채지 못하는 서정성이 배제된 사진들. '그는 거기서 눈, 비, 안개, 바람에 젖고 시달리는 축복을 통해 찾기 힘든 분노, 좌절, 절망을 견뎌낸다'라던 〈한라일보〉 진선희 기자의 기사가 떠올랐다. 황장군은 사진가가 투병 중에 손수 가꾸었다는 고요하고 적막하나 평화로운 비밀의 화원에서 산책을 제안했다. 돌담 아래 노란 수선화가 생의 가장 아름다운 시절을 달리고 있었다.

1916-1956
서귀포의
환상

1956년 서울 적십자병원에서 연고자 없는 시신이 발견된다. 그로부터 46년 후, 서귀포에 이중섭미술관이 문을 연다. 그가 남긴 그림은 90여 점의 엽서와 대여섯 점의 연필화, 100여 점의 은지화와 100여 점의 유화 등이다. 이중섭의 그림은 힘이 넘치고 때론 따뜻하며 아이들의 표정은 익살스럽거나 사랑스럽다. 그러나 화가의 생은 가난과 그리움이었다. 1916년 평남 송천리에서 태어난 화가는 험한 시대를 만나 사랑하는 아내와 아이들을 동경에 두고 동경하다가 숨을 거두었다. 그의 아내는 일본인 야마모토 마사코. 아내에게 이남덕李南德이란 이름을 지어주었고 사모관대 하고 족두리를 씌워주고 식을 올렸다고 한다. 전쟁이 터지자 서귀포에서 단칸방을 얻어 가족과 함께 1년 여를 보내며 '서귀포의 환상', '바닷가와 아이들' 등을 그렸다. 가족들을 일본으로 떠나보내고 홀로 남은 화가는 가족을 그리는 나날을 보내는데 그 절절한 그리움이 가족들과 주고받은 편지에 사무친다. 담뱃갑 속 은박지에 그림을 그리는 기법을 착안한 것도 그즈음이라 한다. 신화가 된 거장의 작품 중 요즘 '길 떠나는 가족'에 빠져 있다. 꽃 달구지를 타고 따뜻한 남쪽으로 이사를 가는 가족의 모습이 애틋하게 담겨 있다.

뜻 높은
선비가
거닐다

'대정으로 가는 길의 절반은 순전히 돌길이어서 사람과 말이 발을 붙이기 어려웠고 절반을 지난 뒤부터는 길이 약간 평탄하였네. 간혹 모란꽃처럼 빨간 단풍 숲도 있었네. 이것은 육지의 단풍잎과는 달리 매우 사랑스러웠으나 정해진 일정에 황급한 처지였으니 무슨 아취가 있겠는가?' 추사 김정희는 유배지인 대정까지의 여정을 아우에게 이렇게 전했다. 추사는 1840년에 유배지에 도착하여 대정현 안성리 강도순의 집에서 가장 오래 살았다고 한다. 집 울타리 밖으로 나갈 수 없는 형을 받은 추사는 벼루 열 개를 구멍 내고 붓 천 자루를 닳아 없어지게 하면서 추사체를 완성했고 국보인 '세한도'를 그렸고 제자를 길러냈다. 제자 강위에게 '스승이 10년간 가부좌를 튼 달팽이집'이라는 이야기를 들은 강도순의 집터에 '세한도'를 모티브로 지은 제주추사관이 세워졌다. 추사관을 시작으로 3개의 코스로 구성된 추사 유배길도 생겼다니 선비의 아취를 따라 걸어볼 일이다.

드라마어 등장하면서 점점 입소문을 타는 안덕계곡은 추사 선생이 자주 찾았다 전해진다. 화산섬이 빚은 현무암 주상절리와 판상절리 사이에 뿌리를 내린 난대림 원시림을 걷다 보면 뜻 높은 선비가 거니는 모습과 조우할 것만 같다.

줄을
서시오

이름 한번 말하기 어려운데, 풍경을 보고 나서는 기억하려고 애를 쓰게 된다. 쇠소깍은 요즘 제주에서 관광객들을 줄 세우는 핫한 곳이다. 한라산 남쪽 앞자락으로 흘러내린 용암은 굳어 골짜기를 만들었고 한라산에서 내려온 물줄기는 골짜기를 거쳐 바다와 만난다. 호들갑스러운 쇠소깍 애호가들은 한국의 블루라군 혹은 방비엥이라 추켜세우기도 한다. 쇠는 소, 소는 웅덩이, 깍은 끝이라는 의미라고 한다. 관광객들을 줄세우는 것은 제주의 전통 배인 테우와 물속이 훤히 보이는 카약이다. 노 한번 젓지 못한 채 발길을 돌리던 우리는 쇠소깍을 둘러싼 산책로를 따라 걸으며 아쉬움을 달래야 했다.

내일의
시간을
찾아서

40여 년 전 제주 사람으로 살기로 한 농부가 있었다. 그가 황무지를 일궈 가꾼 정원에는 500년 된 향나무, 100년 된 소사나무 등 귀하게 여기고 키운 분재와 정원수가 산다. 그동안 반기문 UN사무총장과 장쩌민 국가주석 등 거물들이 다녀갔다. 장 주석이 "제주에 가서 농부의 개척 정신을 배우라" 하고 지시하면서 중국인들이 몰려들었다. 또 작가 모옌은 방명록에 '보기 드문 기이한 풍경'이라는 진심을 남겨두었다 한다. 우연히 정원을 둘러보던 성 원장과 만나 몇 마디 나누게 되었는데, 거칠지만 고집스러운 손에서 분재를 닮은 인내의 시간이 읽혔다.

돌하르방
할아버지

금릉석물원

미리 밝혀두자면 우리는 관광객의 모습이 올레길 푯말 찾기보다 어려웠던 이곳에 반해버렸다. 제주의 즐비한 아트 스페이스 중 열광했던 곳이다. '암, 제주에 이런 곳 하나쯤은 있어야지'라는 생각이 절로 들었다. 돌하르방을 묘하게 닮은 석공 장인인 장곡익 할아버지는 아들들과 함께 새긴 돌 조각으로 공원을 일궜다. 제주의 돌담과 마을 등을 호쾌하게 조성했다. 돌 조각의 표정에는 골계미가 철철 넘친다. 특히 천태만상이란 작품은 돌하르방 할아버지판 촌철살인이다. 할아버지의 돌하르방은 빌 클린턴 전 미국 대통령이나 미하일 고르바초프 전 소련 대통령 등 각국 정상들에게 선물되기도 했다. 제주의 돌에 재주를 부리는 할아버지는 〈제주일보〉와의 인터뷰에서 "망치와 끌로만 돌을 깎고 다듬던 시절의 돌하르방은 조각의 굴곡이 작아 투박한 멋이 있었지만 요즘의 돌하르방은 기계를 써서 얼굴의 윤곽이 너무 뚜렷해지는 등 원형을 잃어가고 있다"고 하였다. 그런데 더 슬픈 소식이 들린다. 방문객이 뜸한 데다 석물원의 임대료마저 폭등하여 어쩌면 문을 닫게 될지도 모른다고 한다. 우리에게는 제주에서 깔깔깔 웃을 장소가 필요하다. 이거 원, 답답해서 금릉석물원 초대장이라도 뿌려야겠다.

오래된 것들은
다 아름답다

요즘 도시의 초등학교는 삭막하기 짝이 없다. 모텔이 숲처럼 둘러싼 어린이집을 다니는 아이들의 뉴스를 보면서 나는 낡은 기억 속 서랍에서 한 초등학교의 교정을 꺼내들었다. 승효상 건축가의 '오래된 것들은 다 아름답다'는 말처럼 제주도에는 아름드리 고목들이 작은 교정을 호위하고 있는 시골 학교가 있다. 세종대왕 때 쌓았다는 수산진성이라는 성이 학교의 돌담 겸 돌계단을 자처한다. 아름다움은 누구나 재빨리 눈치 채는 법. 소년한국일보사의 '전국아름다운학교'로 선정됐고, 제5회 아름다운학교숲전국대회에서 장려상을 받기도 했다.

돌계단 근처에 꽃송이째 뚝뚝 떨어진 동백들이 철 지나가는 슬픔을 나직하게 표현하던 봄날. 우리는 그곳에서 언니 오빠들과 놀러 나온 가은슈퍼 둘째 딸의 기념사진을 찍어주었다. 잔디가 깔린 운동장에서 놀던 아이들은 그네를 타고 나무 아래에 모여 자기들만의 귓속말을 이어갔다. 이런 학교에서 자란 아이들은 어쩐지 나무들로부터 선한 마음을 선물받았을지도 모른다는 생각이 들었다. 사립초등학교 지원 줄에 서고 싶은 마음은 없지만 수산초등학교라면 제주도민증을 받아들 각오는 되어 있다.

봄은
벚꽃이다

마치 그 순간은 당첨자 없음으로 쌓이고 쌓은 로또 추첨 직전과 같았다. 나와 황장군은 제주에 머무는 동안 벚꽃 개화 소식을 검색하느라 매일 아침이 부산했다. 해녀 아주머니를 인터뷰하러 제주를 찾은 적이 있었는데 그때는 터트릴 듯 말 듯하다가 꽃샘추위에 다시 꽉 다문 벚꽃 송이만 보고 섬을 떠나야 했었다. 분풀이라도 하듯 제주에 오래 머물며 제주의 벚꽃길을 꽃 만난 벌떼처럼 쏘다녔다. 제주는 꽃잎이 크고 화사한 왕벚꽃의 자생지이며 가장 먼저 벚꽃 소식을 전하는 동네다. 가장 먼저 벚꽃 개화 소식을 알리는 것은 서귀포의 중문초등학교 앞길이다. 아름답기로는 제주대학교 앞길의 벚꽃이 최고다. 어느 정도인가 하면 쌩쌩 달리던 화물 트럭 아저씨들도 속도를 줄이며 벚꽃 향에 취하고, 순찰 나온 경찰 아저씨도 차를 세우고 스마트폰으로 풍경을 담는다. 제주대학교 교정에도 벚꽃길이 있으니 찻길에 난 좁은 인도에서 사람들과 어깨를 피해가며 꽃구경의 흥을 깨지 않아도 된다. 제주대학교는 교정에 오름이 솟아 있고 노루가 불쑥 등장해도 놀라는 학생 하나 없다는 자연으로 풍요로운 캠퍼스이니 벚꽃 구경에 나섰다가 덤으로 캠퍼스 투어를 즐겨도 좋다.

한라산
자락
차밭

　　　　　　보성의 차밭에서는 절대 찾아볼 수 없는 명물 하나가 풍경에 슬쩍 끼어들었다. 도순다원은 한라산을 든든한 배경으로 하여 온천지가 이국적인 제주에서 더욱 특별한 풍광을 기어코 찾아 즐기려는 여행자들을 불러 모은다. 명산을 병풍처럼 세워 둔 곳으로는 월출산 자락의 다원도 있지만 한라산과 도순다원 콤비를 따라갈 수 없다. 도순다원은 화장품 회사인 아모레퍼시픽이 제주에서 맨 처음 일군 차밭이다. 화장품 회사의 선대 회장은 해외 시찰을 다니면서 사라진 우리의 차 문화를 부흥해야겠다는 열망을 갖게 되었다 한다. 1980년에 도순다원을 가꾸기 시작한 이래 서광다원과 한남다원도 속속 문을 열었다.

푸른 목초밭을
누비는
젖소 떼

　　　　　　초원에서 한가로이 풀을 뜯는 소 떼가 주는 평온함, 행복한 젖소에서 짠 우유와 그 우유로 만든 요구르트와 치즈가 주는 고마움. 이쯤 되면 아낌없이 주는 젖소라고 해야 할까? 제주시 근교에 자리한 아침미소농원목장은 친환경 목장으로 농림부 주최 제1회 친환경축산대상에서 낙농 부문 대상을 수상했다. 치즈나 아이스크림 만들기 등의 체험이 가능하여 가족 여행객들의 성지처럼 여겨진다. 갓 짜낸 우유로 만든 수제 치즈와 요구르트를 판매하는데, 소량 생산되는 수제 요구르트의 맛이 가히 목가적이다.

무사경 몽캐미꽈?
도르멍 옵서

　　풍경도, 먹거리도, 사람들의 말도 낯선 섬에서 시장 구경은 어떤 재미가 있을까? 기대하시라! 제주의 시장으로 말할 것 같으면 제주시의 제주동문재래시장과 제주동문수산시장, 서귀포시의 서귀포매일올레시장을 대표 선수로 꼽는다. 제주동문재래시장에는 덥물 오메기떡과 빙떡, 옥돔, 한라봉, 감귤 초콜릿, 당근과 양배추 따위의 채소 등을 판매한다. 황장군에게는 이 시장에 유일한 단골집이 있는데 젓갈 담그는 솜씨가 좋은 할머니 젓갈집이다. 갈치젓, 꼴뚜기젓 등 젓갈 몇 통을 손에 들고 찾은 제주동문수산시장에서 회귀신인 우리는 물 만난 고기가 되어 이 집 저 집 구경 다니느라 바빴다. 비양수산, 나나수산, 똘똘이상회, 강강술래회수산, 순하상회… 이름도 제각각, 사장님들의 장사 스타일도 제각각이지만 매대에 올려놓은 생선과 해산물은 싱싱하고 저렴했다. 회귀신은 작전 모의에 들어갔다. 집 떠나온 나그네들이니 아쉬운 대로 매운탕을 끓여 먹자! 아쁠싸! 우리가 그즈음 묵었던 제주 숙소는 호텔이었다. 어깨가 축 늘어진 우리에게 포장 접시회 천국이 고습을 드러냈다. 제주산 은갈치, 볼락돔, 광어, 문어, 해삼 등이 먹기 좋게 회로 떠져 착한 가격을 붙이고 타원형 플라스틱 접시에 곱게 누워 있다.

애월 맛지도에 일조
일조가든

나의 요리 스승의 제주도 지인이 마을 사람들이 즐겨 찾는 밥집이라며 귀띔해준 곳이다. 빨간 갈치조림과 하얀 갈치국을 주문했다. 상에 차려진 음식은 포구의 허름한 백반집에서 받을 법한 조금은 초라한 행색이지만 하얀 갈치국의 국물 한 숟가락을 떠먹고 나면 망설임 없이 맛집으로 인정하게 된다. 제아무리 갖은 양념을 넣고 끓여도 정말 싱싱한 갈치로 끓이지 않고서는 흉내 낼 수 없는 맛이었다. 갈치조림에서도 무림고수의 실력을 보았다. 저녁 겸 반주를 하러 찾은 동네 어르신들은 붕장어구이를 주문하셨는데, 아마도 메뉴판에는 없는 단골들만의 주문 공식이 있는 모양이다.

제주 사람들의 각제기국
돌하르방식당

"변두리의 허름한 건물에 입구도 초라하지만, 맛은 든든하고 번듯하다. 각제기국 속에 사철 살결이 다른 배추를 넣어 싱싱한 맛을 우려낸다. 연한 놈은 약하게, 억센 놈은 세게 익혀낸다. 순리를 터득한 주인의 비결이다. 계절의 변화를 담아낸 이 집의 각제기국에서 봄이면 꽃이 피고, 가을이면 낙엽이 진다" 제주대학교의 허남춘 교수는 〈제주일보〉에 돌하르방식당을 이렇게 소개했다. 섬에서는 전갱이를 각제기라 부른다. 전갱이와 배추 잎을 넣고 구수하게 끓인 국이 각제기국이다. 자리젓에 깍둑 썬 무를 넣고 바특하게 끓인 제주도식 쌈장인 졸래와 멸치젓 등을 곁들여 먹는다. 처음 찾을 때만 해도 줄을 서는건 현지인들이었는데 요즘은 관광객들로 인산인해를 이룬다.

방어회 샤브샤브

모슬포방어마을샤브샤브

이 집도 팥쥐가 얼른 가보라며 알려준 곳인데, 방어회를 샤브샤브로 내는 별미집이다. 모슬포는 방어마을이라 할 정도로 방어가 많이 잡히고 맛도 좋다. 마라도 방어는 거센 물살을 이겨내 육질이 더 쫄깃하다고 한다. 제주 사람들은 방어를 회로 먹거나 국을 끓여 먹고 신 김치를 넣고 조려 먹기도 했단다. 11월이면 모슬포 앞바다에서 방어가 잡혀 올라오고 겨울 내내 사람들의 입안을 녹인다. 그러나 제철을 지나도 한참 지난 봄에 찾아 방어 맛을 보려 했으니…. 대신 제주산 흑돼지와 제주산 활전복 샤브샤브로 아쉬움을 달래야 했다.

현지인이 찾는 모슬포항구의 생선 요릿집

부두식당

제주도 동성 팥쥐가 동네 맛집으로 맨 처음 데려간 곳은 밀면을 내는 산방식당이고, 생선 요리를 먹고 싶다고 했더니 추천해준 곳은 모슬포항구의 부두식당이다. 드르륵 밀어서 열고 닫는 네 칸짜리 새시 문에는 회덮밥, 자리물회, 갈치국, 쥐치탕, 우럭조림, 고등어조림, 방어회, 히라스회 등 갖가지 메뉴가 적혀 있었다. 성난 복어가 제 몸을 볼록하게 만들 때처럼 살이 통통하게 오른 고등어로 만든 조림은 밥도둑이었고, 방어와 비슷하지만 봄철에만 잠깐 맛볼 수 있다는 히라스회는 술을 불렀다. 방어회로 입소문이 난 곳이니 방어철에는 다른 메뉴를 제쳐두고 방어회를 주문해야 한다. 현지인들도 줄 세우는 맛집이라 예약을 하고 찾는 이들이 많았다.

첫 밥과 마지막 밥
전가네숯불생구이

황장군이 올래국수를 통과의례처럼 찾는다면 나는 이 고깃집을 찾는다. '단골손님 사수'라는 이유로 온갖 매체의 취재를 당당히 거부하며 독야청청 맛 하나로 승부하는 제주도민의 고깃집이다. 흑돼지 오겹살 한 접시에 돌솥밥이 띄엄띄엄 찾는 나의 주문 공식이다. 길고 아주 두툼한 흑돼지는 숯불에 구워 잘라 먹는데, 육질이 옹골지다. 마늘과 고추를 넣고 부글부글 끓인 멸치젓에 알맞게 익힌 흑돼지를 찍어 먹으면 '아~ 제주에 왔구나!' 하며 비로소 안도하게 된다. 한라산처럼 볼록 튀어나온 배가 그만 먹으라 하든 말든 돌솥밥과 우거지 된장찌개도 비워야 예의다.

성산 아줌마들의 계모임 식당
한라흑돼지식당

초롱민박집 아주머니가 동네 아줌마들이 계모임을 할 때 즐겨 찾는 곳이라며 일러준 고깃집이다. 평일 저녁이었는데도 만석. 식당 밖에 서서 기다리고 있었더니 주인 아주머니가 혼자 찾은 단골손님에게 빨리 먹으라며 눈치를 주신 덕분에 고기 맛을 볼 수 있었다. 우리는 생고기에 굵은소금을 툭툭 뿌린 흑돼지 삼겹살을 구멍이 송송 뚫린 오름을 닮은 봉긋한 불판에 툭 얹고 가스불로 지글지글 구워 3인분을 먹었다. 거문오름처럼 까만 칡냉면도 싹싹 비웠다. 먹기 전에도, 먹을 때도, 먹고 나서 식당을 나올 때도 빈자리 하나 없었으니 성산 제일의 삼겹살집이다.

폭식 주의보

다미진횟집

삼다도 제주에는 괜찮은 횟집이 참 많다. 표선 해비치 근처에 자리한 다미진 횟집은 근방에서 다 아는 장사가 잘되는 집이다. 저녁에 찾아 수족관의 생선 먼저 살펴보고 들어가 돔을 시켰더니 쫄깃한 맛이 일품이었다. 갈치회, 모둠회, 간장게장, 튀김, 볶음밥 등 푸짐한 음식이 코스로 등장하니 메인 요리가 나올 때까지 음식 양을 조절해 먹는 지혜가 필요하다. 점심에 찾아 생선탕을 주문했더니 까만 뚝배기에 꽃게, 홍합, 대합 등이 한가득 담겨 있었다. 생선탕의 서비스 음식으로 모둠회와 보리밥 등도 나온다. 무얼 주문하든 과식을 하게 되는 집이다.

갈게요, 고기국수 먹으러

올래국수

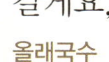

황장군은 비행기에서 내리자마자, 또 비행기를 타기 전에 통과의례처럼 찾는 식당이 있다며 나를 고기국숫집으로 데려갔다. 고기국수의 고명이라고는 입에 넣으면 아이스크림 녹듯 살살 녹는 돼지고기 몇 점과 송송 썬 파, 톡톡 뿌린 참깨가 전부였다. 진하고 걸쭉한 국물에 중면을 말아 먹는 제주의 향토 음식이란다. 20여 년 전만 해도 사라져가던 음식이었다는데 인터넷을 통해 육지 사람들에게 입소문이 나서 전성기를 맞았다고 한다. 누가, 언제부터 그리 정하였는지는 모르나 삼대국수회관, 국수마당과 함께 제주의 3대 고기국숫집으로 꼽힌다. 언제 찾든 줄을 설 각오가 필요하다는 이야기다.

횟집 아저씨와 꽁치김밥

우정회센타

서귀포매일올레시장의 한 횟집은 어찌된 일인지 활어회 대신 꽁치김밥으로
손님을 불러 모은다. 우정회센타의 꽁치김밥은 김밥 양쪽으로 꽁치의 머리와
꼬리가 툭 튀어나와 있는 비주얼 종결자에 특제 소스로 비린 맛을 잡아 맛도
좋다. 형편이 어려웠던 한 소년은 중학교를 졸업하자마자 횟집에서 일을 했
다. 당시 실장은 무얼 먹어도 꿀맛 같을 성장기의 소년에게 구운 꽁치를 넣어
김밥을 자주 싸주었다고 한다. 우정회센타 주인의 이야기다. 꽁치김밥 횟집
의 문전성시 비결은 모두 매체의 힘이요, 추억의 힘이다.

주민들이 맛 보증에 나선 대평리 횟집

오늘은회

대평리 주민의 추천으로 찾아갔으나 마침 쉬는 날. 그래서 다시 도전한
횟집이다. 추천한 이는 탕이 맛있어 자주 찾는다 하였으나 성게국과 해
물 뚝배기를 부탁하였다. 바닷속처럼 미역에 숨어 있는 성게가 냉면 대
접에 담겨 나오는 성게국에서는 청정한 바다 맛이 났고 해물 뚝배기는
2층탑이 쌓여 있는 것마냥 그득한 해산물 장벽에 국물 맛을 보려고 숟
가락을 찔러 넣을 틈이 없어 당황스러웠다. 횟집의 메인 요리인
회도 탕 맛에 뒤지지 않는다니 삼고초려할 맛집이다.

가끔은 길을 잃어도 좋아
풍림다방

뭍에서 제주로 살러 간 이민자들이 운영하는 개성 넘치는 가게가 많은 평대리. 우리는 한 카레집을 찾다가 풍림다방(風林茶房)에 발을 들여놓게 됐다. 부산에서 왔다는 총각은 제주 할머니가 반갑게 맞이할 것 같은 아담한 민가를 개조하여 작은 다방을 열었다. 처음에는 마을 할아버지들이 찾아와 왜 아가씨가 없냐며 항의를 받기도 했고 노란 믹스커피를 팔라는 할머니들의 요청도 끊이지 않았다 한다. 소녀 감성을 지닌 제주 총각이 내려주는 커피에는 제주의 신선한 바람 향이 배어 있다.

어멍들의 맛
섭지해녀의집

제주는 다른 고장과 비교할 수 없을 만큼 공동체 의식이 강한 섬이다. 성산 앞바다를 삶의 터전으로 삼은 해녀 아줌마들이 직접 잡은 해산물로 음식을 만들어 판다. 내가 음식 잡지에서 일할 때 현지인들의 추천으로 소개를 받아 '전복죽의 참맛을 내는 집'으로 입소문을 낸 적이 있다. 성산일출봉을 바라보며 제주 바다의 싱싱함에 제주 엄마들의 손맛이 더해진 정갈한 음식을 맛볼 수 있다. 우리는 예약을 하고 찾았는데 '성질 급한 어멍이 죽을 너무 일찍 쑤어 맛이 없다'며 '그냥 먹어도 괜찮다'고 마다하는 우리의 손을 뿌리치고 전복죽을 새로 끓여주셨다. 깜깜한 어둠에 지워져버린 성산일출봉을 마주하고 맛본 엄마의 죽은 참 따끈했다.

공천포 바닷가 앞 상회

요네상회

검은 모래사장이 풍기는 카리스마가 대단하나 아직은 한적한 공천포 바닷가 앞에는 정체가 궁금해지는 상회가 문을 열었다. 카페면서 공방이기도 하고 손으로 만든 소품을 파는 셀렉트숍이기도 하다. 이름만 대면 알 만한 제주의 멋진 해변들로부터 일부러 도망이라도 친 듯. 한적한 바닷가에 자리 잡은 취향과 인간미 넘치는 인테리어 센스와 이런저런 핸드메이드 작품을 원래 그 자리에 오래전부터 있었던 듯 장식한 감각이 더해지니 요네상회는 공천포를 먹여 살릴 떠오르는 별이다. 금세 사색에 빠져드는 바닷가 앞 테이블에서 차 한잔의 여유를 누려도 좋고 출출할 때는 '밥말리 파스타', '명랑한 크림 파스타', '달매콩 커리' 등 이름이 재미있는 카페 푸드에 도전해도 좋다. '밥말리 파스타'는 베이컨에 채소를 듬뿍 넣은 오일 파스타이고, '명랑한 크림 파스타'에는 느끼한 생크림을 뺐다. 다만 카페 푸드는 오전 11시부터 딱 세 시간 동안만 주문 가능하단다. 밥때를 놓쳤다고 당황하지 마시라. 여러 가지 향신료를 볶아 만든 달고 매콤한 '달매콩 커리'는 하루 종일 대기 중이므로. 망부석처럼 지내려 해도 가만 두지 않는 제주에서 상회의 주인도 아주 가끔 여행을 떠난다고 하니 전화를 넣는 게 현명하다.

참새 방앗간 찾듯

로스터리 담담

마크로비오틱 전문가인 이와사키 유카 상. 자연주의 먹거리의 실천가인 그
녀는 제주에 빠졌고 덕분에 우리는 제주의 괜찮은 찻집, 밥집, 술집 리스트를
손에 넣을 수 있었다. 로스터리 담담, 두봄, 모살을 소개할 수 있었던 것은 그
녀의 공이다. 로스터리 담담은 뭍에서 제주로 건너 온 중년 부부가 운영한다.
남편은 커피를 볶고 아내는 커피를 내리고 쿠키와 빵을 굽는다. 인테리어도,
카페에서 맛볼 수 있는 커피와 음식도, 군더더기 없이 절제된 맛이 있다.
핸드드립 커피를 주문하고 책꽂이를 훑어보는데 얼굴이 화끈거렸다. 내가 쓰
고 황장군이 찍은 책이 꽂혀 있는 게 아닌가! 우리는 정체를 밝혔고 안주인은
놀라운 표정을 지으셨다. 그런 인연 때문인지, 담담만의 편안한 분위기 때문
인지 제주에 머무는 동안 참새 방앗간 찾듯 찾았다. 그때마다 인심 후한 안주
인은 맛 좀 보라며 이런저런 먹거리를 주셨고 우리는 민망해 하면서도 넙죽
넙죽 잘도 받아먹었다. 뭍으로 돌아와 빚진 마음을 갚고 싶어 책을 선물했더
니 답례품으로 못난이 감귤이 도착했다. 황장군은 이따금씩 담담에서 테이크
아웃하여 제주도에서 마시던 커피가, 나는 주인 부부가 텃밭에서 직접 기른
허브티 생각에 갈증이 난다.

대평리 가는 길

물고기카페

대평리 박수기정보다도 더 보고 싶었던 곳은 장선우 감독이 아내와 함께 운영하는 물고기카페였다. 분수처럼 피어 있는 검질과 낮은 돌담. 민트색의 낮은 지붕을 덮은 여든 넘은 민가, 변시지 화백이 그렸다는 물고기 한 마리. 지인들이 찾아오면 차나 마실 공간을 만들려고 시작했다는데 입소문이 나 이제는 대평리의 명소가 됐다. 그곳에 가면 "자연의 혜택에 탐욕에서 벗어났고 오랜 방황이 멈추게 됐다"는 장 감독의 말을 이해할 수 있을 것만 같았다. 그런데 굳게 잠겨 있는 문. 우리는 하릴없이 동네 산책을 즐기게 됐고 박수기정에서 지는 해를 보게 됐다. 운이 좋았다고 해야 할지, 운이 나빴다고 해야 할지. 뭐, 인생이 그런 것이지. 대평리(옛 이름은 '용왕님이 살던 넓은 들판'을 뜻하는 용왕난드르 마을)란 마을은 그렇게 거칠게 이는 쓸데없는 욕망을 고요히 잠재워주는 힘이 있는 것 같다. 물론 예전에는 더 아늑하고 풍요로운 마을이었다는데, 마을도 그렇고 마을을 둘러싼 곳들도 깃들어 있던 아늑함이 사라지는 중이다. 다시 찾은 물고기카페. 우리는 둥그런 밥상이 놓인 방에서 느긋하게 차를 마시며 『카페 물고기 여름 이야기』를 읽었다. 돌담 너머의 마늘밭이 정원수를 대신하는 뜰로 나가니 대평리 앞바다와 박수기정이 빛나고 있었다.

재주 많은 제주의 카페

레이지박스

산방산, 용머리해안, 제주 바다를 모두 가진 욕심 많은 카페다. 제주의 절경을 꿰찼으니 뭔가 보답을 하려는 마음인 듯 섬의 신선한 식재료로 만든 먹거리를 낸다. 제주 향 가득한 메뉴로는 당근케이크와 감귤주스, 당근주스가 있고, 농약과 화학비료를 쓰지 않고 키운 공정무역의 커피를 쓴다. 제주에 사는 작가들의 소품이나 농산물을 판매하는 코너도 마련했는데, 나는 이곳에서 51백과 몸빼어, 물질하는 해녀가 룰렛처럼 뱅글뱅글 돌아가는 그림엽서를 그린 작가들과 만났다. 주인 부부는 '제주에서 놀멍 살멍, 살아보는 여행'을 모토로 한 계간지 〈iiin〉의 작업에도 참여하고 있다.

두봄이 품은 서정

두봄

'설마 이런 곳에 카페가 있겠어?'라는 생각이 들 즈음 두봄이 나타났다. 식탐가인 내가 카페에서 먹거리보다 인테리어를 더 탐하게 될 줄이야. 어느 창에서든 나무가 보이는 카페 두봄은 그렇게 이름처럼 예뻤다. 봄날 같은 카페의 메인 메뉴는 수제 버거. 건강한 두봄버거, 흑돼지와 허브 패티를 끼운 까망버거, 콩버거, 제주산 한우버거는 '자극이란 단어를 나는 몰라요'라고 말하고 있는 듯 담백하다. 커피나 산도록한(시원한) 음료나 맨도롱한(따뜻한) 차를 곁들이면 된다-. 남은 일은 두봄 메뉴판을 스케치 삼아 그림을 그리거나 글을 남기는 것! 맛나게 먹고 나서 거쳐야 할 손님만의 의식이다.

모름지기 제주 술집이란

모살

돌담 옆에 산맥처럼 쌓인 빈 맥주병을 보고서 어찌 그냥 지나칠 수 있을까. 벽돌담 위에 무심히 얹어놓은 뿔소라를 보고도 가던 발걸음을 멈추지 않는 당신이라면 모살이란 술집을 영영 모른 채 살아갈지도 모른다. 여행을 좋아하는 친구가 하는 술집이라며 모살이란 술집을 귀띔해준 이는 마크로비오틱 전문가 유카 상이다. 모살, 모살? 모살⋯. 제주 말처럼 낯설면서도 뭔가 재미있는 뜻이 담겨 있을 듯한데, 모래라는 뜻이라고 했다. 정확히는 잘게 부스러진 돌 부스러기. 술집이라고 하기에도 뭣한 것이 낮에는 직접 볶은 원두로 내리는 핸드드립 커피를 맛볼 수 있는 카페이고 해가 지면 수입 맥주와 칵테일 등과 간단한 안주를 내놓는 펍이 된다. 해 질 무렵 찾아 어둠이 내려앉는 쓸쓸함을 즐기면서 가볍게 술을 마셔도 좋고 친구들과 왁자지껄 요란하게 술잔을 부딪쳐도 괜찮다. 좀 더 한가롭고 나른한 시간을 꿈꾼다면, 여행을 가서도 내내 애를 쓰는 나에게 따뜻한 위로가 필요하다면, '모름지기 제주 술집이란 당신과 같은 곳이지요'라고 말해주고 싶은 모살에서.

해녀 아줌마의 하숙집

초롱민박

황장군이 희소식을 알려왔다. 성산일출봉 마을에 해녀 아줌마가 운영하는 민박집이 있는데 예약 넣기가 하늘의 별 따기지만 애를 써서 장기 투숙권을 받아냈다는 뉴스였다. 친절한 아줌마, 깨끗한 방과 화장실, 제주도 장금이인 해녀 아줌마가 차려주는 뷔페식 아침밥. 단골들이 입을 모아 꼽는 초롱민박의 히트 요인이다. 특히 해녀 아줌마는 민박집 주인에 딱 어울리는 지, 덕, 체에 손맛까지 갖춘 분이셨다. 섬에서의 길고 빡빡한 일정에 급병까지 얻었지만 힘을 내 랄랄라 제주 유랑을 마무리할 수 있었던 것은 아줌마의 공이 크다. 물질해온 미역이며 해산물을 맛보여 주셨고 저녁도 못 먹고 돌아다니는 건 아닌지 밤이면 야식도 챙겨주셨다. 아주머니 덕에 제주를 다시 찾는 단골이 꽤 많은 듯하니 제주도에서 표창장이라도 드려야 할 것 같다.

제주에 7면 바닷가 앞 호텔이나 산속 펜션을 선호했던 나이지만 초롱민박과 만난 후 지인들이 제주도에 간다고 하면 "얼른 초롱민박에 예약 전화 넣어"라고 부추긴다. 그러나 대개는 이런 답이 돌아온다. "거기 뭐야? 한 달 후에도 방이 다 찼다는데?"

오늘은 제주의 돌집에서

미쓰홍당무

그건 병이었다. 제주병. 제주라는 섬에서 자연의 속도로 살고자 하는 마음. 누군가는 실천으로 옮겼고 누군가는 아직 망설이며 누군가는 포기한 제주살이. 서울에 살던 홍언니는 제주의 게스트하우스 주인장으로 살고 있다. 게스트하우스 이름은 미쓰홍당무. 방 세 개짜리의 가족 같은 게스트하우스라서 나와 황장군은 예약자명에 이름도 올리지 못하고 구경만 다녀왔다.

게스트하우스 입구에서부터 홍언니의 세련된 감각을 눈치 챘다. 돌담 너머 살포시 보이는 유채꽃 같은 지붕, 높고 큰 대문이 사라진 입구, 미스코리아의 S라인을 닮은 정주먹 모양의 길, 잉어들이 유영하는 안마당의 작은 연못까지. 안거리는 게스트하우스로, 밖거리는 주인의 집으로, 축사는 카페로 바뀌었다. 평대리의 백세장수 중인 시골 돌집을 수리하여 게스트하우스를 열어 방이 다소 좁고 천장도 낮지만 나름대로 제주의 맛을 즐길 수 있으니 그걸로 족하다.

만화와 책과 너른 뜰

오렌지다이어리 게스트하우스

함피디네 돌집, 안녕메이, 룸바, 수상한 소금밭, 알로하 제주, 루시드봉봉, 이응, 게으른소나기, 슬리퍼, 그럼에도 불구하고…. 삼다도 제주에 빠른 기세로 증가하는 것은 게스트하우스다. 이름도 집도 별나고 주인들의 사연도 다양하니 게스트하우스 투어만으로도 한 달은 훌쩍 지나갈 제주다. 너른 뜰이 무척 인상적이었던 오렌지다이어리 게스트하우스는 만화와 책이 가득한 곳으로 책벌레들에게 알음알음 입소문이 났다. 세 개의 도미토리와 온돌방 하나를 객들에게 내어주고 간단한 아침밥도 공짜로 준다. 제주의 게스트하우스에는 하나쯤 있기 마련인 카페(라기보다는 만화방의 역할에 더 충실한)에서 내 친구의 책(人 인 김민정이 쓴 『각설하고』)을 발견하고는 기쁨을 감출 수가 없었고 게스트하우스를 둘러보면서 쌓여 있는 책들에 흥분했다. 알고 보니 주인장은 잡지 기자를 거쳐 출판사 편집자로, 지금은 게스트하우스 주인으로 살고 있었다. 이럴 수가! 내가 살아온 이력과 같고 내가 꿈꾸는 미래를 오다선생은 이미 살아가고 있다. 그런데 왜 제주의 서쪽, 바람이 늘 이는 고산리에 자리를 잡은 것일까? 궁금했지만 차마 첫 만남부터 묻지 못한 질문을 던지러 곧 오렌지다이어리로 떠나야겠다.

그냥 자자
수상한 소금밭

수상한 이름에도 끌렸고 정갈한 침구와 커튼이 나풀거리는 방에 반하여 예약을 넣었다. 도미토리와 개인 룸이 있는데 침대 두 개가 사이좋은 간격으로 놓인 방에 머물렀다. 일찍 잠을 청하였으나 왼쪽 방 언니는 흐느껴 우는 듯 코를 골았고 몸을 뒤척일 때마다 울어대는 침대 스프링에 여행 친구는 불면의 밤을 보냈다. 돌담이 정겨운 마당에 서니 손바닥만 하게 보이던 성산일출봉과 우도. 공짜 아침밥을 얻어먹은 소금밭 카페의 사각 창이 뿔난 여행 동지를 토닥였다. 얼마 전 뒷마당에 한 팀만 머물 수 있는 카라반이 등장했다는 소식도 들린다. 캠핑이라면 자다가도 벌떡 일어나는 여행 친구이니 그와 함께 수상한 그곳을 다시 찾아야겠다.

대평리에서 만난 티베트

티벳풍경 게스트하우스

제주올레 8코스의 종착점이자 9코스의 시작점인 대평리에는 티베트 여행에서 만난 부부가 꾸리는 게스트하우스 티벳풍경이 있다. 티베트에서 카페를 운영하다 베이징 올림픽 티베트 사태 때 쫓겨나 제주 대평리에 숙소를 열었다. 대평리였던 이유는 안덕계곡을 넘어 마을이 눈에 들어오자 '여기다' 싶은 생각이 들어서였다고. 곳곳을 티베트의 소품과 향으로 채워 이국적인 느낌이 물씬 나는데 묘하게도 마당에 걸어둔 룽다(네팔 불교에서 소원과 희망 등을 기원하면 거는 깃발)만큼은 제주의 바람과 잘 어울렸다. 낯선 여행지의 숙소에서 새로운 인연과 어울려 여행의 흥을 돋우고 싶다면 티벳풍경이 진리다.

깊고 푸른 바다를 보았지

남해

늦겨울 나는 절친과 함께 남쪽 바다로 봄맞이 여행을 떠난 적이 있다. 오직 낙지 요리를 먹겠다는 의지 하나로 서해안고속도로를 달려 목포를 찍고 절친의 어린 시절 추억이 담긴 영암과 보성, 순천을 거쳐 보물섬 남해에 닿았다. 같은 남해 바다인데 여수, 남해, 통영에서 느껴지는 바다는 각기 다른 색깔을 풍기니 신기할 따름이었다. 남해대교를 건너는데 찬란하게 떨어지는 해가 눈에 들어왔다. 섬진강의 꽃구경보다도 순천만의 갈대밭보다도 황홀했다. "일출과 일몰은 매일 있는 거란다. 네가 마음만 먹는다면 그 아름다움 속으로 언제든 들어갈 수 있단다"라는 영화의 대사가 떠오를 법한 석양이었다. 남쪽 바다 끝에서 하루의 끝 무렵에 남김없이 타들어가는 노을과 만났던 것은 더할 나위 없는 행복이었다. 매일 그곳에 가면 그 아름다움 속으로 언제든 들어갈 수 있을까?

"내게 무엇 하러 산중에 사느냐고 묻기에

웃기만 하고 답은 하지 않았지만 마음은 한가롭다네

복사꽃잎 떠 흐르는 물 아득한데

이곳은 별천지라 사람 사는 세상이 아니라네"

−이백의 '산중문답'에서

[The first day]

양모리학교에서 양 떼들과 뛰놀기 → 1시간 20분 ▶

물건방조어부림에서 고요한 사색 → 5분 ▶

독일마을에서 알프스 소녀 하이디 찾기 → 23분 ▶

미조항 구경 → 걸어서 1분 ▶

삼현식당에서 남해의 멸치 요리 맛보기 → 20분 ▶

독일마을 민박집이나 그 아래 빈츠펜션에서 하루 묵기

[The second day]

우리식당에서 멸치 요리에 감탄하기 → 50분 ▶

보리암 오르기 → 1시간 ▶

그래도 안녕은 가천다랭이마을에서

[**Information**]

남해관광콜센터 1588-3415, 055-863-4025

네가
더
어여쁘구나

한때 남해의 로망이었던 층층이 논밭은 관광객들로 미어터졌고 독일마을은 옛 풍정을 잃었으며 보리암은 더 닿기 어려운 곳이 되어버렸다. 로망을 노래하며 찾았던 남해에서 우리를 포근하게 위로해준 존재는 뜻밖에도 삼동면 물건리의 어부림이었다. 어부림이란 고기에게 그늘을 내어주어 그곳에서 쉬거나 자는 고기를 잡을 목적으로 바닷가에 조성한 숲을 말하는데, 바닷바람과 해일을 막는 방조 기능도 겸한다. 물건방조어부림이란 이름만 듣고는 그리 매력적이지 않은 데다 지척에 독일마을이 있으니…. 그런데 이곳은 천연기념물 제150호이며 너비 30미터에 1500미터 길이의 울창한 숲이었다. 팽나무, 푸조나무, 상수리나무, 참느릅나무, 이팝나무, 아카시아, 후박나무, 산딸나무, 소태나무, 광태싸리, 까마귀밥나무, 백동백나무, 생강나무, 초피나무, 보리수나무, 화살나무 등이 서로 어울려 산다. 그 사이를 오가며 미모를 더하는 것은 흰 꽃으로 피었다가 노랗게 시들어 금은화라 불리는 인동덩굴, 담쟁이덩굴, 청미래덩굴 등이다.

세차고 거센 바닷바람을 막아낸 숲은 바닷가 사람들의 집과 농작물을 풍해로부터 보호한다. 용키도 숲을 잘 지켜낸 마을 사람들에게 환경지킴이 상이라도 주고 싶었다. 그런데 마을에는 전설 같은 이야기가 전해지고 있었다. 19세기 말에 숲의 나무를 일부 벌채하였는데 그해에 폭풍으로 큰 피해를 입었다고 한다. 이후 이 숲을 해치면 마을이 망한다는 말이 돌았고 나무를 베면 5원씩 벌금을 바치기로 약속하며 숲을 지켜왔다. 1933년에도 큰 폭풍이 남해를 덮쳤는데 이웃 마을인 대진포는 그 피해가 물건리의 배 이상이었다고 한다. 어부림은 삼동면 물건리의 당산나무 격이다. 이제 물건리의 당산나무는 그 풍요로움으로 여행자들을 불러 모으는 마을의 자존심이다. 여행자들이 세워둔 차숲의 한쪽에서 마을 아주머니들이 그물 정리에 바빴다. 남해의 봄은 여러 빛깔로 빛났다.

소곤소곤 TIP

남해 바래길

'설마 남해게도 트레킹 코스 하나쯤 없지 않겠지?' 했더니, 남해 바래길도 생겼다. 14코스로 구성되는데 어부림은 제5코스의 끝지점이다. 천하몽돌해수욕장에서 시작하여 나비생태공원, 독일마을을 거쳐 어부림으로 이어지는 14.7킬로미터의 거리로 여섯 시간 정도 걸린다.

만선의
멸치 배를
기다리며

　　울릉도나 제주의 해안도로와는 바다의 결이 다른 남해의 물미해안도로.
물건방조어림에서 해안도로를 따라 남쪽으로 20여 분 달리면 미조항에 닿는데, 중간 중
간 바다 풍경에 발이 묶여 쉬어 가게 된다. 미조항은 멸치와 털게, 갈치, 고등어 등의 수산
물이 넘쳐나는 남해의 바다 곳간이다. 동양의 베니스라는 과찬도 난무하지만 양양의 수산
항, 부안의 격포항, 제주의 김녕항과 함께 아름다운 어항으로 뽑혔다니 미모에 대해 이렇
다 저렇다 지껄일 처지가 못 된다. 미스코리아 포구는 5월 초가 되면 멸치 터는 소리로 야
단스럽다. 어부들이 손발을 맞춰 망에 주렁주렁 매달린 멸치를 터는 광경은 남해 멸치축
제의 백미로 꼽힌다. 4월 말쯤 미조항을 찾았다가 어부들이 잡은 봄 멸치를 어판장에 쏟
아내고 순식간에 경매를 끝내는 광경을 본 적이 있다. 어른 손가락만 한 크기의 멸치는 배
에서 내려지자마자 플라스틱 바구니에 담겨 상인의 손으로 넘어가 어딘가로 팔려나갔다.
멸치를 눈으로만 호강한 나와 황장군은 회로 먹어야 제맛이라는 봄 멸치 맛에 허기가 져
남해의 멸치 맛을 제대로 보여줄 집을 찾아 항구 근처의 식당을 기웃거렸다.

파독 광부와
간호사를
위한 그곳

겉모양만 본딴 아무개 마을은 참으로 하찮다. 옆 나라의 풍차 마을이 고전하는 이유도 속 빈 강정이기 때문이다. 남해의 독일마을도 처음에는 독일처럼 꾸며놓은 테마파크인 줄 오해했다. 그러나 널리 알려졌듯 남해 독일마을은 1960년대 독일로 파견되었던 광부와 간호사들이 고국으로 돌아와 여생을 보낼 수 있도록 남해군이 2000년부터 터전을 제공하면서 형성됐다. 어부림과 남해 바다가 내려다보이는 언덕에는 교포들이 독일에서 직접 들여온 재료로 지었다는 오렌지색 지붕을 인 전통 독일집 30여 채와 남해파독전시관이 들어서 있다. 어딘가 생경하면서도 이국적인 풍경에 사는 이들에게 폐가 될 줄 뻔히 알면서도 마을 산책을 하면서 자꾸만 집 안이 궁금해진다. 특히 크든 작든 정성을 다해 가꾼 정원을 보면 초인종이라도 누르고 싶은 심정이 된다. 하이디하우스나 알프스하우스 등 민박을 치는 집이 많은데, 우리는 하이디하우스에 예약을 넣었지만 갑자기 일이 생겨 두 번이나 양치기 소년이 되어야 했다. 마을 둘레에는 독일마을의 가옥과 흡사한 모양에 독일 이름을 단 펜션들이 우후죽순 생겨났고 미국 교포들을 위한 미국마을도 들어섰다.

냉큼
돌아가련다

푸른 바다와 계단식 논은 예나 지금이나 관광객들을 남해로 불러 모으는 일등공신이다. 다랑이 논은 관광객으로 하여금 눈요기나 하라고 있는 것은 아니다. 바다 위 비탈진 벼랑을 깎고 석축을 쌓아 100여 층의 계단식 논을 만들었다. 자연 앞에서 살 궁리를 찾은 사람의 힘으로 일군 명승지다. 간혹 논인지 밭인지 헷갈려하는 이들도 있는데 예전에는 벼농사를 지었지만 요즘은 벼농사 대신 마늘이나 푸성귀, 허브를 심어 밭으로 이용하거나 휴경지도 있어 밭으로 보이는가 보다. 늦겨울에 찾았을 때는 초록빛으로 봄을 부르는 계단식 논이 탐스러웠고 한여름에 찾았을 때는 그보다 더 푸른 빛깔은 이 세상에 없는 듯 반짝이는 남해 바다가 돋보였다. 그런 따뜻한 기억을 품고 다시 찾았는데! 명승을 보러 온 사람들은 그곳을 찾으면서도 차를 포기하지 못했다. 차 한 대가 지나가면 족할 길에 너도나도 차를 끌고 오니 시골길은 이미 주차장이 되어버리고 차들이 질려 푸른 남해 바다와 계단식 논이 주는 서정 따위는 눈에 들어올 리 없었다. 하필이면 마을의 한 아낙이 악다구니를 써대며 시비를 거는 앙칼진 목소리에 온 동네가 음울한 기운으로 가득했다. 냉큼 남해의 또 다른 피난처로 도망가는 게 상책이었다. 역시 사람들이 몰리면 잃게 되는 게 있기 마련이다.

남해에서
일출을
본다면

보리암

　　　　　청개구리 심보를 가진 나와 친구는 새해 첫날이 아닌 그 전날 남해 일출 여행을 감행했다. 일출 관람 장소는 모두가 인정하는 보리암이다. 새벽어둠을 헤치고 올라 한려수도에서 떠오르는 해를 보고 났더니 포춘쿠키의 행운 메시지를 뽑은 것처럼 의기양양한 마음으로 한 달쯤 살았던 것 같다. 다시 찾은 봄날의 보리암은 여전히 알록달록했다. 남해의 무수한 섬도, 원효 대사가 좌선했다는 바위도, 불상 앞에서 절을 올리는 신도들의 간절함보다도 기억 속에 남는 건 봄꽃보다 화사한 등산복을 차려입고 일렬로 보리암을 오르던 어머니들의 모습이었다.

학교
다녀왔습니다!

양모리학교

　　　　　문 앞에서 서성이며 망설이고 있는데 학교에서 나오던 가족이 "저 위에 가시면 바다도 보이고 좋아요"라며 툭 던진 한마디에 성큼성큼 걸어갔다. 나는 동물을 무서워하는 치명적인 약점을 가졌다. 약 3만 ㎡(1만여 평) 규모의 풀밭을 뛰노는 양 떼들과 어울려 힐링하는 것이 양모리학교의 수업 방침이다. 풀 바구니를 들고 언덕을 오르니 새끼 양들이 쏜살같이 달려와 내 손까지 먹을 기세로 식욕을 뽐냈다. "으아악! 얘들아, 오지 마!" 도망간 나를 대신해 황장군이 풀 먹이 주기를 계속하고 나는 마주한 한려수도 풍경 구경만 실컷 했다. 규모로 따지면 대관령의 양떼목장과 비할 바 아니나 남해에 자리한 풍경맛은 달달하다.

남해 멸치 떼의 유혹
우리식당

독일마을에서 차로 15분 정도 가면 지족리라는 작은 마을이 나온다. 버스 기사도 줄을 선 사람들을 구경할 정도로 진풍경을 연출하는 마을의 스타는 우리식당이다. 멸치무침과 뚝배기에 자작한 국물과 함께 담겨 나오는 갈치찌개를 맛보았는데, 그 싱싱함은 산지까지 맛보러 간 수고에 대한 보람인 듯했다. 남해 아낙이 무친 멸치에는 비린 맛이 거의 느껴지지 않을 정도로 맛깔스러웠고 갈치는 먹는 내내 식구들의 얼굴이 떠오를 만큼 미안한 마음을 품고 먹어야 했다. 해마다 멸치철이 되어 이곳의 멸치무침을 맛본다면 그런 호사가 또 없을 것 같다. 다시 줄을 서야 하지만 기꺼이 백 번쯤 서줄 의향이 있는 맛집이다.

미조항 멸치 요릿집
삼현식당

우리는 미조항 어판장 뒤쪽의 식당 골목을 기웃거리고 있었다. 이름을 많이 들어본 유명 식당도 있었지만 어쩐지 내키지 않아 걷다가 삼현식당으로 들어갔다. '30년 전통의 맛', '원조'라는 간판 문구에 홀린 것은 아니다. 다른 식당에 비해 현지인으로 보이는 이들이 많았기 때문이다. 우리는 멸치쌈밥을 맛보았다. 흔히 보던 멸치와는 급이 다른 큼직한 대멸의 머리와 내장을 떼어내어 통째로 넣고 매콤하면서도 짭조름하게 조려 상추에 싸 먹는 남해의 별미가 멸치쌈밥이다. 조림 양념은 무와 시래기 등을 넣고 시원한 맛을 내고 된장을 풀어 넣어 구수하면서도 감칠맛을 살린다고 했다. 봄날의 남해 멸치쌈밥은 간장게장이나 갈치조림, 굴비구이 등이 부럽지 않은 밥도둑이다.

어부림 앞 모던 하우스

빈츠펜션

갑자기 찾게 된 남해였다. 독일마을의 민박집에서 머물고 싶었지만 그럴 수 없어 급하게 잡은 곳이 독일마을을 뒷산처럼 두고 물미방조어부림을 바라보고 있는 빈츠펜션이었다. 독일마을의 집들처럼 흰 벽과 오렌지색 지붕이 이국적인 면모를 풍기는 모던한 숙소였다. 여러 채의 건물에 달마시안, 젠우드, 크래프트, 아프리카 등 각기 다른 인테리어로 꾸민 객실에서 묵을 수 있다.

우리가 머문 방은 1층 가운데 방인 젠우드. 원룸 스타일의 객실로 어부림을 향해 난 발코니가 있고 테이블과 의자도 놓여 있어 노을을 즐기면서 맥주를 기울이기에 그만이었다. 간단한 요리를 만들어 먹을 수 있도록 조리 시설과 식기류도 갖추었다. 청결했던 순면 이불이며 베개, 욕실이 인상적이었다. 또 펜션 구석구석을 꾸며놓은 가드닝 솜씨도 예사롭지 않았다. 늦잠을 즐길 자유가 있는 여행을 왔지만 이 숙소에서만큼은 아침형 인간이 되어 관광객들이 아직 찾지 않는 고요한 어부림에서 산책을 즐겨도 좋을 듯하다.

남해 옆 동네 여수

대학생 때의 일이다. 오랜만에 만난 후배는 마지막 기차를 타고
여수에 다녀왔노라며 여행담을 풀어놓았다. 여수에 간다면 꼭 기차를
타고 가라는 말도 잊지 않았다. 시간이 흘러 나는 배낭을 메고 엄마와
여수행 기차에 올라 향일암에서 일출을 맞이했고 시장과 맛집을
누볐다. 고흥반도, 남해와 어깨를 마주하고도 고장의
색깔이 확실한 여수는 볼수록 매력적인 동네다.

나는
지금
여수 밤바다

      여수麗水는 고려 때 얻은 이름이라고 한다. 왕건이 전국을 순행할 때 신하들이 고하기를, "물이 좋아서 인심이 좋고 여인들이 아름답다"라고 하였다 한다. 물과는 떼려야 뗄 수 없는 아름다운 여수는 오동도, 장군도, 금오도, 가장도 등 317개의 섬이 연꽃처럼 남해 바다를 점하고 있다. 여수를 중심으로 동쪽 광양만을 사이에 두고 남해, 서쪽 순천만을 사이에 두고 고흥반도가 자리한다. 여수 앞바다에는 옛날부터 먼 바다에서 불어오는 바람과 파도를 막아주는 돌산도가 떠 있다. 여수시와 돌산도를 잇는 돌산대교와 마주하는 곳에 위치한 돌산공원은 돌산대교와 아름다운 미항 여수의 풍경을 조망할 수 있는 자연 전망대. 낮에 보는 여수도 아름답고 서산으로 해가 질 때, 야경을 담기에 적당한 곳이다.

해를
향한
암자

—　　　　여수의 명물 갓이 숲처럼 푸르게 자라는 돌산도의 끝자락에는 금오산의 기암괴석 절벽에 앉아 있는 향일암向日庵이 있다. 바다를 뒤로하고 가파른 산길을 올라 머리를 숙여야만 지나갈 수 있는 거대한 석문을 지나서야 닿을 수 있는 곳. 2009년 발생한 화재로 대웅전과 주변 건물이 소실됐지만 대웅전 자리에서 보는 일출은 예나 지금이나 장엄하다. 새해 첫날에는 4만여 명의 사람들이 향일암으로 몰려들어 가슴에 해를 품는다.

향일암은 양양의 낙산사 홍련암, 남해 금산의 보리암, 강화의 보문암과 함께 4대 관음기도처로 불린다. 그래서인지 바다를 향해 놓인 돌 거북의 등 위에도, 소원의 벽이라는 바위 위에도 사람들의 간절한 바람이 철철 넘친다. 임진왜란 중에는 왜적과 맞서 싸운 승병의 근거지이기도 했단다. 여수의 동백꽃 여왕은 오동도이지만 향일암의 동백숲도 오동도 못지않다.

338

동백꽃
피고
지는

어렸을 때부터 기억하는 '오'로 시작하는 섬이 둘 있다. 부산의 오륙도, 여수의 오동도. 옛날에는 오동나무가 빽빽했고 멀리서 보면 오동잎 모양으로 보여 오동도라 불렀다 하나 지금은 동백나무 천지다. 고려 공민왕 때 신돈이 섬에 드나들자 왕조에 불길한 징즈라며 오동나무를 모조리 베어버렸다고 한다. 수령 100년이 넘은 3000여 그루의 키 큰 동백나무들이 11월 무렵부터 이듬해 4월까지 꽃망울을 터트리면 온 섬이 동백으로 붉게 물든다. 꽃송이째 떨어진 동백꽃이 만들어내는 융단길은 2.5킬로미터에 이른다. 동백 철에 찾아도 좋지만 꽃이 지고 사람들이 떠난 이후 섬을 찾아 고즈넉한 섬 전체를 느릿느릿 걷는 맛도 괜찮다. 나무 그늘 사이로 남해의 햇살이 비집고 들어올 때면 비밀의 숲처럼 은밀한 광경이 연출되기도 하니까. 숲 산책길 끝은 바다와 맞닿은 해안으로 병풍바위, 소라바위, 코끼리바위 등 기이한 바위들이 보는 재미를 더한다. 섬이라 하여 유람선에 오를 필요는 없다. 주차장에서 방파제를 따라 15분 정도 걸으면 된다. 섬 가운데에는 60여 년 전부터 불을 밝혔다는 등대가 있다. 여전히 여수항과 광양항을 오가는 선박의 길잡이가 되어주는 현역 선수다.

떠오르는 별,
비렁길

감성돔을 노리는 강태공들의 아지트에 함구미마을에서 장지마을까지 해안 절벽을 따라 난 18.5킬로미터의 탐방로가 생겼다. 여수의 떠오르는 별, 금오도의 비렁길이다. 금오도는 돌산도의 아래에 있는 섬이며, '비렁'은 절벽을 뜻하는 여수 말이다. 섬까지 배를 타고 가야 하는데 시내에서 출발하려면 여수여객터미널에서 1시간 30분 정도 소요되는 금오도 함구미행 배를 타면 된다. 시내와 거리가 있지만 함구미항까지 40분이면 닿고 배편도 많은 백야선착장에서 가는 방법도 있다. 백야선착장에서는 금오도의 함구미를 경유해 직포로 가는 배편이 있는데 함구미마을은 비렁길 1코스의 시작이고 직포리는 비렁길 3코스의 시작점이다.

비렁길은 함구미에서 시계 방향으로 놓여 있다. 함구미 두포 구간인 1코스5킬로미터, 두포와 직포 간 2코스3.5킬로미터, 직포와 학동 간 3코스3.5킬로미터, 학동과 심포 간 4코스3.2킬로미터, 심포와 장지 간 5코스3.3킬로미터로 나뉜다. 뭍의 이름난 길에 비하면 야성이 묻어나는 비렁길이지만 오르막길이 자주 나타나고 시골길이다 보니 휴게시설이 거의 없어서 걷는 시간이 예상보다 오래 걸린다. 종주할 계획이라면 5코스의 마지막 지점인 장지마을에서 선착장까지 돌아갈 시간을 고려하여 계획을 세워야 낭패를 보지 않는다. 비렁길 맞은편에 조성된 자전거 하이킹 코스도 인기다.

호국의
성지

여수 10경의 하나인 진남관鎭南館은 남쪽의 왜구를 물리쳐 나라를 평안하게 한다는 뜻이다. 1599년에 이순신 장군이 전라좌수영 본영으로 삼았던 진해루 터에 75칸의 웅장한 객사를 세웠다. 정면 15칸, 측면 5칸, 기둥 68개, 건물 면적 240평으로 지방관아 건물로는 최대 규모다. 국보 제304호로 조선 후기 목조 건물을 대표한다. 임진왜란 때 왜구의 공격이 심해지자 일곱 개의 석인을 만들어 사람처럼 세워 적의 눈을 속였다는 이야기도 전해지는데, 일곱 개 중 남은 하나가 진남관의 뜰에 서 있다.

여수 명물 생선과
포장마차

여객선터미널 근처에는 여수수산시장이 있고 그 가까이에는 자그마한 어시장으로 시작하여 요즘 가장 핫한 여수교동시장이 자리한다. 서대, 양태, 건멸치, 건새우 등 남해를 주름잡던 생선과 해산물이 좌판에서 거래된다. 시장 아줌마들은 특별히 친절하니 낯선 생선을 산 후 조리법을 물어 별미를 맛볼 용기를 내도 좋다. 뭉텅이로 쌓아놓고 파는 것이 교동시장 스타일로 오후가 되면 장사를 접고 들어가는 상인이 많으니 일찍 찾는 게 좋다. 해가 지면 시장은 술잔을 기울이고 싶어지는 포장마차 거리로 바뀌는데 해물삼합이 명물이다. 삼합에는 전라도 소주인 잎새주를 곁들이면 금상첨화다.

현지인
맛집

—　　　　　여수의 게장집 하면 누구나 아는 집에서 실망하여 여수 주민이 추천하는 식당을 수소문했다. 그리고 숨은 미식의 도시인 여수에서 여수의 손맛을 제대로 보여줄 집을 찾았다. 진남식당은 진남관을 둘러보다 주민 추천으로 찾아간 곳인데 단호박을 넣어 시원하게 끓인 꽃게탕 게장백반이 전문이다. 실한 꽃게를 듬뿍 넣은 탕도 그렇거니와 간장게장과 양념게장, 굴젓, 조기구이, 파래무침 등 밑반찬도 둘째라면 서러울 맛이라 공기밥 두 그릇을 비웠다. 현지인들이 찾는 맛집이라 밥때는 피하는 것이 좋고, 차는 진남관 주차장에 잠시 맡겨야 편하다.

서대와
샛서방고기의
향연

—　　　　　여수에는 이름난 식당이 많다. 구백식당도 그런 집 중 하나인데 막걸리 식초로 무치는 서대회라는 여수의 음식을 낸다. 서대는 여수에서 흔히 볼 수 있는 붉은 기가 도는 납작한 생선으로 1년 내내 잡히지만 여름철에 맛이 좋다고 한다. 상추와 통깨 숲에서 헤엄치는 서대회와 금풍생이구이를 맛보았다. 금풍생이구이를 가져다준 언니는 "어제 의사 양반도 요거 먹다가 목에 걸려부려 응급실로 실려갔응게, 조심하쇼"라며 주의를 줘서 잔가시를 발라내느라 진땀을 빼며 맛보았다. 여수에서는 금풍생이를 너무 맛있어 몰래 만나는 샛서방에게만 준다 하여 '샛서방고기'라고도 부른다.

photo by 趙慶子

향일암에서
일출을
본다면

향일암 근처에는 신구의 조화를 이룬 숙소가 즐비하다. 외딴섬과 같은 곳이라 대부분의 숙소가 1층에 식당을 두고 숙박객들의 아침 걱정을 덜어준다. 갓이 자라는 곳인 만큼 갓김치를 판매하는 집이 많다는 점도 재미있다. 동네 아줌마들과 관광버스를 타고 향일암 입구까지 당도하였으나 시간이 늦어 돌계단을 중간쯤 오르다 내려왔다는 엄마가 향일암에 가고 싶다 해서서 갑자기 떠난 여행이었다. 엄마와 나는 향일암 아래 바다가 보이는 숙소에 머물며 아침 내내 반짝이는 여수의 아침 바다에 취했다.

여수
어디서
묵을까?

2012 여수세계박람회는 여수의 숙소 지도에도 지대한 영향을 미쳤다. 다른 도시에 비해 숙소가 다양하지 못했지만 박람회를 계기로 요즘 사람들이 좋아하는 스타일의 숙소가 속속 문을 열었다. 호남 최초의 관광호텔이란 타이틀을 단 여수관광호텔도 박람회를 앞두고 마띠유 여수라는 이름으로 새롭게 태어났다. 여수엑스포역, 진남관, 오동도, 여객선터미널 등을 가까이에 둔 여수 시내의 조용한 주택가에 높지 않은 건물로 들어선 것도 좋았고 모던하고 쾌적한 객실도 흡족했다. 바다도 눈에 담을 수 있다. 뷔페식으로 제공되는 아침밥도 호평 행진 중이다. 여수 시내에는 호텔과 모텔이 많고 펜션은 돌산도에 포진해 있다.

그런 곳 하나쯤

청산도

독일의 철학자 테오도르 아도르노가 "아우슈비츠 이후에 서정시를 쓰는 것은 야만이
다"라고 말했다던가. 인간사에 할퀴어 너덜너덜해지면 아무것도 묻지 말고 남쪽의
한 섬으로 가야 한다. 섬에 발을 들여놓기까지 기다림의 미학이 필요하나 보잘것없어
보이는 작은 섬이 주는 위로는 대단하다. 나를 온전히 위로해줄 그런 곳 하나쯤, 있
어도 좋다. 그곳이 청산도라면.

"삶에 지쳐 스산한 날엔

바다에 둥둥 떠 향기로운

동화의 섬 청산도 찾아

아름다운 동화 한 편 쓰자.

앞만 보고 무작정 달려온 세월

탐닉과 집착 올마다 헝궈서

느리게 좀 더 느리게

달리느라 잃어버린 것들 찬찬히 챙기며

느림의 발걸음, 그 미학으로

자기야, 우리 그리 살자"

최명희의 '자기야, 청산도 가자'에서

[The first day]

완도여객터미널에서 청산도 도청항으로(45분) → 10분 ▶

당리 슬로길을 느리게 걷다가 서편제 주막에서 막걸리 맛보기 → 10분 ▶

범바위 구경(주차장길에서 걸어서 10분 또는 권덕리에서 걸어서 30분) → 20분 ▶

섬이랑나랑 펜션에 짐 풀기

[The second day]

신흥해변 아침 산책 → 7분 ▶ 느린섬여행학교에서 슬로푸드 아침밥 먹기 → 30분 ▶

지리청송해변에서 바닷바람 맞기 → 10분 ▶ 마지막 여정은 느린걸음 느린카페에서

[I'm here!] 청산도

[거기] 당리, 신흥해변, 범바위, 지리청송해변, 느린섬여행학교
[밥] 느린걸음 느린카페, 서편제 주막
[잠] 섬이랑나랑펜션
[음악] 라이너스의 담요의 'Mommy', Hayley Westenra의 'Pokarekare Ana', Enya의 'May it Be'
[책] 폰 쇤부르크의 『우아하게 가난해지는 법』

[Information]

완도여객선터미널–청산도 도청항(완도여객선터미널 061–550–6000 청산농협 061–552–9388
http://island.haewoon.co.kr)
*여객선으로 45분 정도 소요, 1일 6~7회 운항
완도군청 관광정책과 061–550–5151 http://tour.wando.go.kr

소곤소곤 TIP

애마를 데려간다면
섬에서 나오기 적어도 한 시간 정도 전에 항구에 도착하여 운전자는 차 대기선에서 기다려야 한다.
배를 실을 공간이 없어 다음 배를 기다려야 하는 일도 자주 발생하기 때문.

여기서
살고 싶어요

—　　　　　『느리게 산다는 것의 의미』에서 피에르 상소는 '느림이란 부드럽고 우아하고
배려 깊은 삶의 방식이다'라고 했다. 개미처럼 일하면서 때때로 베짱이의 삶을 꿈꾸기도
했다. '더는 이렇게 못 살겠다!'며 베짱이의 삶을 택한 듯하지만 따지고 보면 여전히 개미
처럼 살고 있는 나. 그래서 느림의 삶이 공존하는 슬로시티가 한없이 부럽다. 이탈리아의
시골 마을 그레베에서 시작된 느리게 살기는 자연에 대한 인간의 기다림이라 한다. 세계
100여 개의 도시가 동참하고 있는 슬로시티는 우리나라에도 여러 곳 있다. 슬로시티가 아
니었다면 좀처럼 관광객들의 발길이 이어지지 않았을 남쪽 섬 청산도. 그런데 한 다큐멘
터리에 등장한 청산도 할머니는 육 남매를 키우느라 미역공장, 마늘밭, 논에서 일하며 평
생 허리 펼 날 없이 사셨다고 한다. "손톱 발톱 짓무르게 돈 벌어서 어디다가 달아두고 이
만큼 늙었구나"라던 말이 가슴을 먹먹하게 한다. 섬사람들의 삶을 팍팍하게 만든 섬은 '줄
건 이것밖에 없지만…'이라며 위로라도 하듯 참 기막힌 풍경을 끌어안았다.

유람선이 토해낸 관광객들이 가장 먼저 달려가는 곳은 당리다. 한여름 가족 여행으로 찾았던 그곳과 일본 친구들과 찾은 봄날의 당리가 내어주는 풍경은 늘 서정이었다. 구불구불한 돌담길은 한국영화 최초로 100만 관객을 돌파한 영화 〈서편제〉에 의해 알려졌고 유채꽃과 청보리, 코스모스가 피는 언덕 위에는 드라마 세트장이 서 있다. 도락리해변을 따라 드문드문 서 있는 곰솔과 당리 마을의 색색 집들의 풍경은 두브로니크나 포지타노보다 훨씬 사랑스럽다. 아름다운 산천을 담아내는 재주가 뛰어난 임권택 감독은 "당리 일대 논밭에서 일하는 아낙들을 보면서 그들의 애환을 느낄 수 있었는데 꽃길을 거닐며 가슴의 한을 창으로 풀어내는 장면을 연출하는 데 더없이 좋은 분위기였다"고 회고했다던가.

풍경에 취해 저절로 발걸음이 느려지는 청산도에는 국제슬로시티연맹으로부터 세계 슬로길 1호로 지정된 슬로길이 있다. 11개 코스에 총 길이는 42.195킬로미터. 가장 정감 넘치는 길은 구들장길에서 다랑이길까지 놓인 6코스다. 열 평을 만드는 데 꼬박 1년이 걸린다는 구들장 논세계중요농업유산으로 등재되었다과 배롱나무 뚝방길은 걷는 게 질색인 사람들도 걷게 만든다.

풀등해변
꽃잎파도

당일치기로 처음 섬을 찾았을 때 미처 몰라본 해변이 있다. 마을 깊숙이까지 바닷물이 밀려드는 신흥해변은 낮과 밤이 다른 민낯을 보여주었다. 파도에 밀려온 바닷물이 꽃처럼 피었다 사라져 꽃잎파도라는 별명을 가진 쪽빛의 밀물을 멍하니 바라봐도 좋았다. 썰물 때 모습을 드러내는 풀등의 모래사장을 맨발로 걸어도 좋았다. 무엇보다 이리 물이 맑고 깨끗한 해변에 횟집촌이며 민박촌이 보이지 않아 안도했다. 오히려 해변의 주인공 행세를 하는 것은 날씬한 소나무들이었다. 솔숲 그늘 아래에는 진정한 낭만 여행자들의 텐트가 꽃 버섯처럼 피어 해변의 정면 풍경을 독차지하고 있었다. 이쯤에서 해변의 미모는 바다을 드러낸 것 같았다. 그런데 일찍 잠을 청했던 섬의 숙소에서 이유 없이 잠이 깨어 까닭 없이 바라본 검은 해변은 달빛에 은은히 반짝거리고 있었다. 은은하게 피어오르는 아침 해를 보는 맛도 매혹적이라는 황장군의 제보도 잇따른다. "아! 청산도…!" 시를 짓는 재주가 없으니 나그네 시인의 시 한 수 데려와 신흥해변에 답가를 보내련다. '사람들 흩어진 후에 초승달 뜨고 하늘은 물처럼 맑다'

망망대해
자연 전망대

범바위

섬의 풍경을 가장 근사하게 뽐내는 곳은 범바위다. 범의 머리 모양을 닮았다는 바위는 전설도 전해진다. 호랑이가 바위를 향해 포효하는 소리가 자신의 소리보다 크게 울리자 더 큰 호랑이가 살고 있다고 생각하여 섬 밖으로 도망쳤다는 이야기다. 날이 좋으면 여서도와 제주도까지 눈에 담을 수 있다. 자기가 지구보다 강하여 나침반을 무용지물로 만들고 섬에 많은 꿩도 이 근처에는 얼씬도 안 한다는 소문이 도는 범바위는 권덕리에서 슬로길을 통해 30분 정도 걸어가는 방법이 있고 범바위 주차장에 차를 세우고 평탄한 오르막길을 10여 분 걸어가도 된다. 가는 길에 새끼범바위가 출몰하니 요주의!

섬에
노을이 진다

지리청송해변

청산도에는 남쪽의 장기미해변, 동쪽의 신흥해변과 진산해변 그리고 서쪽의 지리청송해변이 조금씩 다른 풍광을 선보인다. 섬의 서쪽 슬로길을 걸으면 섬을 에워싼 바다로 검붉은 해가 흘러내리듯 떨어지는 아름다운 노을을 감상할 수 있다. 지리청송해변은 슬로길의 제10코스 노을길에서 고래지미와 함께 미모를 담당한다. 해변 앞바다에는 전복밭이 세 들어 있다. 해변에는 어느 바닷가 마을에서나 흔히 볼 수 있는 방풍림이 있는데 여자 엉덩이를 닮았다는 소나무가 관광객들이 좋아하는 명물인 듯했다.

폐교,
느림의
심벌이 되다

청산도에는 섬만의 독특한 문화가 남아 있다. 가장 놀라운 것은 초분. 섬에서는 사람이 죽으면 초분을 만들어 시신을 안치하였다가 이삼 년이 흐르면 뼈를 수습하여 땅에 묻는단다. 매장이나 화장보다 절차가 복잡하고 돈도 많이 들지만 초분을 지내는 집의 자식은 효심이 있다고 인정한다고. 바람을 막기 위한 돌들이 많은 섬에는 돌을 쌓아 만든 우실무덤도 있다. 앞바다에 돌로 담을 쌓아 두고 고기를 잡는 전통 방식의 독살도 청산도에서는 통용되는 말이다. 밀물 때 돌담 안으로 들어온 고기는 썰물 때 나가지 못하니 꼼짝없이 잡히고 만다. 독특한 섬 문화와 느림의 미학이 살아 있는 섬에서 섬을 더욱 귀하게 가꾸는 곳이 있다. 느린섬여행학교다. 2009년에 폐교된 청산중학교를 숙박동과 체험관 등을 갖춘 느림학교로 고쳐 문을 열었다. 휘리그물을 이용하여 물고기를 잡는 휘리 체험이나 청산도의 슬로푸드 체험을 진행하며 섬의 음식 맛을 섬 밖 사람들에게 보여준다. 예전에는 '속 모르면 청산에 딸 시집보내지 말라'는 말이 떠돌았다고 한다. 바다에 나가 고기를 잡고 바지락을 캐고 짬이 날 때마다 다랑이 밭을 일궈도 죽으로 끼니를 때웠다는 사람들. 그들이 맛보던 음식을 느린섬여행학교에서 아침밥으로 먹었다. 학교에서는 청산도에서 나고 자란 재료만 사용하여 건강밥상과 느림밥상, 남도밥상, 네 명 이상 예약을 해야 하는 슬로푸드 정식을 내놓는다. 건강밥상은 톳밥과 해조류 된장국에 고등어구이, 기본 찬 다섯 가지와 해조류 반찬 두 가지로 차려졌다. 여기에 전복찜이 더해지면 느림밥상이 된다. 가장 흥미로운 음식은 청산도탕이었다. 우리가 생각했던 그 탕이 아니었다. 해물을 잘게 썰어 잡곡가루와 함께 끓여 만든다. 탕이라기보다는 아주 걸쭉한 죽에 가까웠는데, 섬사람들이 제사상에 올리는 귀한 음식이라고 했다. 반찬을 몇 번이나 더 달라했더니 흔쾌히 갖다주었다. 함께 아침을 들던 일본 친구들이 새삼스럽게 놀랐다. 물 한 잔도 따로 주문해야 하는 유럽이나 불고깃집에서 상추와 김치도 따로 주문해야 하는 일본식 계산법을 떠올리면 큰절이라도 올리고 싶은 초코파이情 시스템이다.

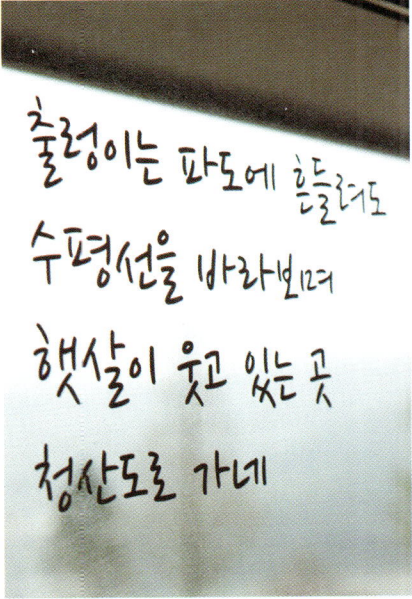

거북이와의 약속

느린걸음 느린카페

황장군은 섬에서도 커피를 잊지 못하여 물어물어 도청항 뒤편 언덕길에 있다는 카페로 향했다. 느림이나 슬로라는 단어로 가득 찬 섬이라 커피 중독자는 빨리 걸어가면 법을 어기는 것 같은 느낌이 들어 천천히 그곳으로 갔다나. 섬 인근이 고등어밭, 삼치밭이던 시절에는 '파시'가 열렸고 인구도 지금보다 세 배나 많았다고 한다. 섬의 호황기를 함께 누린 술집이나 숙소의 흔적이 남아 있는 길을 돌아가니 '느린걸음 느린카페'가 나타났다. 커피를 기다리는 동안 카페에서 파는 사진엽서에 글을 적어 느림보 우체통에 넣었더니 1년 후에 집으로 날아왔다.

꼭 드셔야겄소?

서편제 주막

풍경이 너무 아름다워 발길이 저절로 향하는 당리는 청산도의 가장 유명한 관광지인데, 〈서편제〉를 촬영한 세트 중 한 곳을 당리부녀회에서 주막으로 운영한다. 직접 만든 막걸리와 전을 판매한다기에 '청산도 막걸리 맛이나 좀 볼까' 하며 주막에 들어섰다. 어디가 하늘이고 어디가 바다인지 알 수 없는 풍경과 병아리같이 명랑한 유채꽃, 한 없이 걷고 싶어지는 시골길을 안주 삼아 걸쭉한 청산도 막걸리 한 사발을 들이켤 수 있었다. 청산도 막걸리 맛에 반한 황장군은 막걸리를 만드는 곳의 정보까지 캐냈고 만나는 사람마다 청산도 막걸리의 맛에 대해 품평을 늘어놓는다.

잠자는 숲 속의 공주를 꿈꾸세요?

섬이랑나랑펜션

해변 언덕 위의 위치도, 황토방이란 점도 마음에 들었다. 일본 친구들과 청산도를 찾을 계획이었던 터라 더욱 깐깐하게 골랐다. 펜션의 도향방에서 하룻밤 머물고 나서는 청산도를 더욱 치켜세우게 됐다. 보기와 다르게 어딜 가나 잠을 잘 자는 편이지만 황토 펜션에서는 잠자는 숲 속의 공주라도 된 듯 푹 잤다. 물론 야밤에 이유 없이 깨어 해변의 달무리에 취하긴 했지만.

펜션 주인 아저씨가 잡아온 바닷고기로 회를 떠주고 탕도 끓여주거나 토종닭을 삶아준다는 소문을 듣고 예약 전화를 넣으면서 밥 주문도 하였지만 사정이 있어 당분간 음식을 못 내게 되었다는 대답이 돌아왔다. 그래서 일본 친구들과 청산도의 명물 전복으로 요리 대결을 벌였다. 우리는 전복을 회로 쳐 초고추장과 함께 내놓았고 일본 친구들은 전복을 살짝 쪄 와사비 간장에 내놓았다. 서로 독특한 맛이라며 엄지손가락을 치켜주었으니 청산도에서 전복 하나로 한일 간 우정 협정이 맺어졌다. 다녀온 후로 섬이랑나랑펜션의 나 홀로 홍보대사가 되었는데 모두들 입을 모아 "정말 오랜만에 푹 자고 왔어"라고들 한다.

쉿!
우리의
비밀 정원

산골 집은 대들보도 기둥도 문살도 자작나무다

밤이면 캥캥 여우가 우는 산도 자작나무다

그 맛있는 메밀국수를 삶는 장작도 자작나무다

그리고 감로같이 단 샘이 솟는 박우물도 자작나무다

산 너머는 평안도 땅도 보인다는 이 산골은 온통 자작나무다

─백석의 '백화'에서

Information
산불 예방을 위해 입산을 통제하기도 하니 확인하고 찾는 게 좋다.
인제국유림관리소 033-460-8036 강원도 인제군 인제읍 원남로 760 자작나무숲 안내소

가냘프고 흰 나뭇가지에서 팔랑거리는 연둣빛 잎사귀는 가슴을 설레게 하는 무엇이 있다. 겨울에 눈으로 푹 덮인 자작나무숲은 또 어떤가. 봄 벚꽃만큼이나 눈이 시려오는 풍경이다. 북유럽의 동화 속 풍경을 연상시키는 자작나무는 영하 80도의 추위를 견뎌내는 강인한 나무다. 그러나 강원도 인제와 평창 등 강원 산간 지방에 부분적으로 자생하는 나무라는 사실을 아는 이들은 아직 많지 않다. 강원도 인제군 인제읍 원대리에는 132만㎡40만 평의 자작나무숲이 있다. 20여 년 전 사람의 손으로 심어 키운 숲이다. 원래 주인은 소나무였으나 소나무재선충이 번지면서 베어버린 자리에 자작나무 4만 그루가 빈자리를 채웠다. 봄이 되면 '순백의 정령'들을 에워싸고 애기나리나 큰앵초 등의 야생화가 제각기 미모를 뽐낸다.

해마다 곱절씩 사람들을 불러 모은다는 원대리 자작나무숲은 쉽게 그 풍경을 내주지 않는다. 안내소에서 한 시간 반은 족히 산길을 올라야 그 모습을 보여준다. 산길에 약한 황장군은 한여름에 길을 잘못 들어 헤매고 헤맨 끝에 자작나무숲에 닿았는데 그래도 좋았단다. 문득 고은 선생의 시 구절이 떠오른다. '자작나무의 벗은 몸들이 이 세상을 정직하게 한다. 그렇구나. 겨울 나무들만이 타락을 모른다'

차를
버리고
걷는

발걸음의 문화는 덧없음의 고뇌를 진정시켜준다.
비행기를 타고 3천 킬로를 날아갈 때는
내 인생을 시간 단위로 계산하고
걸어서 30킬로를 갈 때는 시간을 1년 단위로 계산한다
–다비드 르 브르통의 『걷기 예찬』에서

호랑이 담배 피우던 시절까지는 아니지만 한때 동해안을 낀 7번 국도는 한 번쯤 지나가야 할 성지로 여겨지던 때도 있었다. 그런데 팔도강산에 걷기 열풍이 불면서 해안길 드라이브 코스는 찬밥 신세가 됐고 영덕 블루로드가 떴다. 이 길은 영덕대게공원을 출발하여 고래불해수욕장에 이르는 64.6킬로미터의 해안길로, 부산에서 강원도 고성에 이르는 688킬로미터의 해파랑길의 일부 구간이다. 완주하려면 꼬박 하루 종일 걸어야 하는 만만치 않은 길이다. 우리는 가장 위쪽의 고래불해수욕장에서 남쪽으로 걸어 내려갔다. 어디까지 완주를 하자고 정한 건 아니었다. 풍경에 취하면 쉬었다 가고 몸이 힘들면 미련 없이 걷기를 끝내자며 가벼운 마음으로 걸었다. 사람들이 떠난 바닷가 모래밭에서 점심을 즐기는 아줌마들이나 갈매기 떼에 시선을 빼앗기기도 했고 오징어 말리는 바닷가 마을의 풍경에 반해 한참을 머물기도 했다. 때론 길을 잘못 들어 발길을 돌리기도 했고 쌩쌩 달리는 차에 겁을 먹기도 했지만 나와 황장군은 이 험한 길을 혼자 걷지 않음에 감사했다.

Information

길은 위쪽의 C코스 목은사색의길(17.5킬로미터, 6시간)에서 시작하여 B코스 푸른대게의길(15킬로미터, 5시간), A코스 빛과바람의길(17.5킬로미터, 6시간), D코스 쪽빛파도의길(14.1킬로미터, 4시간 30분)로 놓여 있다. 054-730-6399 http://blueroad.yd.go.kr 경북 영덕군 병곡면 고래불로 394(고래불해수욕장), 경북 영덕군 축산면 축산항길 85-9(죽도산팔각정자), 경북 영덕군 남정면 부경길 5(대게공원)

선비들의
옛길을
거닐다

문경새재

새재의 험한 산길 끝이 없는 길

벼랑길 오솔길로 겨우겨우 지나가네.

차가운 바람은 솔숲을 흔드는데

길손들 종일토록 돌길을 오가네.

시내도 언덕도 하얗게 얼었는데

눈 덮인 칡덩굴엔 마른 잎 붙어 있네.

마침내 똑바로 새재를 벗어나니

서울 쪽 하늘엔 초승달이 걸렸네

–다비드 르 브르통의 『걷기 예찬』에서

Information

문경새재는 문경새재 관리사무소에서 제3관문까지 7.5킬로미터 정도이며 왕복하려면 다섯 시간 남짓 걸린다. 입구에는 토속 음식점과 민박집이 여럿 있는데, 도토리와 청포로 만드는 새재묵조밥은 꼭 맛봐야 한다. 우리는 소문난식당(054-572-2255)에서 도토리묵조밥과 청포묵조밥을 비웠다.
054-571-0709 경북 문경시 문경읍 새재로 932

영남의 선비들은 한양으로 과거를 보러 가려면 백두대간의 조령산 마루를 넘어야 했다. 한양에서 부산을 잇는 영남대로의 가장 높고 험한 고개가 문경새재다. 새재鳥嶺는 '새도 알아서 넘기 힘든 고개'라는 뜻이다. 부산에서 출발한 선비는 매일 70리28킬로미터 정도를 걸어야 보름 후쯤 한양에 도착할 수 있었다고 한다. 영남에서 한양으로 가는 길은 이 길뿐이었을까? 그렇지 않다. 영주에서 단양으로 넘어가는 죽령이나 김천에서 영동으로 넘어가는 추풍령도 있었다. 그러나 죽죽 미끄러지거나 추풍낙엽으로 떨어지고 싶지 않았나 보다. 이에 반해 문경聞慶은 '경사스러운 소식'이란 뜻을 지녀 금의환향하고 싶었던 호남의 선비들도 먼 길을 돌아 한양으로 가기도 했단다. 그 길이 생긴 지 600년이 넘었으니 오래되어도 참 오래된 길이다. 그런데 요즘 옛길의 인기가 심상치 않다. 제주 올레길, 지리산 둘레길 등 걷는 길이 넘쳐나는 요즘 '한국관광지 100선'에서 1위로 꼽혔다. 그 매력은 직접 걸어봐야 안다. 나와 황장군은 옛길박물관에서 시작하여 제1관문 주흘관, 제2관문 조곡관을 거쳐 제3관문 조령관까지 걸었다. 그러나 영남대로에서 가장 높고 험한 고개라는 문경새재는 의외로 걷기 수월했다. 완만하고 평탄했다. 옛길의 정취가 남아 있기도 하거니와 퇴계 이황, 김시습, 율곡 이이 등 선비들의 시비가 마음을 고요하게 했다. 병자호란 때 최명길과 여신의 전설이 깃든 성황당, 홍건적의 난을 피하려 찾은 공민왕의 흔적이 남아 있는 혜국사나 대궐 터, 드라마 〈궁예〉의 마지막 촬영지인 팔왕폭포, 길손들이 비를 피하던 바위굴, 낙동강 3대 발원지의 하나인 조령약수 등 볼거리와 전설이 얽혀 있으니 그렇지 않아도 느린 걸음이 더욱 느려졌다.

느릿느릿
차지할 것

단 한 번도 무엇인가에 이끌려본 적이 없는 삶.
그러나 너무도 쉽사리 나를 이끈 것은 바로 산이었다
—페터 한트케

삼천리금수강산을 누비는 것은 물론 전 세계를 번쩍번쩍 다니는 여행 기
자가 추천한 국내 최고의 여행지는 이곳이었다. 점봉산 곰배령. '가봐야
지, 가봐야지'하다가 10년이 흘렀다. 언제 찾아도 좋은 곰배령이지만 야생
화가 가장 많이 피고 예쁘다는 한여름에 일부러 찾았다. 까칠한 산이라 동
절기에는 입산이 금지되고 동절기가 아니라도 월요일과 화요일에는 아무
리 좋은 가방이 있다 해도 입산 불가다. 또 입산허가서를 미리 신청해야
오를 수 있다. 원시림에 가깝고 자생식물의 보고인 덕에 감기처럼 나쁜 기
운을 뿜는 사람들의 접근을 그나마 차단할 수 있기 때문이다. 기대 반, 설
렘 반으로 일찍 일어나 통통 튀는 비포장길을 달려 주차장에 당도하여 산
을 오르기 시작했다. 그런데 이날의 날씨는 햇살 살짝, 내내 안개비. 야생
화 화원은 안개비에 거센 바람까지 불어대 오래 머물지도 못하고 돌아왔
다. 산 입구 문지기 아저씨들의 조언대로 곰배령은 산이 선택한 사람에게
만 절경을 내어주는 모양이다. 삼대가 덕을 쌓으면 그 황홀한 모습을 남의
사진이 아닌 내 눈으로 보고 올 수 있을 테니 남은 건 덕을 쌓는 일이다.
덕을 쌓으며 나도양지꽃, 너도바람꽃, 동자꽃, 개미취, 까치수영, 금강초
롱 등 곰배령의 야생화 이름도 외워둬야겠다.

Information
곰배령은 1일 등산객 수를 300명으로 제한한다. 신청은 산림청 홈페이지(http://www.forest.go.kr) '점봉산생
태탐방예약' 코너에서. 내비게이션에 곰배령으로 설정하면 반대편으로 가므로 꼭 주소를 입력할 것.
033–463–8166 강원도 인제군 기린면 진동리 218번지 곰배령 주차장

만추의
외로움이
무르익을 때

홍천 은행나무숲

사랑이 쓸모 있는 아픔이라는 것에 대해

나는 많이 들었고 읽었다

—오르한 파묵의 『새로운 인생』에서

Information
매년 10월 스무 날 정도 한시적으로 개방하는 사유지인 까닭에 방문객들에 비해 주차장이 좁다. 화장실
은 은행나무 초입에 마련한 간이 화장실을 이용해야 한다.
033-430-2471(홍천군청) 강원도 홍천군 내면 광원리 686-4

산 깊은 홍천에서도 굽이굽이 고개를 넘어 숨어 있는 은행나무숲에 단풍이 내려앉았다. 가을이 깊다. 아무리 아름답다 해도 열흘이나 보름이 지나면 다 떨어져 삭막해지고 만다는 은행나무는 그래서 더 아름다우려 애를 쓰는 듯 느껴졌다. 은행나무라 하면 가을에 노랗게 물든 은행나무 잎이나 길거리에 밟힌 은행의 참기 힘든 악취로 기억하는 사람들이 있을 텐데 홍천의 은행나무숲에서는 향기로운 이야기가 전해진다. 아픈 아내의 쾌유를 빌며 남편은 장수 나무인 은행나무를 심었다. 30여 년 전의 일이다. 잠실운동장만 한 땅에 5미터 간격으로 바르게 심은 2000여 그루의 은행나무. 은행나무 아저씨는 아내의 만성 소화불량을 치료하러 인근 삼봉약수터에 자주 들르다가 풍광에 빠져 너른 땅을 사들였고 4~5년 된 묘목을 한 그루 한 그루 손수 심었던 것이다.

우리만 보기에는 아깝다는 생각에서 풍경 나눔을 결정한 부부 덕에 1년에 딱 한 번 빗장이 풀린다. 장거리 운행을 감수하고 달려갈 만한 곳이나 일찍 겨울이 찾아오는 곳에 자리한 터라 은행잎의 수명이 짧고 기상청의 예보가 아닌 날씨 보고라는 분통과 시기를 정확히 알 수 없는 추측성 기사 등의 훼방에 복불복 여행지라는 오명을 쓸지도 모를 일이다.

보리밭
사잇길로

더욱이 거처도 버린 이 몸. 그릇붙이를 모으려는 바람도 없다.

가진 게 없으니 도중에 도둑맞을 걱정도 없다.

가마를 타는 대신 지치지 않게 천천히 걸어가

늦은 저녁을 먹으면 소박한 야채도 고기보다 맛있다.

얼마만큼 가서 묵어야 한다고 일정이 정해진 것도 아니니

아침 몇 시에 떠나야 한다는 제약도 없다.

그저 그날그날의 소원 두 가지가 있을 뿐.

오늘 밤 좋은 숙소를 빌릴 수 있었으면.

그리고 짚신이 발에 맞았으면 하는 것.

이 두 가지만이 아주 조그만 나의 바람이다

–마츠오 바쇼의 『보이는 것 모두가 꽃이요, 바쇼의 하이쿠 기행3』에서

Information

4~5월이면 청보리밭축제, 7~8월이면 해바라기꽃잔치, 9~10월이면 메밀꽃잔치가 열린다. 그러나 날씨의 심술로 해바라기에서 메밀로 넘어가는 시기가 축제 기간과 맞지 않을 때도 있다고 한다. 농장 뒤편의 풍성한 메밀밭은 해바라기 철을 놓치고 돌아온 황장군을 토닥여줬다.

063-564-9897 www.borinara.co.kr 전북 고창군 공음면 학원농장길 154

그곳에서는 휘~ 휘~ 사라락~ 소리를 내며 바람이 일었다. 태양의 여자라 굳게 믿고 살아온 이에게 무려 네 번이나 바람을 맞히더니 결국 그 청순한 모습을 보여주었다. 이제는 너무나 유명해져서 사람들 틈에서 청초하고 청량감 넘치는 모습을 지켜봐야 했지만, 어디에선가 바람이 불어왔고 기다렸다는 듯 바람에 몸을 맡기고 사뿐사뿐 일렁이는 그 모습을 보니 네 번의 바람쯤이야 기꺼이 용서해줘도 되겠다는 생각이 들었다. 오랜만에 넋을 놓고 바라볼 상대와 마주했다. 그곳은 전북 고창의 보리나라 학원농장이다. 5월의 청보리밭의 푸르름은 곧 황금빛으로 바뀌고 그도 다음 달 중순 무렵이면 사라진다 했다. 잠깐 해바라기가 밭의 주인이 되었다가 9월이면 메밀꽃 천지를 이룬다고 하니, 마음에 살랑살랑 바람을 불어넣고 싶다면 고창의 넓은 구릉밭으로 가야 한다.

봄꽃
해피엔딩

선암사를 일개 건물 차원으로 보면

송광사나 해인사 같은 조직적 건축과 비교하여

더러 폄하할지 모르나.

하나의 작은 도시로 이해하게 되면

그런 건축에서는 도저히 발견할 수 없는 지혜가

곳곳에서 빛을 발하는 것을 볼 수 있다.

그렇다. 선암사는 건축이 아니라 작은 도시이다.

몸을 닦고 영혼을 닦는 수도자의 도시인 것이다.

늦은 봄 오후쯤 이 도시에 몸을 던져보라.

모란과 연산홍과 자목련과 수국들이 길과 마당을 가득 채우며

도시의 풍경에 취하게 한다.

마치 극기하여 득도한 이 도시의 거주자들에게 내린

부처님의 자비처럼 천지를 수놓고 있다.

아름답고 아름답다.

건축의 신비여…

―승효상의 『오래된 것들은 다 아름답다』에서

세계문화유산급 해우소와 주지스님께 얻어 마신 야생차. 작은 사찰의 건물을 세워준 못난이배추. 조계산 너머의 송광사 그리고 봄날의 매화와 겹벚꽃. 나의 낡은 기억의 서랍 속에서 꺼낸 퍼즐 조각들이다. 완성된 퍼즐은 순천 선암사. 곱게 늙은 절집의 300년 넘은 해우소 이야기 대신 이번에는 봄꽃 이야기를 하려다. 선암사의 기품 넘치는 선암매와 왕겹벚꽃은 좀처럼 때를 맞춰 보기 어렵다. 대개 매화는 3월 말에, 왕겹벚꽃은 4월 초쯤이면 피는데 산에 있다 보니 다른 지역보다 조금 늦게 피는 편이다. 350년에서 650년까지 수백 년 장수를 누린 매화나무가 50그루나 살고 있다. 무전 담장의 홍매와 원통전 뒤편의 백매의 위세가 대단하다. 봄꽃 전선을 따라 전국의 산을 누빌 때 선암사의 매화를 본 적이 있다. 그러나 동 트기 전에 선암사에서 송광사로 들어가는 여정이라 화사한 매화꽃은 헤드랜턴을 비춰 옹색하게 구경한 것이 고작이었다. 나의 기억에 선암사의 매화는 꽃이 아니라 향으로 기억된다. 꽃은 듬성듬성 피고 다른 매화보다 늦게 꽃망울을 터뜨리지만 향기는 은은하고 오래 남는다. 매화가 진 자리는 겹벚꽃이 이어받는데 종무소 앞 작은 연못 옆은 버드나무처럼 가지를 늘어뜨린 올벚나무가 자꾸만 시선을 머물게 한다. 목련, 산수유, 홍매, 백매, 백일홍, 연산홍 등이 계절을 알리는 꽃 절에서 봄은 수묵화로 핀다.

Information

조계산 동쪽 둥지는 선암사가, 서쪽 둥지는 송광사가 차지하고 있으니 함께 둘러보면 좋다. 두 절 사이에는 굴목이재라는 옛길이 있다. 천천히 걸어도 네 시간 정도면 족하다.
061-754-5247(종무소) 전남 순천시 승주읍 선암사길 450

나라는
미궁을
찾아서

꽃이

지는 건 쉬워도

잊는 건 한참이더군

영영 한참이더군.

−최영미의 '선운사'에서

동백꽃 절 하면 고창의 선운사를 최고로 꼽는다. 키 큰 동백나무가 어른 주먹만 한 동백을 피운 것을 보았으나 나는 이날 한발 먼저 본 선운산의 운해에 취해 동백꽃 따위는 눈에 들어오지 않았다. 봄 동백에 패배한 선운사는 초가을에 꽃무릇이라는 치명적인 카드를 꺼내놓았다. 이 꽃은 벚꽃처럼 꽃이 잎보다 먼저 피어나는데 꽃이 말라죽은 후에야 녹색 잎이 돋고 열매도 맺지 못한다고 한다. 유난히 절집 근처에서 자주 볼 수 있는 것은 뿌리의 독성 때문이다. 단청이나 탱화에 꽃무릇의 뿌리를 찧어 바르면 좀이 슬거나 벌레가 꾀지 않는다고 한다. 꽃무릇은 초가을의 풍경을 온통 붉은 빛으로 그리움을 물들인다. 9월의 꽃무릇에 반해 가을 단풍에도 발걸음을 하게 했다. 입구에서부터 사찰을 지나 선운천까지 이어지는 색색의 단풍 반영과 빽빽한 나뭇가지를 비집고 들어오는 아침 햇살에 가슴이 뛰었다.

Information
향기로운 꽃과 단풍을 보고 나면 갈증이 나기 마련이다. 대웅보전 앞의 만세루에서 작설차를 마실 수 있다.
다기에 차를 우려 마시고 찻값은 공양을 하면 된다.
063-561-1422 전북 고창군 아산면 선운사로 250

photo by 趙慶子

옛 백제의
시골 학교와
벚꽃 병풍

책을 읽은 다음 말로 내뱉으면
소중한 뭔가가 빠져나갈 것만 같아
아무 말 없이 조용히 있었습니다
―『어린왕자』를 읽고 나서 미야자키 하야오

꽃 바람난 아빠, 엄마와 함께 동학사의 벚꽃 대궐을 보고 부여의 유명한 쌈밥집에서 늦은 점심을 먹고 돌아오던 길이었다. 벚꽃은 아름다웠으나 도로가에 들어선 노점과 시끄러운 트로트 소리에 서둘러 도망쳐 나와 집으로 돌아가려니 아쉽기만 했다. 그런 딸의 마음을 헤아리신 부모님이 "너에게만 특별히 알려줄게"라며 데려간 곳이 시골 초등학교였다. 부모님은 이곳의 벚꽃 풍경을 오래전부터 알고 계셨고 몇 번 찾으신 듯했지만 사 남매를 키우시느라 해마다 오시지는 못하셨던 모양이다. 곧 폐교가 되지 않을까 걱정되는 작은 시골 학교에는 벚나무가 병풍처럼 감싸 안고 있었다. 화르르 와서 우르르 사라진다는 벚꽃이 한창이었는데 동네 할머니, 할아버지가 담소를 나누고 계시거나 아이들이 공을 차며 놀고 있었다. '아~ 한 3년 치 벚꽃은 다 보았으니 벚꽃 타령은 이제 그만해야겠네'라는 다짐이 절로 나왔다. 그로부터 3년이 지나서 전국의 벚꽃 명소를 어지간히 쫓아다녔지만 이곳에서 느낀 감동을 뛰어넘은 곳은 아직 없었다.

Information
충청남도 부여군 내산면 성충로 906

그녀들이
보내온
짧은 이야기

소곤소곤,
글을 쓴 나의 속마음

1. 때때로 여행을 떠나는 이유?

여행을 떠나야 할 나그네의 운명이라서. 아마도.

2. 가장 좋은 기억이 남은 여행지는?

어떤 사람을 만나고 그로, 혹은 그녀로 인해 삶의 에너지를 받을 때 떠나오기를 잘했다는 생각이 든다. 우리나라는 통영, 외국은 교토. 통영에서는 지금은 고인이 된 그레이스 리 선생이 건넨 대낮의 칼바토스 한 잔에 '인생 뭐 별 거 있나'라는 삶의 자세를 배웠고, 도둑도 거들떠보지 않는다는 작고 초라한 집에서 만난 추용호 장인의 통영 소반에서 '모든 사람의 인생은 가치가 있다'라는 깨달음을 얻었다.

3. 사색을 부르는 장소가 있었다면 어디?

산. 알록달록 등산복 뽐내기 대회가 열리는 전국 몇 대 명산이 아니더라도, 동네 뒷산만 올라도 좋다.

4. 여행지를 정할 때 가장 고려하는 점은?

사람들이 많이 찾지 않는 곳. 두 다리 뻗고 잘 수 있는 숙소와 맛난 그 지역만의 음식이 꿋꿋하게 이어지는 맛집이 덤으로 따라오는 곳.

5. 둘보다 혼자가 좋을 것 같은 여행지는?

시장.

6. 그대로 멈춰라~ 더 이상의 개발 없이 지금 그대로이길 바라는 곳은?

보길도.

7. 귀농 또는 귀촌을 하기에 좋다고 생각하는 곳은?

강원도 정선이나 전라남도 해남.

8. 걸었던 길 중에서 가장 생각이 많이 난 길은?

울릉도 석포 내수전 숲길. 간이 콩알만 하여 안용복기념관 아저씨의 조언 한 마디

("여 사람들도 어둑해지면 겁나서 얼씬도 안해예")에 잔뜩 겁을 먹고 걸었던 길. 후회가 두고두고 낙엽처럼 쌓인다.

9. 아직 가보지 못한 앞으로 가보고 싶은 둘레길이 있다면?
회색 빌딩숲이 보이지 않는 흙길이라면 어디든 다 좋다.

10. 여행 후에 오는 후유증이 있다면?
여행은 안 가도 가고 싶고 가도 또 가고 싶은 것이라는 말이 있으니….

11. 예상했던 것보다 좋았던 여행지는? 울릉도.

12. 기대했던 것보다 실망을 안긴 여행지는? 전주.

13. 기억나는 밥상 베스트 3라면?
종갓집의 종부가 차린 아침밥. 초롱민박의 해녀 아줌마 밥상. 한 곳은 남겨두련다.

14. 부모님과 함께 여행하고 싶은 곳은?
부모님들의 가장 아름다웠던 시절을 떠올릴 수 있는 곳? 엄마와 아빠가 처음 만났다는 아빠의 고향 냇가, 포항에서 군복무를 했던 아빠가 기차를 타고 엄마를 만나러 왔다는 서울역…. 아빠가 꿈에 그리는 울릉도와 독도.

15. 가장 숙면한 숙소는?
보기와 다르게 어디서나 잘 자고 음식을 까다롭게 가리지 않으며 외국으로 가서도 시차 적응이 필요 없는 나. 청산도의 흙이랑나랑 펜션에서 그야말로 잠자는 숲 속의 나그네가 됐다.

16. 다 좋은데 2% 아쉽다고 생각하는 곳은?
울릉도. 변화무쌍한 동해 바다는 호락호락 길을 열어주지 않는다.

17. 산이 좋았던 지역? 바다가 좋았던 지역?
첩첩산중 강원도 정선. 시퍼렇던 울릉도 바다처럼 무섭지 않았고 제주도 바다처럼 강풍에 시달리지 않아도 됐던 남해 바다.

18. 봄, 여름, 가을, 겨울 시즌별 베스트 스폿이라면?
봄꽃들의 향연이 없어도 '나는 봄이다'를 온몸으로 보여준 제주도의 가파도. 여름은 나무그늘과 계곡물을 내어주는 지리산, 가을은 횡성 자작나무숲미술관, 겨울은 해변가 위로 소복소복 흰 눈이 쌓인 해변.

19. 풍경보다 사람이 기억에 남은 여행지와 이유는?
통영. 인생의 고수들을 만나 삶에 대해 한 수 제대로 배웠다.

20. 여행을 쉽게 떠나지 못하는 사람에게 하고 싶은 한마디?
림태주 시인의 어머니는 세상을 떠나며 아들에게 편지를 남겼다. '들에 나가 돌밭을 고를 때는 고단했지만, 밭이랑에서 당근이며 무며 감자알이 통통하게 몰려나올 때 내가 건물주인 것처럼 좋았다. 깨꽃은 얼마나 예쁘더냐. 양파꽃은 얼마나 환하더냐. 나는 도라지 씨를 일부러 넘치게 뿌렸다. 그 자태 고운 도라지꽃들이 무리지어 넘실거릴 때 내게는 그곳이 극락이었다'라는. 여행하듯 살았으면….

찰칵찰칵! 사진을 담은
황장군의 속마음

1. 때때로 여행을 떠나는 이유?

답답한 현실에서의 일시적 도피. 자연이 주는 기운. 수평이 주는 편안함.

2. 여행 가방에 넣는 것은?

작은 카메라, 음악을 담은 스마트폰, 현금, 간단한 옷과 화장품.

3. 여행할 땐 혼자? 둘? 셋? 90%의 비율로 둘.

4. 이곳, 조만간 뜬다! 어디? 해남과 강진.

5. 이곳, 제발 뜨지 않기를 기도하는 곳. 어디? 안동 만휴정.

6. 명불허전! 유명해도 역시나 매력적인 여행지 베스트 3를 꼽는다면? 울릉도, 청산도, 제주도.

7. 당일치기로 가고 싶은 곳은? 순창.

8. 1박 2일로 가고 싶은 곳은? 보길도.

9. 일주일쯤 여행하고 싶은 곳은? 청산도와 울릉도.

10. 한 달쯤 살고 싶은 곳 vs 일 년을 보내고 싶은 곳은? 제주도 vs 담양.

11. 해외여행을 제 집 안방 찾듯 자주 떠나는 지인에게 추천하고픈 국내 여행지라면? 가을의 강천산.

12. 무시하고 있었는데 의외로 다크호스였던 곳은?

순천 선암사. 무시가 아닌 생각도 못하던…. 그냥 절이겠거니 했던 곳의 재발견?

13. 에너지를 많이 받는 파워스폿이 있다면? 울릉도.

14. 봄. 여름. 가을. 겨울 시즌별 베스트 스폿이라면?

봄은 경주 불국사, 여름은 담양 관방제림, 가을은 고창 선운사, 겨울은 제주도 한라산.

15. 그곳에 닿기까지 갖은 고생을 한 곳이 있다면 어디? 정선 타임캡슐공원.

16. 맥주 생각이 났던 곳? 울릉도 추산일가 2층 바다가 보이는 테라스.

17. 가장 기억에 남는 숙소는?

농암종택에서 하룻밤. 잠시나마 양반댁 아씨로 신분 상승한 기분이 들어서.

18. 최고의 아침밥은? 최악의 저녁밥은?

최고는 제주도 초롱민박 아침밥, 최악은 통영의 다찌집(사장님의 기에 눌림).

19. 여행지에서 가장 많이 들었던, 혹은 흥얼거렸던 노래는? Rodriguez의 'Sugar Man'

20. 필름 카메라이 딱 한 장만의 사진만 찍을 수 있다면 어떤 사진?

엄마의 고향 김제. 초가을 김제 지평선에 새벽빛이 내리면 포근한 안개가 논을 덮는다.
이 멋진 풍경을 보고 김제의 농부로 사는 외삼촌은 농사짓는 힘이 되는 풍경이라고 하셨다.

Slow Travel 01
울릉도

관음도
경북 울릉군 북면 천부 4리
08:00~19:00(4월 1일~10월 31일)
09:00~17:00(11월 1일~3월 31일) 4000원
나리촌백숙 054-791-6082
경북 울릉군 북면 나리1길 31-115
07:00~19:00 겨울 휴업
내수전 일출전망대
경북 울릉군 울릉읍 저동리 산23
대풍감 해안 절벽 054-791-6631(태하향
목관광모노레일)
09:00~17:30 4000원(왕복)
도동항
경북 울릉군 울릉읍 도동길 14
독도 054-791-8111(돌핀해운)
054-791-0801~2(대아고속해운)
독도짬뽕집 054-791-2788
경북 울릉군 울릉읍 도동1길 40-1
11:00~19:00 부정기 휴무
바다섬모텔 010-8968-0116
http://badaisland.tnaru.net
경북 울릉군 울릉읍 도동길 63
보배식당 054-791-2683
경북 울릉군 울릉읍 도동2길 45
봉래폭포 054-790-6422
경북 울릉군 울릉읍 도동리 477-3 2000원
삼정식육식당 054-791-3536
경북 울릉군 울릉읍 울릉순환로 212-13
석포 내수전 숲길 054-791-8871(안용복
기념관)
경북 울릉군 북면 석포길 500
성하신당
경북 울릉군 서면 태하길 154
은혜분식 054-791-0095
경북 울릉군 북면 천부리 534
11:00~15:00 일요일 · 명절 휴무
*겨울에는 정식만 가능
여주식당 054-791-5456
경북 울릉군 울릉읍 봉래2길 12-20
겨울 휴업
우산제과점 054-791-4067
경북 울릉군 울릉읍 도동3길 37
06:00~23:20 일요일 휴무
울릉역사문화체험센터 054-791-7526
http://nt-ulleung.tistory.com
경북 울릉군 울릉읍 도동1길 27
10:00~18:00 월요일 · 공휴일 휴관 4000원

울릉예림원 054-791-9922
경북 울릉군 북면 울릉순환로 2746-24
08:00~일몰시 4000원
울릉자생식물원
경북 울릉군 울릉읍 간령길 83-18
울릉천국
경북 울릉군 북면 평리2길 207-4
일번지회집 054-191-7771
경북 울릉군 울릉읍 봉래1길 11 2층
11:30~20:00 *예약하는 게 좋음
저동 여객선터미널 054-791-6886
경북 울릉군 울릉읍 울릉순환로 171
정이품식당 054-791-2404
경북 울릉군 울릉읍 도동2길 28
07:00~21:00 겨울 휴업
죽도 054-791-4488(죽도유람선)
보통 도동항에서 09:00, 14:30에 출발하나
기상 상황에 따라 변동될 수 있으니 출항
여부 확인 필요.
추산일가 054-791-7788
경북 울릉군 북면 추산길 88-13

Slow Travel 02
정선

농가맛집 노다지 033-563-6224
강원도 정선군 화암면 소금강로 973
12:00~21:00 *저녁 식사는 전화로 문의
농가맛집은 정부의 농촌 지원 프로그램의
하나로 지역의 특산물을 이용한 음식이나
향토 음식을 내는 식당이다.
동광식당 033-563-3100
강원도 정선군 정선읍 녹송1길 27
민둥산
강원도 정선군 남면 민둥산로 12
산골다방 오월
강원도 정선군 여량면 구절리 284-42
싸리골식당 033-562-4554
강원도 정선군 정선읍 정선로 1312
곤드레나물밥 6000원
아리힐스 033-563-4100
강원도 정선군 정선읍 북실안길 29
09:00~18:00 5000원
정선5일장
강원도 정선군 정선읍 봉양7길 39
정선삼탄아트마인 033-591-3001
http://www.samtanartmine.com
강원도 정선군 고한읍 함백산로 1445-44
10:00~18:00(월요일 휴무) 13000원

정선 통나무펜션 033-563-6975
강원도 정선군 북평면 스무길 213
타임캡슐공원 033-375-0121
강원도 정선군 신동읍 엽기소나무길
518-23
화암약수터 033-562-1944
강원도 정선군 화암면 약수길 1300

[Petit Trip]
정선 옆 동네 횡성

미술관 자작나무숲 033-342-6833
www.jjsoup.com
강원도 횡성군 우천면 한우로두곡5길 186
10:00~일몰(1~3월에는 11:00 오픈) 수
요일 휴무(1~3월에는 화 · 수 · 목요일 휴
관) 20000원
숲체원 033-340-6300
강원도 횡성군 둔내면 청태산로 777
심순녀 안흥찐빵 033-342-4460
강원도 횡성군 안흥면 서동로 1029
운동장해장국 033-345-1770
강원도 횡성군 횡성읍 삼일로 79
05:30~24:00 첫째 · 셋째 주 화요일 휴무
풍수원성당 033-343-4597
강원도 횡성군 서원면 경강로유현1길 30

[Petit Trip]
정선 윗 동네 강릉

강릉 해안 드라이브
강원도 강릉시 주문진읍 옛등대길 24-7
주문진등대
과객 033-644-9150
강원도 강릉시 성산면 갈매간길 8-3
11:30~20:30 첫째 · 셋째 주 일요일 휴무
*예약 필수
보헤미안 033-662-5365
강원도 강릉시 연곡면 홍질목길 55-11
08:00~17:00 월 · 화 · 수요일 휴무
소금강 033-661-4161
강원도 강릉시 연곡면 삼산리 46-1
예서원 033-647-0343
강원도 강릉시 구정면 구정옥봉길 161
10:30~21:30
월정사
강원도 평창군 진부면 오대산로 374-8
3000원
테라로사 커피공장 033-648-2760
www.terarosa.com
강원도 강릉시 구정면 현천길 25
09:00~21:00
하조대

강원도 양양군 현북면 조준길 99

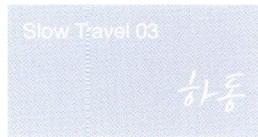

Slow Travel 03
하동

단야식당 055-883-1667
경남 하동군 화개면 쌍계사길 59
11:00~18:00 월요일 휴무
*겨울엔 주말에만 영업
마마's카페 010-9724-0825
http://mamas-pension.com
경남 하동군 화개면 화개로 573
섬진강 100리 테마로드
경남 하동군 하동읍 목도리 47-59 하동포
구공원
슬로시티 악양
www.slowctyhadong.or.kr
경남 하동군 악양면 평사리길 35
쌍계사 055-383-1901
경남 하동군 화개면 화개로 525
2500원
연우제다 055-882-7606
www.younootea.co.kr
경남 하동군 하동읍 밤골길 128-8
지리산방 흙집풍경 010-9980-3555
http://jirisanbang.com
경남 하동군 악양면 악양서로 755
차 시배지
경남 하동군 화개면 차시배지길 4-5
평산각 055-883-9292
경남 하동군 악양면 평사리길 34
09:00~18:00
*봄철에는 저녁 시간 유동적
하동송림
경남 하동군 하동읍 섬진강대로 2107-8
하동포구공원
경남 하동군 하동읍 목도리 47-59
화개 십리벚꽃길
경남 하동군 화개면 화개로 142

Slow Travel 04
통영

강구안
경남 통영시 통영해안로 328

동피랑 게스트하우스 055-646-5300
경남 통영시 중앙시장4길 6-31
http://동피랑게스트하우스.kr
동피랑 벽화마을
경남 통영시 동피랑2길 21-25
뚱보할매김밥집 055-645-2619
경남 통영시 통영해안로 325
06:00~01:00
명촌식당 055-641-2280
경남 통영시 통영해안로 237
12:00~14:00, 17:00~20:00
미래사 055-645-5324
경남 통영시 산양읍 미륵산길 192
분소식당 055-644-0495
경남 통영시 통영해안로 205
06:30~16:30 첫째·셋째 월요일 휴무
서호시장
경남 통영시 통영해안로 205 분소식당
오미사꿀빵 055-646-3230
경남 통영시 도남로 110
08:00~다 팔릴 때까지 수요일 휴무
원조시락국 055-646-5973
경남 통영시 새터길 12-10
04:00~18:00
이순신공원
경남 통영시 멘데해안길 205
중앙시장
경남 통영시 중앙시장1길 14-16 중앙전
통시장상인회
클럽 E·S 통영리조트 055-644-4600
경남 통영시 산양읍 척포길 628-113
타셋펜션 055-641-3004
경남 통영시 용남면 연기안길 119
www.tacet.co.kr
통영옻칠미술관 055-649-5257
경남 통영시 용남면 용남해안로 36
www.ottchil.org
10:00~18:00(3~10월), 10:00~17:00
(11~2월) 월요일·명절 당일 휴관 3000원
통영한려수도케이블카 055-649-3804
경남 통영시 발개로 205
09:30~18:00(3·9월) 09:30~19:00(4~8
월) 09:30~17:00(10~2월) 10000원(왕복)

┌ Petit Trip
└ 통영 옆 동네 거제도

바람의 언덕
경남 거제시 남부면 갈곶리 14-47
도장포마을
신방산 비원 055-633-1221
경남 거제시 둔덕면 산방산길 153
www.beeone.co.kr

08:00~19:00(4~10월), 09:00~17:00
(11~3월) 8000원
장승포 막썰이횟집 055-681-2151
경남 거제시 장승포로 49
학동흑진주 몽돌해변
경남 거제시 동부면 학동6길 18-1

Slow Travel 05
경주

경주 남산
경북 경주시 포석로 629 삼능휴게소
경주 오릉 054-772-6903
경북 경주시 탑리1길 18-2
09:00~18:00(동절기에는 17:00까지)
1000원
경주계림
경북 경주시 교촌안길 27-8
경주룸237 010-6380-8692
www.room237.co.kr
경북 경주시 용강상리1길 16
놋전분식 054-749-2162
경북 경주시 놋전2길 24-2
달모루 게스트하우스 010-8590-0736
http://blog.naver.com/bbongye
경북 경주시 첨성로81번길 34
대릉원
경북 경주시 노동동 12 대릉원공영주차장
09:00~22:00 2000원
반월성
경북 경주시 인왕동 491-4(반월성주차장)
보문관광단지 054-745-7601
경북 경주시 보문로 424-33
불국사 054-746-9913
경북 경주시 불국로 385
07:00~18:00 4000원
슈만과클라라 054-749-9449
경북 경주시 한빛길36번길 36-1
신라게스트하우스 054-745-3500
www.sillaguesthouse.com
경북 경주시 노서동 152-3
양남주상절리
경북 경주시 양남면 읍천리 405-7
양동마을 054-762-6263
경북 경주시 강동면 양동마을길 134
09:00~18:00 4000원
영양식당 054-773-3018
경북 경주시 원효로 39
최가밥상 054-775-7557

경북 경주시 교촌안길21
11:00~21:00 명절 당일 휴무

Petit Trip
경주 옆 동네 대구

김광석 다시그리기길
대구시 중구 대봉동 달구벌대로 446
서문시장 053-256-6341 상가연합회
대구시 중구 큰장로26길 45
엔지스커피
대구시 동구 용천로76길 88
판게스트하우스 053-252-7529
www.pannguest.co.kr
대구시 중구 경상감영길 43-5
허브 위 053-983-5224
대구시 동구 팔공산로 747
11:00~

Slow Travel 06
해남과 강진

단야식당 055-883-1667
가우도 전남 강진군 대구면 중저길 15-20
저두맛집
남창휴게소기사식당 061-535-0089
전남 해남군 북평면 백도로 143
07:00~19:30 명절 휴무
다산초당
전남 강진군 도암면 다산초당1길 7-5
09:00~18:00 * 다산초당에서 산길을 30
여 분 오르면 백련사에 닿는다.
두륜산
전남 해남군 삼산면 대흥사길 400 대흥사
3000원
미황사
전남 해남군 송지면 미황사길 164
백련사
전남 강진군 도암면 백련사길 145
설록다원
전남 강진군 성전면 백운로 93-25
설아다원 061-533-3083
전남 해남군 북일면 삼성길 153-21
수인관 061-432-1027
전남 강진군 병영면 병영성로 107-10
09:00~19:00 첫째 · 셋째 주 화요일 휴무
유선관 061-534-2959
전남 해남군 삼산면 대흥사길 400
주작산자연휴양림 061-430-3306

전남 강진읍 신전면 주작산길 398
천일식당 061-535-1001
전남 해남군 해남읍 읍내길 20-8
08:30~22:00 명절 휴무
한성정 061-536-1060
전남 해남군 해남읍 서림길 8
12:00~21:30 첫째 · 셋째 주 일요일과 명
절 휴무
화경식당 061-434-5323
전남 강진군 강진읍 서성안길 4
11:00~21:00 설날 휴무

Petit Trip
해남 아랫동네 보길도

동천석실
전남 완도군 보길면 부황리 421-1
보옥리 공룡알해변
전남 완도군 보길면 부황리 483-3
세연정
전남 완도군 보길면 부황길 87 보길윤선
도원림관광정보센터

Petit Trip
강진 옆 동네 벌교

고려꼬막한정식 061-857-3328
전남 보성군 벌교읍 태백산맥길 4
태백산맥문학관 061-858-2992
전남 보성군 벌교읍 홍암로 89-19

Slow Travel 07
안동

농암종택 054-843-1202
경북 안동시 도산면 가송길 162-133
대풍상회 054-853-7947
경북 안동시 옥야동 300-17
06:00~19:00
도산서원
경북 안동시 도산면 도산서원길 154
09:00~18:00(3~10월), 09:00~17:00
(11~2월) 1500원
병산서원
경북 안동시 풍천면 병산길 386
09:00~18:00(3~10월), 09:00~17:00
(11~2월)
안동 만휴정 원림
경북 안동시 길안면 묵계하리길 42

안동소주전통음식박물관 054-858-4541
경북 안동시 강남로 71-1
안동찜닭골목
경북 안동시 번영1길 51 중앙찜닭
월영교
경북 안동시 석주로 202 안동물문화관
일직식당 054-859-6012
경북 안동시 경동로 676
08:00~21:00
작천고택 054-853-2574
경북 안동시 풍천면 남촌길 76
지산고택 054-853-9288
경북 안동시 풍천면 하회리 종가길 35-14
하회마을 054-853-0109
경북 안동시 풍천면 종가길 40
09:00~19:00 3000원
헛제삿밥 까치구멍집 054-855-1056
경북 안동시 석주로 203
11:00~20:00

Petit Trip
안동 옆 동네 청송

송소고택 054-874-6556
경북 청송군 파천면 송소고택길 15-2
신탕 초막식당 054-873-3356
경북 청송군 청송읍 약수길 32
10:00~20:00
*예약하는 게 좋음. 아침에는 백숙만 가능
주산지 054-873-0014
경북 청송군 부동면 주산지길 163
주왕산
경북 청송군 부동면 공원길 169-7
2800원

Slow Travel 08
전주

교동다원 063-282-7133
전북 전주시 완산구 은행로 65-5
11:00~22:00
다락 010-8774-1963
www.jeonjudarak.co.kr
전북 전주시 완산구 풍남동3가 87번지
삼도헌 063-282-3337
http://samdohanok.com
전북 전주시 완산구 최명희길 12-8
양사재 063-282-4959
전북 전주시 완산구 오목대길 40

옛촌막걸리 063-272-9992
전북 전주시 완산구 서신천변로 11
16:00~01:00(마지막 주문은 23:30)
운암식당 063-28-1021
전북 전주시 완산구 풍남문2길 63
남부시장 2동 £0호
05:30~17:00(마지막 주문 16:00)
전동성당
전북 전주시 완산구 태조로 51
전일슈퍼 063-284-0793
전북 전주시 완산구 현무2길 16
15:00~01:30
전주 남부시장
전북 전주시 완산구 풍남문2길 63
전주 한옥마을
전북 전주시 완산구 전주천동로 20 전통
문화관
전주왱이콩나물국밥 063-287-6979
전북 전주시 완산구 경원동2가 12-1
전주천길
전북 전주시 덕진구 전주천동로 455 전주
시자원봉사종합센터
조점례남문피순대 063-232-5006
전북 전주시 완산구 풍남문 1길 19-3
24시간 운영 명절 휴무
최명희문학관 063-232-2500
전북 전주시 완산구 은행로 53
10:00~18:00 매주 월요일 · 1월 1일 ·
설 · 추석 휴관
현대옥 남부시장점 063-282-7214
전북 전주시 완산구 풍남문2길 63 남부시
장 2동 74호
06:00~14:00 명절 당일 휴무
PNB 전주본점 063-285-6666
전북 전주시 완산구 팔달로 180
08:30~22:00

감천문화마을 051-293-3443
부산시 사하구 옥천로 130 감정초등학교
09:00~18:00
광안리해수욕장
부산시 수영구 광안해변로 219
국제시장 051-245-7389
부산시 중구 국제시장1길
09:00~20:00 첫째 · 셋째 주 일요일 휴무
금정산성막걸리 051-517-0202

부산시 금정구 금성동 554-1
남포동 포장마차 거리
부산시 중구 남포동3가 비프광장로
해 질 무렵~새벽
달맞이 아트 프리마켓
부산시 해운대구 달맞이길 190
도요코인 부산 051-442-1045
부산시 중구 중앙대로 125
도요코인 부산역 I 051-466-1045
부산시 동구 중앙대로 196번길 12
미소오뎅 051-902-2710
부산시 남구 유엔평화로 14
17:30~01:00 일요일 휴무
보수동 책방 골목 051-256-9673
부산시 중구 중구로 31
*서점마다 닫는 날이 다름
부산 자전거로드
부산시 수영구 광안해변로 100 삼익비치
타운아파트
부평깡통시장 051-714-2512
부산시 중구 중구로 39분길 32
삼진어묵 051-412-5468
부산시 영도구 태종로99번길 36 영도공장
순쌀빵 051-623-3775
부산시 수영구 남천동 148
08:00~00:30
영도대교
부산시 중구 용미길9번길 2 부산시수협
남포동지점
오륙도
부산시 남구 용호동 936번지
이기대 도시자연공원
부산시 남구 이기대공원로 68
자갈치시장
부산시 중구 자갈치해안로 52
05:00~22:00
카페 반 051-746-8853
부산시 해운대구 달맞이길 65번길 171
10:00~01:00(평일), 09:00~02:00(주말)
해운대 속씨원한대구탕 051-744-0238
부산시 해운대구 달맞이길 62번길 28
24시간 영업, 명절 전날과 당일 휴무
황령산봉수대
부산시 부산진구 전포동 산 50-1
흰여울 문화마을
부산시 영도구 흰여울길 445

나무별펜션 063-322-2211
www.namubyul.com
전북 무주군 설천면 구천동1로 135-21
덕유산리조트 063-322-9000
www.mdysresort.com
전북 무주군 설천면 만선로 185
등나무운동장
전북 무주군 무주읍 한풍루로 326-17
무주 반딧불장터
전북 무주군 무주읍 장터로2
무주추모의집
전북 무주군 무주읍 괴목로 1359-72
반디어촌 063-322-1141
전북 무주군 무주읍 장터로 2
09:00~20:00
서창갤러리 카페 063-324-3633
전북 무주군 적상면 서창로 89
09:00~10:00
안성면주민자치센터
전북 무주군 안성면 안성로 246-17
예향천리 금강변 마실길
전북 무주군 부남면 유섬길 155 도소마을
회관
지전마을 전북 무주군 설천면 지전길 11
태권도원 063-320-0114
전북 무주군 설천면 무설로 1482
10:00~18:00(3~10월 화~금요일&11~
2월 주말과 공휴일), 10:00~17:00(11~2
월) 매주 월요일 휴관 4000원
하얀섬금강마을 063-324-1483
전북 무주군 무주읍 한풍루로 371
10:00~10:00

관방제림
전남 담양군 담양읍 객사리
광주호 호수생태원
광주시 북구 충효동 442-4
국수거리
전남 담양군 담양읍 객사3길 32(진우네집
국수 061-381-5344)

달구지 민박 061-382-8115
전남 담양군 창평면 돌담길 88-32
대나무골 테마공원 061-383-9291
전남 담양군 금성면 비내동길 148
09:00~19:00 2000원
덕인관 본점 061-381-3991
전남 담양군 담양읍 담주1길 6
매화나무집 061-381-7130
전남 담양군 창평면 돌담길 86
메타세쿼이아길
전남 담양군 담양읍 메타세쿼이아로 12
1000원
명가은 061-382-3513
전남 담양군 남면 반석길 48-8
명옥헌
전남 담양군 고서면 후산길 103
소쇄원 061-381-0115
전남 담양군 남면 소쇄원길 17
09:00~19:00
슬로시티 약초밥상 010-2716-6312
전남 담양군 창평면 돌담길 102
승일식당 061-382-9011
전남 담양군 담양읍 중앙로 98-1
09:00~21:00
아트센터 대담 061-381-0081
전남 담양군 담양읍 언골길 5-4
09:00~(갤러리), 10:00~23:00(카페)
운산마을 061-381-0534
전남 담양군 대덕면 운산리 0-0
창평 삼지천 슬로시티 061-383-3807
www.slowcp.com
전남 담양군 담양읍 창평면 돌담길 56-24
한옥에서 061-382-3832
전남 담양군 창평면 돌담길 88-9

[Petit Trip]
담양 옆 동네 순창

강천산 063-650-1672
전북 순창군 팔덕면 청계리 996 강천산
관리사무소
만일사 063-653-5283
전북 순창군 구림면 안심길 103-134
새집식당 063-653-2271
전북 순창군 순창읍 순창6길 5-1
회문산 자연 휴양림 전북 순창군 구림면
안심길 214

가파도 064-794-5490 모슬포항 여객선
대합실
www.wonderfulis.co.kr
제주도 서귀포시 대정읍 하모항구로 8
거문오름 064-710-8981
제주도 제주시 조천읍 선교로 569-36
09:00~13:00 화요일 · 자연휴식의날 · 1
월 1~2일 · 추석 휴무 2000원
광치기해변
제주도 서귀포시 성산읍 고성리 224-33
금릉석물원 064-796-3360
제주도 제주시 한림읍 한림로 176
08:30~18:00 4000원
김영갑갤러리 두모악 064-784-9907
제주도 서귀포시 성산읍 삼달로 137
09:30~18:00(3~6월, 9~10월) 09:30~
19:00(7~8월) 09:30~17:00(11~2월) 수
요일 · 명절 당일 휴관 3000원
다미진횟집 064-787-5050
제주도 서귀포시 표선면 민속해안로 578-
1 11:30~23:00
도순다원
제주도 서귀포시 중산간서로356번길
152-41
돌하르방식당 064-752-7580
10:00~15:00 공휴일 · 일요일 휴무
두봄 064-792-4222
제주도 서귀포시 안덕면 서광남로 123
10:30~19:30 일요일 · 부정기 휴무
레이지박스 064-792-1254
제주도 서귀포시 안덕면 산방로 208
10:00~19:00
로스터리 담안 064-773-5932
제주도 제주시 한경면 저지12길 60
11:00~19:00 화요일 · 셋째 주 수요일 휴무
모살 064-901-7188
제주도 제주시 한림읍 한림로 385
10:30~24:00
모슬포방어마을샤브샤브 064-792-4949
제주도 서귀포시 대정읍 770-43
물고기카페 070-8147-0804
제주도 서귀포시 안덕면 난드로로 25-7
10:00~21:00 월요일 휴무
미쓰홍당무 070-7715-7035
www.misshongdangmoo.co.kr
제주도 제주시 구좌읍 평대4길 20-1
부두식당 064-794-1223

제주도 서귀포시 대정읍 하모항구로 64
비자림
제주도 제주시 구좌읍 비자숲길 55
09:00~18:00 1500원
사려니숲길
제주도 제주시 봉개동 비자림로 사려니숲길
~16:00 이전 입장(하절기) ~15:00 이전
입장(동절기)
생각하는정원 064-772-3701
제주도 제주시 한경면 녹차분재로 675
08:30~18:00(11~2월) 08:30~19:30
(3~10월) 9000원
섭지해녀의집 064-782-0672
제주도 서귀포시 성산읍 섭지코지로 95
08:00~18:30 명절 휴무
쇠소깍 064-732-1562
제주도 서귀포시 효돈로 170
수산초등학교
제주도 서귀포시 성산읍 수시로 9
수상한 소금밭 010-8933-0848
http://blog.naver.com/positive4u_
제주도 제주시 구좌읍 종달동길 36-10
아침미소농원목장 064-727-2545
제주도 제주시 첨단동길 160-20
안덕계곡
제주도 서귀포시 안덕면 감산리 346(주차
장)
오늘은원 064-738-2400
제주도 서귀포시 예래로 468
10:00~22:00 부정기 휴무
오렌지다이어리 게스트하우스
010-8994-5428
http://blog.naver.com/orangediary2
제주도 제주시 한경면 고산남8길 11
올래국수 064-742-7355
제주도 제주시 제원길 17
09:30~21:00 일요일 · 명절 휴무
요네상회 010-7737-0299
제주도 서귀포시 남원읍 공천포로 83
11:00~21:00(식사는 14:00까지만, 이후
에는 카페) 화 · 수요일 휴무
용눈이오름
제주도 제주시 구좌읍 종달리 산 28
용머리해안
제주도 서귀포시 안덕면 산방로
09:00~18:00 2000원
우도 064-782-5671(성산포항여객선터
미널) 064-782-5080(우도버스관광)
제주도 서귀포시 성산읍 성산등용로 130-
21
우정회센타 064-757-4202
제주도 제주시 서부두길 16
10:30~24:00

월정리해변
제주도 제주시 구좌읍 월정3길 53-6
이중섭미술관 064-733-3555
제주도 서귀포시 이중섭로 27-3
09:00~18:00(10~6월) 09:00~20:00
(7~9월) 월요일·1월 1일·명절 당일 휴
관 1000원
일조가든 064-799-8989
제주도 제주시 예월읍 애월로11길 25-2
전가네숯불생구이 064-712-4800
제주도 제주시 연동8길 9
12:00~23:00 당정 휴무
제주대학교
제주도 제주시 제주대학로 102(아라캠퍼
스)
제주동문재래시장 064-752-3001
제주도 제주시 관덕로 14길 20
07:00~20:00
제주추사관 064-760-3406
제주도 서귀포시 대정읍 추사로 44
09:00~18:00 500원
초롱민박 064-782-4589
제주도 서귀포시 성산읍 한도로242번길
10-19
티벳풍경 게스트하우스 070-4234-5836
http://cafe.naver.com/tibetscenery
제주도 서귀포시 안덕면 난드르로21번길
10
풍림다방 010-5775-7401
제주도 제주시 구좌읍 평대2길 35
10:00~19:00(12~3월, 화·수요일 휴무)
10:00~20:00(4~11월, 화요일 휴무) 명절
휴무
한담해안산책르
제주도 제주시 애월읍 애월로 11
한라산 064-747-9950
www.hallasan.go.kr
제주도 서귀포시 영실로 248(영실사무실)
한라흑돼지식당 064-782-1196
제주도 서귀포시 성산중앙로 32
11:00~21:00 한 달에 두 번 부정기 휴무
협재해변
제주도 제주시 한림읍 협재리 2497-1

가천다랭이마을 055-860-8604
경남 남해군 남면 홍현리 남면로 679번길 21

독일마을 055-860-3540(남해파독전시
관)
http://nhpadok.namhae.go.kr
경남 남해군 삼동면 독일로 89-7
물건방조어부림
경남 남해군 삼동면 동부대로1030번길
59
미조항
경상남도 남해군 미조면 미송로 60 미조
면사무소
보리암
경남 남해군 상주면 보리암로 665
1000원
빈츠펜션 010-2104-3366
www.pensionbinz.co.kr
경남 남해군 삼동면 독일로 58-15
삼현식당 055-867-6498
경남 남해군 미조면 미조로 234
08:00~20:00 명절 휴무
양모리학교 055-862-8933
경남 남해군 설천면 설천로 775번길
256-17
09:00~18:00(4~10월), 09:00~17:00
(11~3월) 월요일 휴무 5000원
우리식당 055-867-0074
경남 남해군 삼동면 지족리 288-7
08:00~20:00 명절 휴무

Petit Trip
남해 옆 동네 여수

구백식당 061-662-0900
전남 여수시 여객선터미널길 18
07:00~20:00 명절 전날과 당일 휴무
금오도 여수여객터미널 1666-0920
http://island.haewoon.co.kr
좌수영해운 061-665-6565
www.좌수영.com
돌산공원
전남 여수시 돌산읍 진두공원길 10-33
마띠유 여수 061-662-3131
http://matthieuyeosu.com
전남 여수시 오동도로 20
바다가 있는 풍경 010-3619-4535
전남 여수시 돌산읍 향일암로 82
여수교동시장
전남 여수시 교동시장1길 15-10
오동도
전남 여수시 오동도로 222
진남관
전남 여수시 동문로 11 망해루
진남식당 061-663-6965
전남 여수시 통제영5길 10-6

09:00~20:00 명절 휴무
향일암 061-644-4742
전남 여수시 돌산읍 향일암로 6
2000원

느린걸음 느린카페 061-550-6495
www.cheongsando.net
전남 완도군 청산면 도청리 1132-1
느린섬여행학교 061-554-6962
www.slowfoodtrip.com
전남 완도군 청산면 청산로 541
당리
전남 완도군 청산면 청산로 72번길 67 슬
로쉼터
섬이랑나랑펜션 010-5385-1561
www.sumirang.com
전남 완도군 청산면 청산로 672번길 27-1
신흥해변
전남 완도군 청산면 청산로 669-1 신흥리
사무소
지리청송해변
전남 완도군 청산면 청산로 1462-69 한
바다민박

때때로 대한민국

초판 1쇄 | 2015년 4월 17일

지은이 | 조경자, 황승희

발행인 겸 편집인 | 유철상
기획 · 책임편집 | 조경자
디자인 | 유혜영, 노세희
교정 | 홍주연, 이유나
마케팅 | 조종삼, 남유니, 임지연

펴낸 곳 | 상상출판
주소 | 서울시 동대문구 정릉천동로 58, 103동 206호(용두동, 롯데캐슬 피렌체)
구입 · 내용 문의 | 전화 02-963-9891, 070-8886-9892~3 팩스 02-963-9892
이메일 cs@esangsang.co.kr
등록 | 2009년 9월 22일(제305-2010-02호)
찍은 곳 | 다라니

❖ 가격은 뒤표지에 있습니다.

ISBN 979-11-86163-97-9 (13980)

www.esangsang.co.kr